普通高等教育规划教材

CAD/CAM 技术

第 2 版

主　编　葛友华
副主编　黄晓峰　卜云峰　何玉安
参　编　苏　纯　黄卫东　彭浩舸
主　审　赵先仲

机 械 工 业 出 版 社

本书是普通高等学校应用型人才培养数控技术应用专业规划教材，也是机械设计制造及其自动化专业的教学用书。

全书共分十章，从技术的角度介绍了CAD/CAM的基本原理、基本方法、基本技能，着重培养学生分析和解决具体工程实际问题的能力。主要内容包括CAD/CAM的基本概念、CAD/CAM系统的基本知识、CAD/CAM系统中的图形处理技术、产品建模技术、计算机辅助工程、计算机辅助工艺设计、计算机辅助数控加工编程、逆向工程技术、CAD/CAM系统集成和CAD/CAM软件应用等。

本书注重理论与实践的结合，将基本知识的阐述与CAD/CAM软件的应用结合在一起，便于学生自学和教师讲授，除作为普通本科院校的教材外，还可作为高职高专的教材，也可供从事CAD/CAM技术的工程技术人员参考使用。

图书在版编目（CIP）数据

CAD/CAM技术/葛友华主编. —2版. —北京：机械工业出版社，2013.7（2023.1重印）
普通高等教育规划教材
ISBN 978-7-111-42828-2

Ⅰ.①C… Ⅱ.①葛… Ⅲ.①计算机辅助设计-高等学校-教材②计算机辅助制造-高等学校-教材 Ⅳ.①TP391.7-44

中国版本图书馆CIP数据核字（2013）第122638号

机械工业出版社（北京市百万庄大街22号 邮政编码100037）
策划编辑：王小东 责任编辑：王小东 李 宁
版式设计：霍永明 责任校对：闫玥红
封面设计：陈 沛 责任印制：郜 敏
北京富资园科技发展有限公司印刷
2023年1月第2版·第9次印刷
184mm×260mm·13.75印张·335千字
标准书号：ISBN 978-7-111-42828-2
定价：39.80元

电话服务
客服电话：010-88361066
010-88379833
010-68326294

网络服务
机 工 官 网：www.cmpbook.com
机 工 官 博：weibo.com/cmp1952
金 书 网：www.golden-book.com
机工教育服务网：www.cmpedu.com

普通高等教育应用型人才培养规划教材

编审委员会委员名单

数控技术应用专业分委员会委员名单

序

工程科学技术在推动人类文明的进步中一直起着发动机的作用。随着知识经济时代的到来，科学技术突飞猛进，国际竞争日趋激烈。特别是随着经济全球化发展和我国加入WTO，世界制造业将逐步向我国转移。有人认为，我国将成为世界的“制造中心”。有鉴于此，工程教育的发展也因此面临着新的机遇和挑战。

迄今为止，我国高等工程教育已为经济战线培养了数百万专门人才，为经济的发展作出了巨大的贡献。但据IMD 1998年的调查，我国“人才市场上是否有充足的合格工程师”指标排名世界第36位，与我国科技人员总数排名世界第一形成很大的反差。这说明符合企业需要的工程技术人员特别是工程应用型技术人才市场供给不足。在此形势下，国家教育部近年来批准组建了一批以培养工程应用型本科人才为主的高等院校，并于2001、2002年两次举办了“应用型本科人才培养模式研讨会”，对工程应用型本科教育的办学思想和发展定位作了初步探讨。本系列教材就是在这种形势下组织编写的，以适应经济、社会发展对工程教育的新要求，满足高素质、强能力的工程应用型本科人才培养的需要。

航天工程的先驱、美国加州理工学院的冯·卡门教授有句名言：“科学家研究已有的世界，工程师创造未有的世界。”科学在于探索客观世界中存在的客观规律，所以科学强调分析，强调结论的唯一性。工程是人们综合应用科学（包括自然科学、技术科学和社会科学）理论和技术手段去改造客观世界的实践活动，所以它强调综合，强调方案优缺点的比较并作出论证和判断。这就是科学与工程的主要不同之处。这也就要求我们对工程应用型人才的培养和对科学研究型人才的培养应实施不同的培养方案，采用不同的培养模式，采用具有不同特点的教材。然而，我国目前的工程教育没有注意到这一点，而是：①过分侧重工程科学（分析）方面，轻视了工程实际训练方面，重理论，轻实践，没有足够的工程实践训练，工程教育的“学术化”倾向形成了“课题训练”的偏软现象，导致学生动手能力差。②人才培养模式、规格比较单一，课程结构不合理，知识面过窄，导致知识结构单一，所学知识中有一些内容已陈旧，交叉学科、信息科学的内容知之甚少，人文社会科学知识薄弱，学生创新能力不强。③教材单一，注重工程的科学分析，轻视工程实践能力的培养；注重理论知识的传授，轻视学生个性特别是创新精神的培养；注重教材的系统性和完整性，造成课程方面的相互重复、脱节等现象；缺乏工程应用背景，存在内容陈旧的现象。④老师缺乏工程实践经验，自身缺乏“工程训练”。⑤工程教育在实践中与经济、产业的联系不密切。要使我国工程教育适应经济、社会的发展，培养更多优秀的工程技术人才，我们必须努力改革。

组织编写本套系列教材，目的在于改革传统的高等工程教育教材，建设一套富有特色、有利于应用型人才培养的本科教材，满足工程应用型人才培养的要求。

本套系列教材的建设原则是：

1. 保证基础，确保后劲

科技的发展，要求工程技术人员必须具备终生学习的能力。为此，从内容安排上，保证学生有较厚实的基础，满足本科教学的基本要求，使学生日后具有较强的发展后劲。

2. 突出特色，强化应用

围绕培养目标，以工程应用为背景，通过理论与工程实际相结合，构建工程应用型本科教育系列教材特色。本套系列教材的内容、结构遵循如下9字方针：知识新、结构新、重应用。教材内容的要求概括为："精"、"新"、"广"、"用"。"精"指在融会贯通教学内容的基础上，挑选出最基本的内容、方法及典型应用；"新"指在将本学科前沿的新进展和有关的技术进步新成果、新应用等纳入教学内容，以适应科学技术发展的需要。妥善处理好传统内容的继承与现代内容的引进。用现代的思想、观点和方法重新认识基础内容和引入现代科技的新内容，并将这些内容按新的教学系统重新组织；"广"指在保持本学科基本体系下，处理好与相邻以及交叉学科的关系；"用"指注重理论与实际融会贯通，特别是要注入工程意识，包括经济、质量、环境等诸多因素对工程的影响。

3. 抓住重点，合理配套

工程应用型本科教育系列教材的重点是专业课（专业基础课、专业课）教材的建设，并做好与理论课教材建设同步的实践教材的建设，力争做好与之配套的电子教材的建设。

4. 精选编者，确保质量

遴选一批既具有丰富的工程实践经验，又具有丰富的教学实践经验的教师担任编写任务，以确保教材质量。

我们相信，本套系列教材的出版，对我国工程应用型人才培养质量的提高，必将产生积极作用，会为我国经济建设和社会发展作出一定的贡献。

机械工业出版社颇具魄力和眼光，高瞻远瞩，及时提出并组织编写这套系列教材，他们为编好这套系列教材做了认真细致的工作，并为该套系列教材的出版提供了许多有利的条件，在此深表衷心感谢！

编 委 会 主 任
湖南工程学院院长 刘国荣教授

第2版前言

本教材自2003年12月第1版出版以来，受到不少读者的支持和关爱，到2012年12月已进行9次印刷。为了更好地对本书进行完善，体现与时俱进、精益求精的精神，编者对本书进行了修订。

此次修订，保留了原教材的特色，侧重点在于CAD/CAM技术的工程应用，同时保留基本的CAD/CAM技术原理和方法；在内容选取方面，主要体现CAD/CAM的成熟实用技术，尽可能反映本领域的前沿发展；在内容编排上，每个主要章节附有具体的技术应用实例，便于读者学习与理解。其主要修改变动内容如下：

1）第四章，充实强化了“特征建模”内容，增加了以UG软件为平台的特征建模示例。

2）第四章，增加了“装配建模”小节。

3）第五章在“CAE在工程中的应用”小节中，对原内容进行调整，使结构逻辑更为合理。

4）第六章，增加了“开目CAPP及典型工艺编制”小节。

5）第七章在“图形交互式编程举例”部分，修改为UG编程示例。

6）第八章重新修改“逆向工程应用实例”内容。

7）第十章，增加了“PowerMILL软件及应用”一节。

8）第十章在“计算机辅助数控编程实例”小节中，把原MasterCAM软件示例修改为PowerMILL软件示例。

本书由盐城工学院葛友华担任主编，盐城工学院黄晓峰、淮阴工学院卜云峰、上海应用技术学院何玉安担任副主编，北华航天工业学院赵先仲担任主审。第一、六章由葛友华编写，第十章由黄晓峰编写，第二、七章由何玉安编写，第三章由苏纯编写，第四章由黄卫东编写，第五、九章由卜云峰编写，第八章由彭浩舸编写，全书由葛友华统稿。刘道标、张广冬老师参加了本书的初稿资料收集工作，在此表示诚挚的感谢。同时该教材得到盐城工学院教材基金资助出版。

由于编者水平有限，书中不足、漏误之处在所难免，敬请读者批评指正。

编　者

第1版前言

CAD/CAM技术是先进制造技术和制造业信息化的基础，掌握这门技术是机械类专业学生所必备的技能，在高等教育“大众化”背景下，特别是对于应用型本科院校以及高职高专的机械类专业（包括数控专业）学生来说，这门技术的掌握就更显得重要。

本教材的特色是：①教材由CAD/CAM课程的一线教师编写，根据现有的教学情况推敲了教学内容，比较适应数控专业的要求和“大众化”教育的特点；②教材中突出了软件的应用，尽量采用MasterCAM系统作为示例，在理论叙述的同时，贯穿了软件系统的介绍，采用实例加深对理论知识的理解；③教材内容中偏重于应用性知识与技能的介绍，最后章节中突出常用软件系统的功能及其比较，以利于读者掌握有关内容并在应用中融会贯通；④教材使用过程中，可以根据不同的教学要求进行内容的裁剪，也可以在某些知识点上进行扩充，以适应不同层次的教学要求。

全书除了第一章、第二章从CAD/CAM的总体上介绍其基本概念、技术的应用与发展、基本结构、基本原理和CAD/CAM系统硬件、软件组成外，分为三大部分内容：第一部分内容包括第三章、第四章和第九章，主要围绕CAD/CAM系统中的CAD技术，介绍计算机图形学的基础知识（包括图形的几何变换、裁剪技术、消隐技术、光照处理技术等），三维造型的常用方法（包括线框造型、曲面造型、实体造型、特征造型等）、CAD/CAM系统集成以及基于PDM的集成系统；第二部分内容包括第五章、第六章和第七章，主要围绕CAM技术展开的，其中介绍了计算机辅助工程方面的知识，并对目前流行的CAE软件的功能和应用进行了举例说明，还介绍了CAPP系统原理和方法、数控加工的过程、数控自动编程方法和仿真技术等；第三部分包括第八章和第十章，主要叙述了CAD/CAM技术与系统的应用，介绍了逆向工程原理、逆向工程系统组成及逆向工程应用实例，介绍了MasterCAM系统、UG系统和Pro/E系统造型功能，同时以MasterCAM系统为例介绍了数控加工自动编程方法、后置处理的过程以及实际加工中出现的主要问题。

本书由盐城工学院葛友华担任主编，淮阴工学院卜云峰、上海应用技术学院何玉安担任副主编，北华航天工业学院赵先仲担任主审。第一章、第六章、第十章由葛友华编写，第二章、第七章由何玉安编写，第三章由苏纯编写，第四章由黄卫东编写，第五章、第九章由卜云峰编写，第八章由彭浩舸编写，葛友华对全书进行了统稿。黄晓峰、陈青、邱峰老师参加了第十章初稿的资料收集工作，在此表示诚挚的感谢。

由于编者水平有限，书中难免存在一些不妥之处，殷切希望广大读者批评指正，并希望使用本书的教师和学生提出中肯意见。

编　者

2003年10月

目　　录

第一章　概　　述

计算机辅助设计与制造（Computer Aided Design/Computer Aided Manufacturing，CAD/CAM）技术是一门由多学科和多项技术综合形成的实用技术，是当今世界发展最快的技术之一。该项技术改变了传统的设计制造方式，推动了制造业的迅猛发展，使传统的机械行业有了新的发展空间。本章主要介绍制造业中CAD/CAM技术的概念、CAD/CAM技术的应用与发展等。

第一节　CAD/CAM基本概念

一、CAD/CAM技术原理

CAD/CAM技术是以计算机、外围设备及其系统软件为基础，综合计算机科学与工程、计算机几何、机械设计、机械加工工艺、人机工程、控制理论、电子技术等学科知识，以工程应用为对象，实现包括二维绘图设计、三维几何造型设计、工程计算分析与优化设计、数控加工编程、仿真模拟、信息存储与管理等相关功能。

CAD/CAM技术经过半个世纪的发展，在理论、技术、系统和应用等方面都有了较大的进展，CAD/CAM技术本身也趋于成熟。一般认为，广义的CAD/CAM技术，是指利用计算机辅助技术进行产品设计与制造的整个过程及与之直接和间接相关的活动，包括产品设计（几何造型、分析计算、工程绘图、结构分析、优化设计等）、工艺准备（计算机辅助工艺设计、计算机辅助工装设计与制造、NC自动编程、工时定额和材料定额编制等）、生产作业计划、物料作业计划的运行控制（加工、装配、检测、输送、存储等）、生产控制、质量控制及工程数据管理等。狭义的CAD/CAM技术，是指利用CAD/CAM系统进行产品的造型、计算分析和数控程序的编制（包括刀具路径的规划、刀位文件的生成、刀具轨迹的仿真及NC代码的生成等）。本书着重介绍狭义的CAD/CAM技术，使读者对CAD/CAM技术的原理与应用有一个比较清晰的了解。

二、CAD/CAM与制造模式

CAD/CAM技术在制造业中的应用，改变了传统的设计与制造方式，在流程、信息、控制等模式上发生了质的变化，成为先进制造技术的核心。传统的设计与制造方式是以技术人员为中心展开的，产品及其零件在加工过程中所处的状态，设计、工艺、制造、设备等环节的延续与保持等，都是由人工进行检测并反馈，所有的信息均交汇到技术和管理人员处，由技术人员进行对象的相关处理。由于人自身的局限性，一方面造成这种过程信息的传递呈发散状，即设计、制造、装配等环节围绕着设计人员进行，任何环节点上出现问题，都需要依靠技术人员积累的知识进行主观判断并解决；另一方面，传统的设计制造过程是一个严格的顺序过程，技术人员按照不同的分工，接受前道工作的结果，完成本道工作的内容并延续下去，导致整个加工与制造的过程只能按照时间的顺序去处理，很难实现空间与时间上的转换。传统设计制造的一般流程如图1-1所示。企业的产品在市场需求的驱动下，经过技术人员的概念设计，构思成一定的形状和结构，并具备一定的功能。这种产品需要经过分析计算才能投入到实际的加工与装配之中，构成面向市场、满足客户要求的产品。

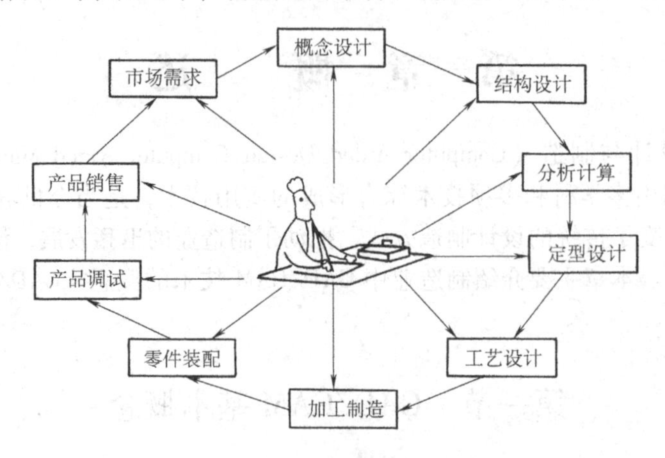

图 1-1　传统设计制造的一般流程

与传统的设计制造方式不同，以 CAD/CAM 技术为核心的先进制造技术，将以人员为中心的运作模式改变为以计算机为中心的运作模式，利用计算机存储量大、运行速度快、可无限期利用已有信息等优势，将各个设计制造阶段及过程的信息汇集在一起，使整个设计制造过程在时间上缩短、在空间上拓展，和各个环节的联系与控制均由计算机直接处理，技术人员通过计算机这一媒介实现整个过程的有序化和并行化。以 CAD/CAM 为核心的设计制造过程如图 1-2 所示。技术人员作为系统的操作与控制者，通过计算机网络平台，几乎可同时介入到产品设计制造的各个环节，即后续的技术人员可以参与产品的设计，产品的整个设计制造过程链已经大大缩短。

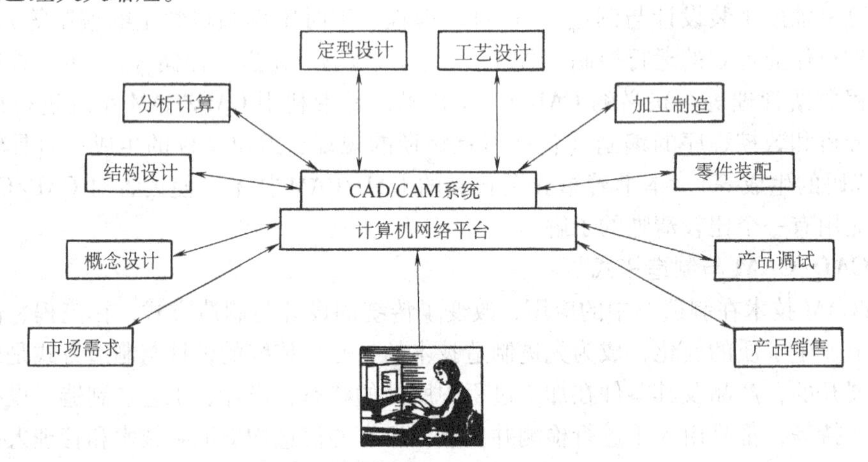

图 1-2　CAD/CAM 为核心的设计制造过程

三、CAD/CAM 的生存环境

CAD/CAM 技术在企业的应用主要是靠引进 CAD/CAM 系统实现的，它需要一定的工作环境和支撑平台，主要有如下几种。

1. 操作系统

Windows 操作系统是计算机平台上常用的操作系统，是管理计算机软硬件资源的程序集合。它具有五大管理功能，即处理机管理、存储管理、设备管理、文件管理和作业管理。操作系统依赖于计算机系统的硬件，用户通过操作系统使用计算机，任何程序都需要操作系统分配必要的资源后才能执行。CAD/CAM 软件的运行也需要操作系统的支撑。

2. 计算机网络

Internet & Intranet（国际互联网或企业内部互联网）是将无数台计算机连接起来的一种网络系统，通常由服务器、工作站、电缆、网卡、集线器和其他网络配件等组成。它既具有良好的交互性和快速响应的能力，又能使多用户共享硬件资源和数据资源。基于网络的 CAD/CAM 技术可以更好地实现设计人员之间的交流、异地设计与制造、工程并行工作等，它拓宽了 CAD/CAM 技术的视野和空间。

3. 数据管理平台

产品数据管理（Product Data Management，PDM）是一门管理所有与产品相关的数据和相关过程的技术。它能有效地将产品数据从概念设计、计算分析、详细设计、工艺流程设计、加工制造、销售维护至产品消亡整个生命周期内及其各阶段的相关数据，按照一定的数学模式加以定义、组织和管理，使产品数据在其整个生命周期内保持一致、最新、共享及安全。PDM 以其对产品生命周期中信息的全面管理能力，不仅自身成为 CAD/CAM 集成系统的重要组成部分，同时也为以 PDM 系统作为平台的 CAD/CAM 集成提供了可能。

4. 集成制造系统

集成制造系统（Computer Intergrated Manufacturing System，CIMS）在制造企业中将市场分析、经营决策、产品设计、制造过程各个环节，直到销售和售后服务，包括原材料、生产和库存管理，财务资源管理等全部运行活动，在一个全局集成规划下逐步实现计算机化，实现更短的设计生产周期，改善企业经营管理以适应市场的迅速变化，获得更大的经济效益。是以公共数据库和网络通信为核心，逐步实现企业全过程计算机化的多视图（功能、信息、资源和组织）和多层次的综合系统。CAD/CAM 是 CIMS 的工程设计分系统和制造自动化分系统中起核心作用的系统，也是制造企业中产生基础数据的系统。

四、CAD/CAM 系统的工作过程

CAD/CAM 系统是设计、制造过程中的信息处理系统，它主要研究对象描述、系统分析、方案优化、计算分析、工艺设计、仿真模拟、NC 编程以及图形处理等理论和工程方法，输入的是产品设计要求，输出的是零件的制造加工信息。CAD/CAM 系统的工作过程如图 1-3 所示。

1）设计人员通过市场需求调查以及用户对产品性能的要求，向 CAD 系统输入设计要求，利用几何建模功能，构造出产品的几何模型，计算机将此模型转换为内部的数据信息，存储在系统的数据库中。

2）调用系统程序库中的各种应用程序对产品模型进行详细设计计算及结构方案优化分析，以确定产品总体设计方案及零部件的结构、主要参数。同时，调用系统中的图形库，将设计的初步结果以图形的方式输出到显示器上。

3）根据屏幕显示的内容，对设计的初步结果作出判断。如果不满意，则可以通过人机交互的方式进行修改，直至满意为止。修改后的数据仍存储在系统的数据库中。

4）系统从数据库中提取产品的设计制造信息，在分析其几何形状特点及有关技术要求

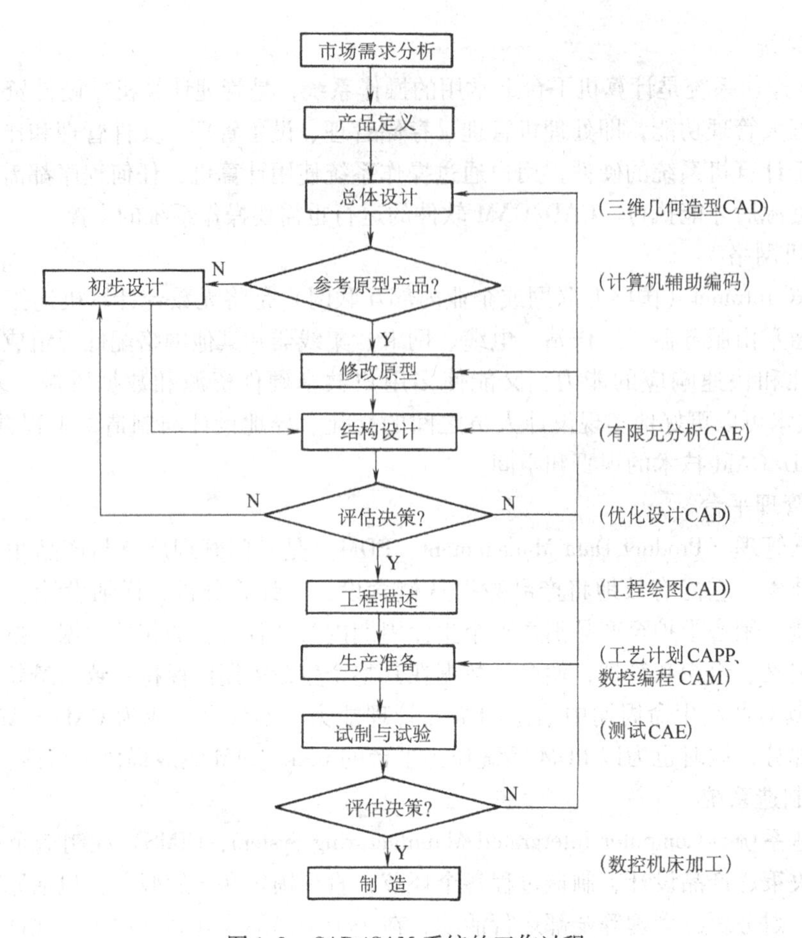

图 1-3　CAD/CAM 系统的工作过程

的基础上，对产品进行工艺过程设计，设计的结果存入系统的数据库，同时在屏幕上显示。

5）用户可以对工艺过程设计的结果进行分析、判断，并允许以人机交互的方式进行修改。最终的结果可以是生产中需要的工艺卡片或是以数据接口文件的形式存入数据库，供后续模块读取。

6）利用外围设备输出工艺卡片，成为车间生产加工的指导性文件，或计算机辅助制造系统从数据库中读取工艺规程文件，生成 NC 加工指令，在相应的数控设备上加工制造。

7）有些 CAD/CAM 系统在生成了产品加工的工艺规程之后，可对其进行仿真、模拟，验证其是否合理、可行。同时，还可以进行刀具、夹具、工件之间的干涉、碰撞检验。

8）在数控机床或加工中心上制造出产品的零件。

第二节　CAD/CAM 技术的发展

近 30 年来，CAD/CAM 是发展最迅速的技术和产业之一，也是应用领域最广的实用技术之一，它推动了制造业的发展。1990 年，美国国家工程科学院对人类 25 年（1964 ~ 1989）的工程成就进行评比的结果中，CAD/CAM 技术开发和应用在十大成就中居第六位。同时，这一新技术及其应用水平也已成为衡量一个国家工业生产水平和现代化程度的重要标志。目前，工业发达国家已有80%以上的企业使用了CAD/CAM技术。随着计算机硬件和软件技术的不断发展，CAD/CAM系统的性能价格比不断提高，使得CAD/CAM技术的应用领域也不断扩大。

一、CAD/CAM技术的发展

20世纪50年代，美国麻省理工学院（MIT）首次研制成功了数控机床，通过数控程序对零件进行加工。后来，MIT又研究成功了名为“旋风”的计算机。该计算机采用阴极射线管（CRT）作为图形终端，加之后来研制成功的光笔，为交互式计算机图形学奠定了基础，也为CAD/CAM技术的出现和发展铺平了道路。MIT用计算机制作数控纸带，实现NC编程的自动化，标志着CAM的开始。在计算机图形终端上直接描述零件，标志着CAD的开始。整个20世纪50年代，CAD/CAM技术都处在酝酿、准备的发展初期。

1962年，美国学者I. E. Sutherland发表了“人机对话图形通信系统”的论文，首次提出了计算机图形学、交互式技术等理论和概念，并研制出SKETCHPAD系统，第一次实现了人机交互的设计方法，使用户可以在屏幕上进行图形的设计与修改，从而为交互式计算机图形学理论及CAD技术奠定了基础。此后，随着交互式计算机图形显示技术和CAD/CAM技术迅速发展，美国许多大公司都认识到了这一技术的先进性和重要性，看到了它的应用前景，纷纷投以巨资，研制和开发了一些早期的CAD系统。例如，IBM公司开发出具有绘图、数控编程和强度分析等功能的基于大型计算机的SLT/MST系统；1964年美国通用汽车公司研制了用于汽车设计的DAC-1系统；1965年美国洛克希德飞机公司推出了CADAM系统；贝尔电话公司也推出了GRAPHIC-1系统等。在制造领域中，1962年在数控技术的基础上研制成功了世界上第一台机器人，实现了物料搬运自动化；1966年又出现了用大型通用计算机直接控制多台数控机床的DNC系统，初步形成了CAD/CAM产业。

20世纪70年代，交互式计算机图形学及计算机绘图技术日趋成熟，并得到了广泛的应用。随着计算机硬件的发展，以小型机、超小型机为主机的通用CAD系统，以及针对某些特定问题的专用CAD系统开始进入市场。这些大多数是以16位的小型机为主机，配置图形输入/输出设备，如绘图机等其他外围设备，与相应的应用软件进行配套，形成了所谓的交钥匙系统（Turnkey System）。在此期间，三维几何造型软件也发展起来了，出现了一些面向中小企业的CAD/CAM商品化软件系统。在制造方面，美国辛辛那提公司研制出了一条柔性制造系统（FMS），将CAD/CAM技术推向了一个新阶段。由于计算机硬件的限制，软件只是二维绘图系统及三维线框系统，所能解决的问题也只是一些比较简单的产品设计制造问题。

20世纪80年代，CAD/CAM技术及应用系统得到了迅速的发展。促进这一发展的因素很多，主要是计算机硬件的性能大幅度提高，32位字长的工作站及微机的性能已达到甚至超过了过去的小型机及中型机；计算机外围设备（如彩色高分辨率的图形显示器、大型数字化仪、大型自动绘图机、彩色打印机等）不但性能大幅提高，而且品种繁多，已经形成了系列化产品；计算机网络技术得到广泛应用，为将CAD/CAM技术推向更高水平提供了必要的条件。此外，企业界已广泛认识到CAD/CAM技术对企业的生产和发展具有的巨大促进作用，在CAD/CAM软件功能方面也对销售商提出了更高的要求。需要将数据库、有限元分析优化及网络技术应用于CAD/CAM系统中，使CAD/CAM不仅能够绘制工程图，而且能够进行三维造型、自由曲面设计、有限元分析、机构及机器人分析与仿真、注塑模设计制造等各种工程应用。与此同时，还出现和发展了与产品设计制造过程相关的计算机辅助技术，如计算机辅助工艺过程设计（CAPP）、计算机辅助质量控制（CAQ）等。到了20世纪80年代后期，在各种计算机辅助技术的基础上，人们为了解决“信息孤岛”问题，开始强调信息集成，出现了计算机集成制造系统（CIMS），将CAD/CAM技术推向了一个更高的层次。

20世纪90年代，CAD/CAM技术已走出了它的初级阶段，进一步向标准化、集成化、智能化及自动化方向发展。为了实现系统集成，更加强调信息集成和资源共享，强调产品生产与组织管理的自动化，从而出现了数据标准和数据交换问题，出现了产品数据管理（PDM）软件系统。在这个时期，国外许多CAD/CAM软件系统更趋于成熟，商品化程度大幅度提高，如美国洛克希德飞机公司研制的CADAM系统、法国Dassault Systems公司研制开发的CATIA系统、法国Matra Datavision公司开发的EUCLID系统、美国SDRC公司开发的I-DEAS系统、美国PTC公司推出的Pro/Engineer系统及美国Unigraphics公司研制的UG Ⅱ系统等，这些系统大都运行在IBM、DEC、VAX、Apollo、SUN、SGI等大中型机及工作站上。随着计算机硬件性能的提高，出现了一批计算机CAD/CAM系统，如AutoCAD系统、Cimreon90系统、SolidEdge系统、SolidWork系统及MasterCAM系统等。

进入21世纪，CAD/CAM技术已经注重其在工程中的工具性，把系统集成的焦点集中在新的设计与制造理念上，如基于知识工程的CAD/CAM技术、面向制造与装配的CAD/CAM技术等，使得CAD/CAM技术更贴近工程实际与工程技术人员。同时，CAD/CAM技术一方面与CAE/CAPP更紧密的集成，一方面向逆向工程、快速成型等技术延伸，使得CAD/CAM技术在机械行业的地位日趋巩固。

二、我国CAD/CAM技术现状

我国早在20世纪70年代就开始了对CAD/CAM的研究。到20世纪80年代，我国进行了大规模的CAD/CAM技术研究与开发。国家对CAD/CAM技术十分重视，原国家科委曾组织主要工业部门在全国开展CAD应用工程的必要性和可行性论证。1991年3月原国家科委等八个部委的领导和专家举行了“CAD应用工程”工作会议，并向国务院提交了《关于大力协同开展我国计算机辅助设计（CAD）应用工程的报告》。国务院批复了这一报告，并同意由原国家科委牵头、有关11个部委组成全国CAD应用工程协调指导小组，制订了《CAD应用工程发展规划纲要》，制订与评审了CAD通用技术规范。在“九五”期间，原国家科委将CAD应用作为四大工程（先进制造技术、先进信息工程、CIMS工程、CAD应用工程）之一，“十五”期间，CIMS工程与CAD应用工程合并实施制造业信息化工程。我国CAD/CAM技术的研究与开发大致经历了三个阶段。

1. 引进、跟踪、研发阶段

CAD/CAM技术与产品起源于国外，我国CAD/CAM技术方面的研究是从20世纪70年代中期开始的，当时在一些高等院校中主要围绕二维图形软件进行开发，并在航空领域和造船工业中首先应用。20世纪80年代初，开始成套引进国外CAD/CAM系统，在此基础上进行开发，并应用于少数大型企业和设计研究所。直到“七五”、“八五”、“863/CIMS”计划的实施，才真正开始了中国以CAD为基础的计算机辅助技术与产品的研究与开发。

这一时期国外的各种CAD产品随着其技术一起进入了我国。在一般的应用层面上，AutoCAD几乎成了CAD的代名词。

2. 自主开发和快速成长阶段

20 世纪 90 年代，随着“863/CIMS”计划的推进，北京航空航天大学、清华大学、华中理工大学等一批高校和科研院所相继推出了研究成果，并在政府的大力扶持下展开了科研成果向产品、商品的积极转化。

20 世纪 90 年代中期，我国的 CAD/CAM 进入了全面的繁荣时期，国内各种 CAD、CAM 软件产品层出不穷，巨大的国内市场为中国的 CAD/CAM 软件产品和软件企业提供了发展空间。1992 年，仅向当时的国家科委高新技术司申报参加软件评测的 CAD 软件超过 350 家之多。经过几年的发展和竞争，国内 CAD 软件市场已经向商品化和产业化的方向整合，1997 年只有 50 多家 CAD 软件申报评测。到 1999 年申报评测的 CAD 软件已不超过 5 家。

当今 CAD 技术日臻成熟，功能更加完善，体系更加健全，正发展成为国内 CAD/CAM 的通用平台；国产软件迅速普及，覆盖行业领域迅速铺开，用户数量激剧上升，应用基础日益广泛；市场上国产品牌崭露头角，形成了与国外 CAD/CAM 软件产品分割市场的局面。

同时，国外的各种 CAD/CAM 软件如 AutoDESK、Pro/E、UG、Cimatron、SolidEdge、MasterCAM、CATIA 等先后进入中国市场，在其相互竞争以及与我国软件产品的竞争中占有了一定的市场份额。

3. 产业化、系统化发展阶段

进入 21 世纪后，在 IT 业推进下全球产业格局正在进行大的布局调整，加入世贸组织使我国经济进一步融入了全球一体化经济大循环，同时我国产业结构调整、企业改制及技术改造正向纵深推进，国家正在实施西部大开发战略等，这些都为我国制造业的信息化、网络化进程与 CAD/CAM 的应用提供了无限广阔的前景和机遇，同时也使我国制造业面临着严峻的挑战。

以制造业信息化为龙头的信息化带动工业化工程已经全面铺开，企业到了必须而且已经具备条件在国产 CAD/CAM 软件平台上规划和构建符合企业特点的计算机辅助设计/制造/管理系统的时候，国内的软件业也瞄准了这一巨大的潜在市场，这将进一步刺激 CAD/CAM 系统向产业化、系统化、集成化方向发展。

三、CAD/CAM 的发展趋势

随着 CAD 技术的普及应用越来越广泛和越来越深入，CAD 技术正向着开放、集成、智能和标准化的方向发展。首先，开放性是决定一个系统能否真正达到实用化并转化为现实生产力的基础，这主要体现在系统的工作平台、用户接口、应用开发环境以及与其他系统的信息交换等方面。所谓集成就是向企业提供一体化的解决方案。并行工程是一种集成，企业的产品数据管理（PDM）也是一种集成。通过集成能最大限度地实现企业信息共享，建立新的企业运行方式，提高生产效率。智能化是将目前基于算法的解决问题方式向基于知识的推理型解决问题方式转变，需要将人工智能技术、专家系统引入到 CAD/CAM 领域中，不断使处理问题、解决问题的水平位于较高的水准，避免过多地依赖人工进行决策。最后，随着 CAD/CAM 技术的发展和广泛应用，工业化标准的问题越来越显得重要。目前基于不同应用领域的 CAD、CAM 系统很多，为了便于把 CAD 系统产生的结果传送给 CAM 系统使用或者提供给别的 CAD 系统使用，以实现资源共享，要求不同系统之间能够方便地交换有关数据，要求制订出相应的数据交换标准。同时，完善的标准化体系既是我国 CAD/CAM 软件开发及技术应用与世界接轨的必由之路，也是 CAD/CAM 技术发展的方向和既定的目标。

第三节　CAD/CAM 技术的学习方法

一、CAD/CAM 技术学习的特点

1. 需要计算机技术的支撑

CAD/CAM 技术的学习与掌握是建立在计算机硬件和软件的基础上，主要体现对计算机应用软件的一种操作技能的掌握。CAD/CAM 系统的功能（如二维计算机绘图、三维计算机造型、性能分析与计算、数控加工与仿真等）都是由技术人员在计算机上操作实现的，CAD/CAM 技术的掌握首先是计算机操作技能的掌握。在学习本课程之前，要进行计算机应用基础知识和基本技能的训练，达到本课程计算机应用的起点要求。

2. 需要对象知识的熟悉与了解

CAD/CAM 技术在机械制造业中的应用，实际上是采用计算机这一先进的工具，替代技术人员的部分工作。由于不同的企业具有不同的产品，所涉及的知识、技术、内容等均有较大差别，CAD/CAM 系统无法提供针对各种企业的技术方案及其细则，需要工程技术人员在实际的操作过程中，根据个人的实践经验与知识水平进行决策。切忌 CAD/CAM 技术与技术人员无关的观点，只有 CAD/CAM 技术与技术人员的协调统一，才能产生出巨大的效益。

3. 需要理论与实际操作的密切结合

从掌握 CAD/CAM 技术的角度看，一方面要求有相关的基本知识，确保该项技术在应用中的融会贯通；另一方面，实际操作是入门和掌握的关键。CAD/CAM 系统是 CAD/CAM 技术的载体，要掌握软件系统的操作应用，首先需要花费大量的时间去熟悉软件的界面、功能、使用方法，才能针对具体的问题进行设计、分析及加工。同时，CAD/CAM 理论的涉及面宽，信息量大，且比较抽象，没有一定量的实际操作经验作铺垫，就难以掌握所学的内容。

二、教学大纲的要求

本课程从 CAD/CAM 技术的理论性和实践性两个方面组织教学。课程的理论性教学以机械 CAD/CAM 为应用背景，介绍 CAD/CAM 技术涉及的基本概念、基本理论及相关技术，为学生以后掌握 CAD/CAM 应用软件打好基础。教学过程中，各章可按相近内容组成若干模块，实施模块化教学，各模块内容应具有相对独立性。

课程的实践性教学主要通过配套的实验和平时的实用性训练环节实施。安排一定量的课程实验，使学生基本掌握常用的、具有代表性的二维和三维软件（如 AutoCAD、SolidEdge、MasterCAM、Pro/Engineer、UG 等）的使用方法，并通过学生平时的上机操作及课程设计的训练，一方面提高这些软件使用的熟练程度和对软件的理解程度，另一方面使学生进一步巩固 CAD/CAM 技术的基本理论，培养学生运用 CAD/CAM 软件的能力，真正实现理论和实践相结合。

本课程的重点内容如下：

1）了解 CAD/CAM 系统的基本结构、基本原理、发展现状与趋势。

2）掌握 CAD/CAM 系统硬件、软件方面的基本概念、基本知识。

3）了解计算机图形生成技术，掌握二维机械工程图的绘制技术。

4）掌握三维造型的常用方法（线框造型、曲面造型、实体造型等）。

5）了解计算机辅助工程的有关知识（有限元分析方法、优化设计方法等）。

6）掌握 CAPP 的基本内容及不同 CAPP 系统的特征。

7）了解数控加工的过程，掌握数控自动编程方法和仿真技术。

8）了解 CAD/CAM 系统集成及基于 PDM 的集成系统。

9）熟练应用一种或两种三维 CAD/CAM 软件系统进行一般零件的设计与加工等。

三、教材的特点与使用

（1）*教材编写*　本教材均由 CAD/CAM 课程的一线教师编写，根据现有的教学情况推敲了教学内容，比较适应数控专业和“大众化”教育形势下机械类专业应用型人才培养的要求。

（2）*教材软件*　教材中突出了软件的应用，尽量采用 MasterCAM 系统作为示例，在理论叙述的同时，贯穿了软件系统的介绍，应用实例加深对理论知识的理解。

（3）*教材侧重点*　教材中偏重于应用性知识与技能的介绍，最后章节中重点介绍了常用软件系统的功能及其比较，有利于读者掌握有关内容并在应用中融会贯通。

（4）*教材的使用*　可以根据不同的教学要求进行内容的裁剪，也可以在某些知识点上进行扩充，以适应不同层次的教学需求。

习题与思考题

1. 简述产品设计制造的一般过程。
2. 简述 CAD/CAM 技术的概念、狭义和广义 CAD/CAM 技术的区别与联系。
3. CAD/CAM 技术经历了哪几个发展过程？在这些过程中起决定性作用的因素有哪些？
4. 传统的设计制造过程与应用 CAD/CAM 技术进行设计制造的过程有何区别与联系？
5. 采用具体的设计制造实例说明 CAD/CAM 技术的优越性。
6. 简述我国 CAD/CAM 技术发展的过程与特点。
7. 简述 CAD/CAM 的发展趋势。
8. 制订本课程的学习计划，并提出熟练掌握一种 CAD/CAM 软件的目标与措施。

第二章　CAD/CAM系统

CAD/CAM 技术已广泛应用于机械、电子、航空航天等众多的领域，完成着各种各样的设计制造任务。CAD/CAM 系统要完成其功能，必须具备两方面的条件，一个是硬件系统；另一个是软件系统。硬件系统提供了 CAD/CAM 所具有的潜在能力，而软件系统则是使其潜能得以发挥的基本途径和工具。CAD/CAM 系统以计算机软硬件为基础，且有其自身的特点和要求，为了保证系统高效运行，设计时既要考虑系统的功能性要求，还要考虑其具有良好的经济性和可扩展性。

第一节　CAD/CAM 系统的组成与分类

一、CAD/CAM 系统组成

根据应用领域和所完成任务的不同，CAD/CAM 系统的软硬件组成也不尽相同，特别是在软件构成方面有较大的差别，本书主要介绍机械制造业中应用的 CAD/CAM 系统。如图 2-1 所示，典型的 CAD/CAM 系统主要由有关的硬件系统和相应的软件系统构成。硬件系统主要由计算机及其外围设备组成，包括主机、存储器、输入输出设备、网络通信设备以及生产加工设备等，它是可以触摸的物理设备；软件系统包括系统软件、支撑软件和应用软件，通常是指程序及其相关的文档。

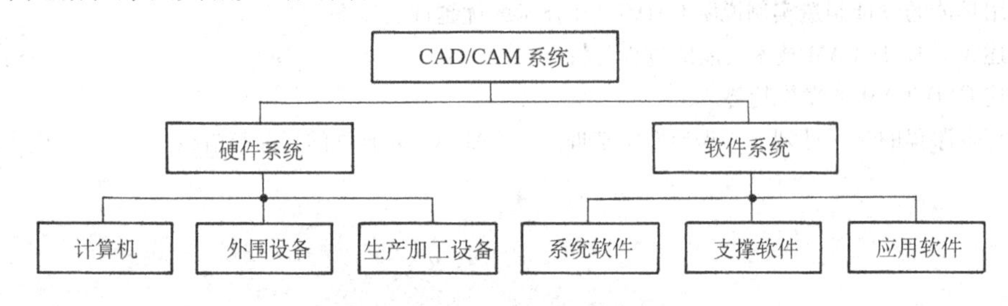

图 2-1　CAD/CAM 系统的组成

二、CAD/CAM 系统分类

1. 根据使用的支撑软件规模大小分类

（1）CAD 系统　这类系统具有较强的几何造型、工程绘图、仿真与模拟、工程分析与计算、文档管理等功能。在硬件方面，往往不具备生产系统设备及相关接口；在软件方面，不具备数控编程、加工仿真、生产系统控制与管理等功能。该类系统是为完成设计任务而建立的，规模相对较小，建设成本也很低。

（2）CAM 系统　这类系统具有数控加工编程、加工过程仿真、生产系统及设备的控制与管理、生产信息管理等功能。在硬件方面，图形输入输出设备相对较少，而大多数是与生产相关的设备；在软件方面，几何造型、自动绘图、工程分析与计算、运动学和力学分析与仿真等功能很弱或没有。该类系统是专门面向生产过程的，规模相对小一些。

（3）CAD/CAM集成系统　这类系统规模较大、功能齐全、集成度较高，同时具备CAD、CAM系统的功能，以及系统间共享信息和资源的能力，硬件配置较全，软件规模和功能强大。该类系统是面向CAD/CAM一体化而建立的，是目前CAD/CAM发展的主流。

2. 根据CAD/CAM系统使用的计算机硬件及其信息处理方式分类

（1）主机系统　这类系统以一个主机为中心，如图2-2所示。系统集中配备某些公用的外围设备（如绘图机、打印机、磁带机等）与主机相连，同时可以支持多个用户工作站及字符终端。一般至少有一个图形终端，并配有图形输入设备，如键盘、鼠标或图形输入板，用来输入字符或命令等。这类系统采用多用户分时工作方式，其优点是主机功能强，能进行大信息量的作业，如大型分析计算、复杂模拟和管理等；缺点是开放性较差，即系统比较封闭、具有专用性，当终端用户过多时，会使系统过载，响应速度变慢，而且一旦主机发生故障，整个系统就不能工作，所以目前一般不再采用。

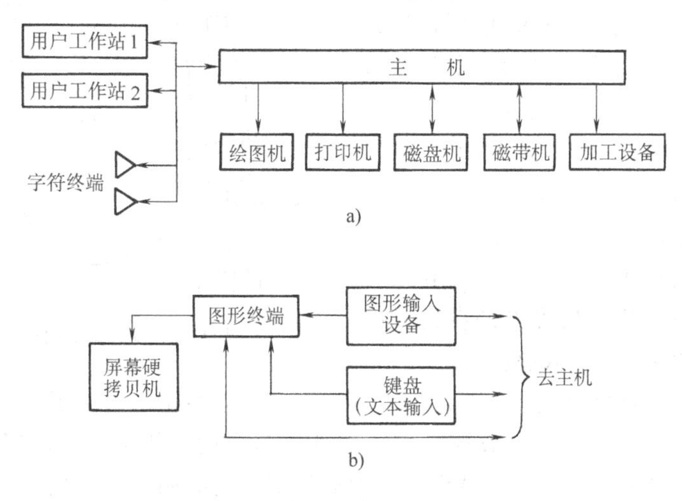

图2-2　主机系统的基本结构

（2）工程工作站系统　工作站本身具有强大的分布式计算功能，因此能够支持复杂的CAD/CAM作业和多任务进程。该类系统的信息处理不再采用多用户分时系统的结构与方式，而是采用计算机网络技术将多台计算机（工程工作站或微型计算机）连接起来，一般每台计算机只配一个图形终端，每位技术人员使用一台计算机，以保证对操作命令的快速响应，如图2-3所示。由于系统的单用户性，保证了优良的时间响应，提高了用户的工作效率。

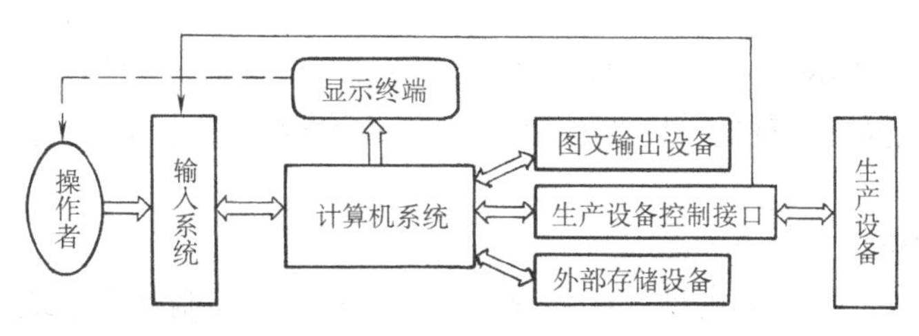

图2-3　工作站系统的基本结构

（3）计算机系统　也称微机系统。近年来，微机在速度、精度、内外存容量等方面已能满足CAD/CAM应用的要求，一些大型工程分析、复杂三维造型、数控编程、加工仿真等作业在微机上运行不再有大的困难，微机的价格也越来越便宜。以往一些对计算机硬件资源要求高、规模较大、在工程工作站上运行的 CAD/CAM 软件逐步移植到微机上，从图形软件、工程分析软件到各种应用软件，满足了用户的大部分要求；现代网络技术能将许多微机及公共外设连成一个完整的系统，做到了系统内部资源的共享。

3. 根据 CAD/CAM 系统是否使用计算机网络分类

（1）*单机系统* 单机系统中，每台计算机上都具备完成 CAD/CAM 指定任务所需要的全部软硬件资源，但计算机之间没有实施网络连接，无法进行通信和信息交互，不能实现资源共享。

（2）*网络化系统* 这类系统是将本地或异地的多台计算机以网络形式连接起来，计算机之间可以进行通信和信息交互，完成 CAD/CAM 任务所需要的全部软硬件资源分布在各个节点上，实现资源共享，如图 2-4 所示。网络上各个节点的计算机可以是微机，也可以是工作站。每个节点有自己的 CPU 甚至外围设备，使用速度不受网络上其他节点的影响。通过网络软件提供的通信功能，每个节点的用户还可以享用其他节点的资源，例如绘图仪、打印机等硬件设备，也能共享某些公共的应用软件及数据文件。

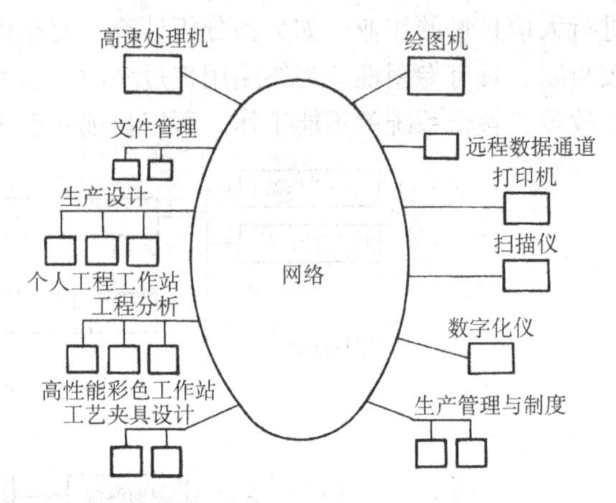

图 2-4 网络化 CAD/CAM 系统

采用的网络形式有总线型网、星形网、环形网等。总线型网适用于将各种性能差别较大的设备连入网内，具有良好的开放性和可扩展性，是目前应用的主流。以太网（Ethernet）是一种典型的总线型网，在 CAD/CAM 系统中得到了广泛应用。在以太网上，可以将各种不同类型的工程工作站、微型计算机、外围设备等连接起来，使用非常方便。星形网的访问控制比较简单，缺点是每个站点与中央节点之间有一条连线，所以费用较大，且中央节点的可靠性要求高。环形网采用点到点的结构，无碰撞，传输速度高、距离远，适合传输数据量大的场合。但随着中继器的增多，费用也大大增加，且当某一节点出现问题时可能影响整个网络。

第二节 CAD/CAM 系统的硬件

不同的 CAD/CAM 系统，可以根据系统的应用范围和相应的软件规模，选用不同规模、不同结构、不同功能的计算机、外围设备及其生产加工设备。常用的系统硬件组成如图 2-5 所示。

一、计算机主机

计算机主机是 CAD/CAM 硬件系统的核心，用于指挥、控制整个系统完成运算、分析工作。主机的类型及性能在很大程度上决定了 CAD/CAM 系统的使用性能。主机由中央处理器（CPU）和内存储器等组成。

中央处理器由控制器、运算器及各种不同作用的寄存器组成，其主要任务是存取指令、分析指令、执行指令等。CPU 的主频和寄存器的位数是影响 CPU 性能和速度的重要因素。

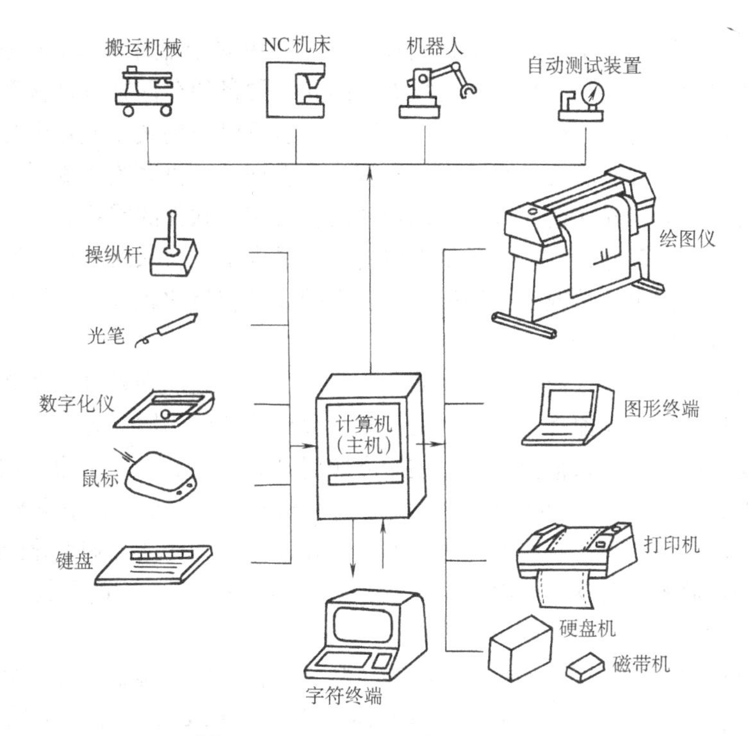

图 2-5　CAD/CAM 系统的硬件组成

CPU 的寄存器容量是有限的，程序运行所需的大量信息还需使用专门的存储设备。

内存储器（即主存储器）是主机内部直接与 CPU 相连的存储装置，是计算机的记忆及存储部件。用户的程序、所需的数据及计算机系统中的各类软件通常都放在外存储器中，当使用某一软件，或运行某一用户程序时，首先将其从外存调入内存，而系统运行中的信息、输入的原始数据、经过初步加工的中间数据以及最后处理完成的结果，都在内存中，需要通过相应的命令，从内存送入外存，以便长期保存。内存容量的大小，直接影响到程序运行的速度。内存是由一系列可编址的存储单元组成的，每一个单元可存放 8 个二进制位（Bit），称为一个字节（Byte），1024 个字节为 1KB（千字节），1024KB 为 1MB（兆字节），1024MB 为 1GB。通常以 MB 为单位来定义内存容量的大小。

二、外部存储器

计算机系统都配置了外部存储器，以长期保留程序及数据。常用的外部存储器有磁盘、磁带、光盘等。

磁盘是最常用的外部存储设备，包括软盘存储器和硬盘存储器。

软盘存储器由软盘和软盘驱动器组成。软盘由软盘盘片、保护套、驱动轴孔、检索孔、磁头读写槽及防写保护口等部分组成，盘片是信息的存储介质；软盘驱动器由电动机、读写磁头、运动控制器、接口部件等组成。工作时，电动机带着盘片飞速旋转，磁头在读写槽内作径向运动，实现数据的读写，由检索孔标识磁道的起始位置。任何一片新磁盘需经过指定的操作系统对其进行格式化。磁盘的容量取决于格式化之后的磁道数、扇区数以及该磁盘的密度，微机所用磁盘容量一般为 1.44MB 或 2.88MB 等。

硬盘通常是做成固定式的硬盘机及硬盘驱动器，或者装成可移式的硬盘组及硬盘插卡。

硬盘的盘片与软盘的区别在于采用的是金属片，且一般由多个盘片组成，除所具有的磁道、扇区之外，盘片之间的磁性柱面仍能存储数据，因此，硬盘的存储容量是软盘的几千甚至几十万倍。硬盘的格式化与软盘也有不同，一个物理硬盘可以被格式化成几个逻辑盘，用操作系统的分区命令就可实现。利用硬盘分区可以有效地管理计算机系统的资源，也允许在不同的逻辑盘上安装不同的操作系统，以满足用户使用各类应用软件的需要。

磁带是典型的顺序存储设备，在磁带上以物理记录为单位写入或写出。通常，在信息必须按顺序存入及顺序读出的情况下使用磁带。磁带的存储容量比较大，常用来为大型软件或超微机工作站系统软件作备份。

光盘是目前计算机系统广泛使用的存储介质之一，它由光盘和光盘驱动器组成，结构上与软盘存储器相似，但工作原理和存储介质与软盘存储器截然不同。光盘分为一次写入型光盘、可擦写型光盘两类。记录信息时，使用激光照射到介质表面上，用输入数据调制光点的强弱，在盘面上会形成一系列凹凸不平的条纹，信息就以这种方式记录下来了。读出信息时，由于光盘表面的凹凸不平，当激光光源照射到盘面上时，光的强弱变化经过解调就可输出数据。光盘的存储容量可达600MB以上，常用于保存信息量庞大的数据、资料、应用软件或常用工具软件。

在选择计算机时，主要考虑的技术指标有主频、字长、内存容量、外存容量、存取速度等。存储器是一台计算机的关键配置，内存容量一方面受CPU寻址能力的限制，另一方面受价格的约束，其容量影响某些应用软件的运行。外部存储器容量应使计算机既有足够的存储容量支持各类软件的运行，又具有较好的经济性。

三、输入设备

由于在不同的场合，需使用不同输入方式输入不同类型的数据，为此，人们开发了各种各样的输入设备。计算机通过输入设备将各种外部数据转换成计算机能识别的电子脉冲信号。

1. 键盘

键盘是计算机最基本的配置之一，可以用来输入文字和基本命令及选取菜单等。键盘上的键主要分为数字键、字母键、符号键、功能键和控制键。从结构上分，键盘有机械式、电容式、薄膜式三类。其中机械式信号稳定、不易受灰尘干扰；薄膜式触感稍差，但可以防潮；而电容式使用省力，操作灵活，触感好。目前大多数计算机使用电容式键盘。

2. 鼠标

鼠标有机械式、光电式、感应式和空间球四种。

机械式鼠标的底部配置了一个橡胶球，当鼠标在平面上滑动时，橡胶球在平面上滚动，并带动两个相互垂直的电位器或者旋转编码器旋转，其中一个用于 x 轴、另一个用于 y 轴，电位器阻值或旋转编码器转角的变化使光标在屏幕上同步移动。

光电式鼠标底部装有发光管和光电检测器，当鼠标在专用的鼠标板上移动时，发光管发出的光经过鼠标板反射至光电检测器，从而能够检测到鼠标板上网格发出的0、1红外信号，传到机器内部实现光标的同步移动。

上面介绍的两类鼠标都只能输入二维坐标信息，随着虚拟现实技术在CAD/CAM系统中的应用，出现了空间球（三维鼠标），用来输入三维坐标。

除了鼠标外，还有定位指轮、操纵杆、跟踪球等装置，它们和鼠标的功能非常相似，也是常用的屏幕指示装置。

3. 光笔

光笔是一种定位装置，属于指点输入设备，其结构和工作原理如图 2-6 所示。显示器内电子束产生的光点在整个屏幕上往返移动，当光笔置于显示屏幕某点上接收到光信号后，通过光电转换向计算机输送一个响应脉冲，计算机可通过 x、y 轴的偏转寄存器获得这一点的坐标值，并获得显示该点的指令。通过检测光笔信号与程序计数器内容之间的对应关系，确定点的位置，有选择地指向图形元素，可以改变图形内容和更改刷新存储器的程序段。用户利用光笔从屏幕上确定点或图元素的位置，图元素属于一个含有图形设计元素的菜单，用户在菜单辅助下通过图形元素构造图形，增加、删除、移动或连接图形等。

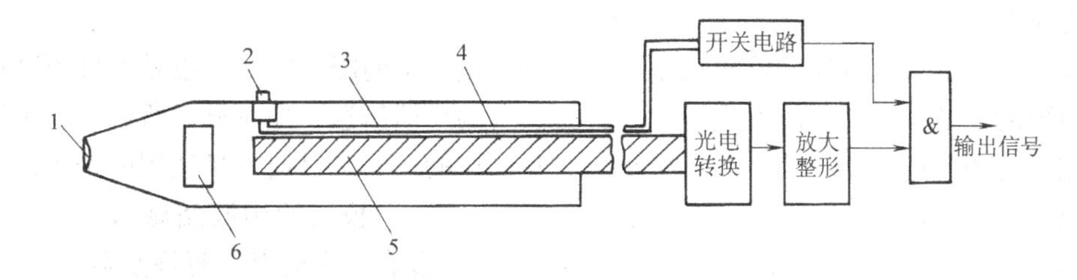

图 2-6　光笔的结构和工作原理

1—光孔　2—触钮开关　3—导线　4—笔体　5—光导纤维　6—透镜组

4. 数字化仪

数字化仪可以看成一个标注有 $x-y$ 坐标的平板，可用于输入精度较高的各类图形信息。如图 2-7 所示，将图纸置于平板上，平板上的 $x-y$ 两轴上的位置传感器将各点的坐标输入计算机，使计算机上的光标置于相应的位置上，令计算机记录下该点的坐标值。数字化仪的位置传感器有很多种，如旋转编码器、线性游标尺、电磁感应式、静电式、磁致伸缩式、光电式、压电式、超声波式、激光式等。例如台架式数字化仪上配有可沿 x 轴和 y 轴两个方向移动的滑道，坐标点的位置是由旋转编码器或线性游标尺确定并给出相应的数字量。而自由感应式数字化仪，是在面板下埋有一组 x 和 y 方向的导线，通过这些导线以固定间隔传送脉冲，将十字传感器移到它的工作位置，当 x 方向导线产生的脉冲与 y 方向导线产生的脉冲相重合时，光标便以一个强信号响应这一状态，并将其送回检测逻辑电路，由计算机计算出脉冲从发射瞬间至被检测瞬间的时间间隔。

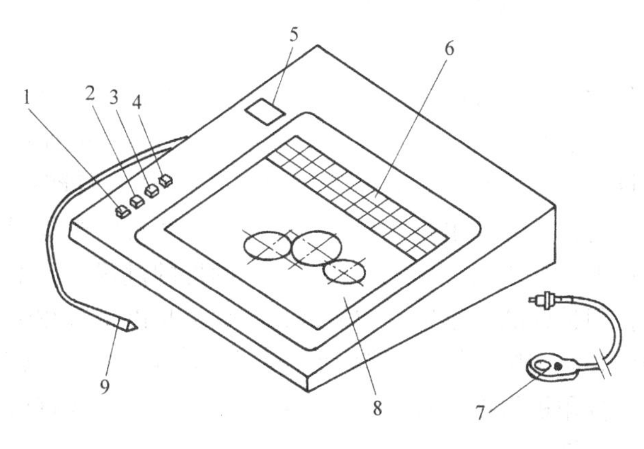

图 2-7　数字化仪

1—连续键　2—开关连续键　3—点键　4—复位键　5—显示单元　6—菜单　7—游标器　8—图件　9—触笔

数字化仪的尺寸一般为 900mm × 1200mm 及 1200mm × 1800mm，分辨率和精度可达 0.025mm 和 0.076mm。所用指示定位工具有触笔和游标器两种。

此外，图形输入板（原理与数字化仪相似）、触摸屏、扫描输入设备（包括扫描仪输入、条形码扫描输入等）、语音输入设备等也可用作 CAD/CAM 系统的输入设备。

四、输出设备

CAD/CAM 系统通过输出设备将设计的数据、文件、图形、程序、指令等显示、输出或者发送给相关的执行设备。主要的输出设备有显示器、打印机、绘图机、影像设备、语音系统、生产设备接口等几大类。

1. 显示器

显示器是一种快速反应的输出设备，是计算机最基本的配置之一，也是 CAD/CAM 系统中最为重要的设备，它不仅能直观地得到计算过程的反馈信息、随时显示所设计的图形，还能显示用户对图形进行增、删、改、移动等交互操作的过程。目前大量使用的是阴极射线管制成的显示器（CRT），它体积大，功耗大。相比之下，平板式的用液晶显示材料制成的显示器（LCD），具有轻、薄、小、显示效果好、对人体影响小等优点，有逐步取代 CRT 显示器的趋势。此外，还有激光显示、发光二极管显示、等离子体显示等技术。

分辨率是显示器的一个主要技术指标。所谓分辨率是指屏幕上可识别的最大光点数。对相同尺寸的屏幕，光点数越多，每个光点就越精细，显示的图形就越精确。通常用水平方向的光点数与垂直方向的光点数表示显示器的分辨率，例如 1024 ×768。CRT 显示器的分辨率取决于 CRT 荧光屏所用的荧光物质的类型、聚焦机构、偏转机构以及确定像素位置的计算机字长、存储像数信息的介质、数模转换的精度和速度等。事实上，将屏幕按光点直径的大小分成纵横相当的格子，把每个格子的坐标记入计算机内，当电子束向各坐标点移动时，电子束的轨迹就形成了所需的图形。因此，显示器上的每一条线都由有限个点组成，这些点并不是几何上的点，而是像素点，显然，屏幕上可分辨的像素点越多，分辨率越高，曲线的显示精度就越高。常见的计算机显示器分辨率有多种模式，可达 2048 ×1280 以上。

显示器与主机之间的联系是通过显示适配器实现的，也就是通常说的显卡。常见的显卡有 CGA、EGA、VGA、SVGA、TVGA 等多种类型，使用时，要使其分辨率与所选用的显示器匹配，为了提高显示器刷新速度和显示效果，显卡的显示存储器容量应足够大。目前显卡的显示存储器容量有 64MB、128MB、256MB、512MB、1024MB 等多种。

2. 打印机

打印机是一种十分常见的计算机信息输出设备。打印机操作简单，工作成本低，但受输出纸张幅面大小的限制，在 CAD/CAM 系统中主要用来进行设计或计算分析信息的中间结果或最终结果的输出。打印设备又常被人们称为“硬拷贝设备”。打印机的种类很多，按其工作方式不同，主要分为击打式和非击打式两种类型。击打式打印机是利用其内部机电结构的作用，使打印针撞击色带和打印纸，完成打印字符、图形的过程。非击打式打印机则是通过其他物理方式来完成打印过程的。早期打印机的打印规格是以字符数确定的，如 80 列、120 列、132 列和 160 列等几种，现在多以纸张幅面分，如 A4 幅面、A3 幅面等。按其打印颜色分有单色和彩色两种。打印机根据其打印质量的不同又可分为针式打印机、喷墨打印机、激光打印机、热蜡打印机和染色升华打印机。

针式打印机又称为点阵打印机，它是用针式打印头将打印内容以点阵的方式打印在色带上，然后再印到纸上形成各种字符或图形。这种打印机除了打印质量不高外，工作噪声较大也是它的一个缺点。

喷墨打印机是一种常见的输出设备，它分为单色和彩色两种。由于它的打印质量高于针式打印机，所以，当设计图形的图纸幅面不太大时，也常被用做工程图形最终结果输出设备。

激光打印机是通过机器内部产生的激光束来形成点阵的。无论是单色还是彩色激光打印机的打印效果都优于前两种打印机。由于它的价格较高，所以经常用来完成标志图形的设计输出。目前已有激光打印-复印一体机出现。

此外，还有热蜡打印机、染色升华（Dye－Sublimation）打印机，由于打印机的消耗材料较贵和投入相对较大，因而，不适合在 CAD/CAM 系统中用来进行大量的图形文件输出。

3. 绘图机

绘图机是 CAD/CAM 系统中不可缺少的一个重要输出设备。其原理与 $x-y$ 记录仪相似，在微处理器控制下，绘图笔可以在 $x-y$ 两坐标轴方向上移动，绘出所要求的图形。按照其绘图原理可分为笔式绘图机和非笔式绘图机两类。

（1）笔式绘图机　这类绘图机是以墨水笔作为绘图工具，计算机通过程序指令来控制笔和纸的相对运动。同时，对图形的颜色、图形中的线型以及绘图过程中抬笔、落笔动作加以控制，由此将屏幕显示的图形或存储器内的图形输出。笔式绘图机的驱动装置常用步进电动机、小惯量直流电动机和伺服电动机等。为了使传动装置灵活、不自锁、效率高、不易发生爬行现象，传动方式多采用滚珠丝杠、齿轮齿条、钢丝钢带等结构。根据笔与纸的相对运动方式的不同，笔式绘图机分为平板式和滚筒式两类。

平板式绘图机的外形和工作方式类似于手工绘图时用的绘图板，如图 2-8 所示。绘图机上设有 x 和 y 方向的导轨，y 方向移动的导轨支架可在 x 方向导轨上滑动，绘图笔可在 y 方向导轨上移动，从而实现绘图笔在 $x-y$ 平面内的移动，其运动由微处理器控制的步进电动机或伺服电动机作驱动部件实现。在整个绘图过程中，图纸固定在台面上保持不动，笔架沿 x 和 y 两方向移动，设计人员可以自始至终观察图形的绘制，绘图过程易于监视。但受图纸幅面的限制，占地面积比较大，价格比较高。

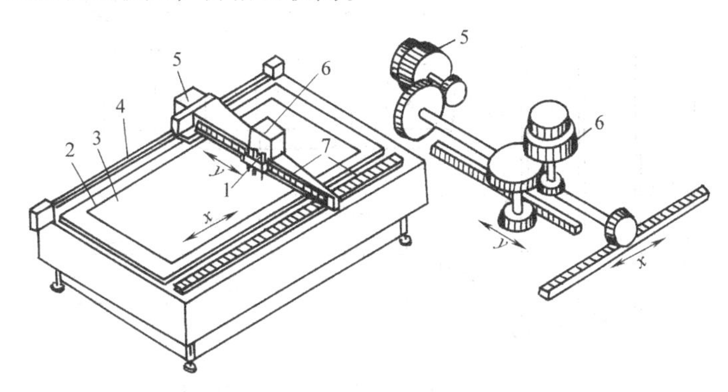

图 2-8　平板式绘图机的工作原理

1—笔架　2—台面　3—图纸　4—导轨　5—x 向驱动电动机　6—y 向驱动电动机　7—齿条

滚筒式绘图机由一水平放置的滚筒和一个能够沿滚筒轴线方向移动的笔组成，如图 2-9

所示。滚筒式绘图机绘图时，图纸放置在滚筒上，滚筒的旋转带动纸作垂直于滚筒轴线方向的运动来实现 x 方向的运动，绘图笔可沿滚筒轴向运动，完成 y 方向的移动。这类绘图机一般在 y 方向上的绘图范围为1m，而 x 方向可达100m以上，其绘图速度比平板式快，结构紧凑，占地面积小，价格也相对便宜，但其精度相对较低。

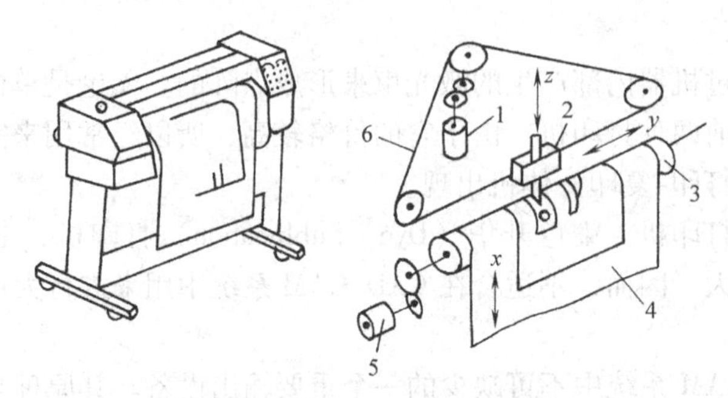

图2-9　滚筒式绘图机的工作原理

1—y 向驱动电动机　2—笔架　3—滚筒　4—图纸　5—x 向驱动电动机　6—钢丝绳

（2）非笔式绘图机　这类绘图机的作图工具不是笔。一般包括静电绘图机、喷墨绘图机、热敏绘图机等几种类型。

静电绘图机的工作原理类似于静电记录设备，如图2-10所示。它采用一个专用的记录系统绘图，记录头上的“笔尖”在绘图数据控制下，凡是通电的“笔尖”与静电电极共同作用在绘图纸上产生静电现象，再经四色调色剂组成的彩色处理系统粘附上色，形成用户所需的各种不同颜色的可视图形。由于记录系统中没有运动部件，从而补偿了由于绘图纸、笔的变换和不规则等带来的影响，保证了绘图的精度和可靠性，且绘图速度快，噪声小，但主机负荷大，造价较高。

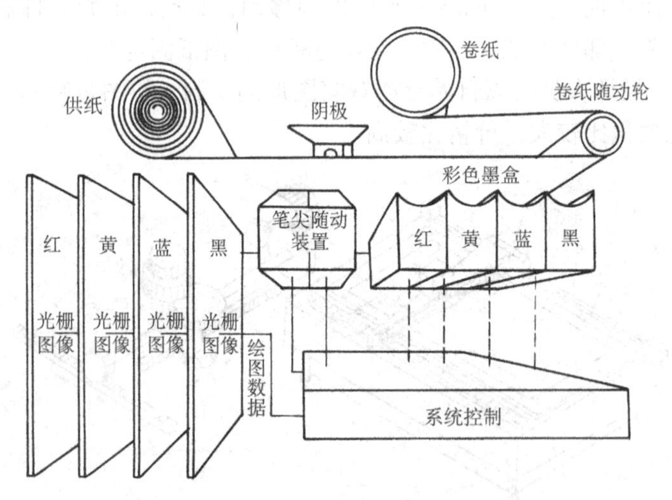

图2-10　彩色静电绘图机的工作原理

喷墨绘图机是利用喷墨枪作记录头，采用类似光栅的原理，如图2-11所示。通过图形数据控制喷射强度或单位面积点密度的方法实现图形绘制。绘图机的笔架上有三个喷嘴，在高压作用下，按一定的时间间隔喷出墨迹，喷头缓慢扫过转动的滚筒表面。每个喷嘴产生一个基本色调，并用组合方法像彩色光栅显示器一样形成多种颜色的图案。图纸固定在滚筒上，笔架可沿滚筒的轴线方向移动。喷墨绘图机通过设置可以产生高质量的绘图效果，但要注意在墨盒保质期内使用，避免喷嘴堵塞。

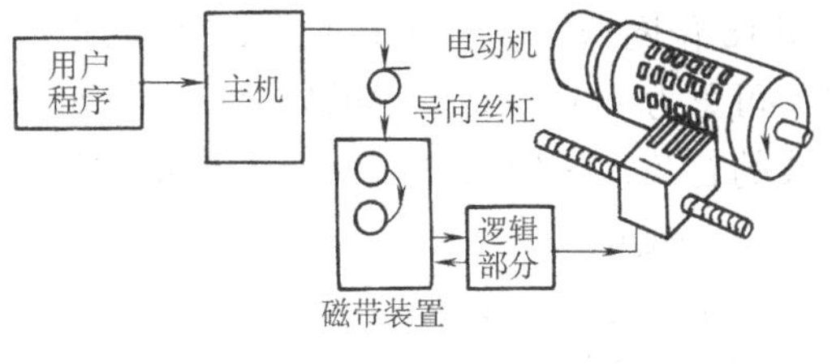

图 2-11　喷墨绘图机的工作原理

热敏绘图机的工作原理与热敏印刷机相类似，它既无绘图笔，也不需要喷墨头等一系列运动部件，由于无需绘图笔或墨头的安装、更换以及装调色剂等工作，故障率相对较低。热敏绘图机突出的特点是具有优质、高效绘制整块填充实心图案、阴影图、精细线条的能力。此外，它还可显示灰度等级，绘制多色调层次的图形，但需专门的热敏图纸。

不同种类的绘图机性能差异较大，选用笔式绘图机时应考虑以下几个主要参数指标：绘图速度（mm/s）、加速度（m/s^2）、定位精度（一般为 0.1mm）、重复精度（0.01mm 或更小）、幅面（A0、A1、A2 和 A3）。除以上主要性能指标之外，还需考虑绘图笔的数量（4 支、6 支、8 支、12 支等）和种类（铅笔、墨水笔、陶瓷笔、圆珠笔等）。另外，还要注意区分机械分辨率和软件分辨率。对于非笔式绘图机来说，需考虑填充色彩种类、彩色线条种类、调色剂容量、记录“笔尖”的总数（分辨率，如 1200dpi）以及缓冲器的容量等性能指标。

4. 生产系统设备

机械 CAD/CAM 系统包括加工设备（如各类数控机床、加工中心等）、物流搬运设备（如有轨小车、无轨小车、机器人等）、仓储设备（如立体仓库、刀库等）、辅助设备（如对刀仪等）等生产系统设备。这些设备通常采用 RS232 通信接口、DNC 接口或某些专用接口与 CAD/CAM 系统中的计算机连接，实现计算机与这些设备间的通信，如获取和接收设备的状态信息和其他数据信息，向设备发送命令和控制程序（如数控加工程序、机器人控制程序）等。

五、网络设备

随着计算机技术与通信技术的发展，越来越多的 CAD/CAM 系统采用网络化系统。网络的规模千差万别，大小之间相差悬殊。小者如两台计算机连接起来共享文件和打印机，就组成一个简单网络；大者如 Internet，它把世界上难以计数的计算机连在一起。不管网络的类型及模式如何，一个网络通常由服务器、工作站、电缆、网卡、集线器和其他网络配件等硬件组成。此外，路由器、网桥和网关等部件与设备也是扩展网络范围时所需要的。

1. 服务器

通常是指提供服务的软件或硬件，或者两者的结合体。服务器是大负荷的机器，其工作量是普通工作站的几倍甚至几十倍。服务器上运行网络操作系统，提供文件、通信和打印等服务。

2. 工作站

连接到网络上的任一台计算机成为网络上的一个节点，并称为网络工作站，简称工作站。工作站仅为它的操作者服务，而服务器则为网络上的许多节点提供共享资源。

3. 网卡

根据数据位宽度的不同可分为 8 位、16 位、32 位和 64 位网卡。一般来说，工作站上常采用16位网卡、服务器上采用32位网卡，8位网卡已经被淘汰。根据网卡采用的总线接口，可分为ISA、EISA、MCA、VL－BUS、PCI等接口。随着100Mbit/s网络的流行和PCI总线的普及，PCI接口的32位网卡得到广泛的采用。

4. 通信电缆

常用的通信电缆包括细同轴电缆（BNC）、粗同轴电缆（AUI）、双绞线和光纤等多种。细同轴电缆组网容易安装，电缆线价格便宜，成本较低，但连接的长度较短。粗同轴电缆成本相对要高得多，网络维护较困难。双绞线在目前局域网组网中最为流行，具有价格便宜、容易安装、维护方便的优点。常用的双绞线电缆的双绞线对数有2、4、8、16、32、64等多种规格。双绞线上的传输速率是较高的，但传输速率越高，网段的最大长度越小。在10Mbit/s的局域网上，一般双绞线长度不超过100m。光纤适合组建较大型的网络，它具有极高的频带、无能量损失、传输距离远等优点。

5. 集线器（HUB）

集线器可分为独立式、叠加式、智能模块式、高档交换式集线平台。在组网中常选用的是独立式HUB，这类HUB主要是为了克服总线结构的网络布线困难和易出故障的问题而引入，一般不带管理功能，没有容错能力，不能支持多个网段。这类集线器适合于小型网络，一般有16端口、24端口和32端口等类型，可以利用串接方式连接来扩充端口。

6. 中继器

中继器是一种附加设备，用来放大电缆上的信号以便在网络上能传输得更远。中继器工作在物理层，一般并不改变信息。

7. 网桥

网桥能够连接相同或不同的网段，可以将一个大网分成两个或多个子网，这样可以平衡各个网段的负载，减少网段内的信息量，从而提高网络的性能。网桥工作在数据链路层，当要扩充一个已达到最大距离范围的网络，或要解决由于单个局域网段上挂接了太多的工作站而引起的信息量瓶颈问题，或要将不同类型的局域网连在一起时可以安装网桥。

8. 路由器

作为连接广域网WAN的端口设备，其主要功能是连接多个独立的网络或子网，实现互联网间的最佳寻径及数据传送。

9. 网关

网关可将具有不同体系结构的计算机网络连接在一起，它是在连接两个协议差别很大的计算机网络时使用的设备。常用的网关设备都是用在与大型计算机系统的连接上，为普通用户访问大型主机提供帮助。在OSI（开放系统互连）参考模型中，网关属于最高层（应用层）的设备。

第三节　CAD/CAM系统的软件

CAD/CAM系统是按照程序和数据进行工作的，这些程序、数据及相关的文档就是软件。软件主要研究如何有效地管理和使用硬件，如何实现人们所希望的各种功能的要求，因此，软件水平的高低直接影响到CAD/CAM系统的功能、工作效率及使用的方便程度，软件包含了管理和应用计算机的全部技术。

根据 CAD/CAM 系统中执行的任务及服务对象的不同，可将软件系统分为三个层次，即系统软件、支撑软件和应用软件，如图 2-12 所示。

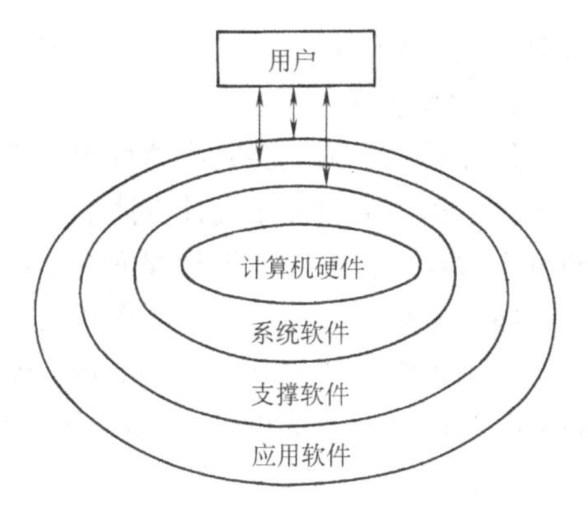

图 2-12 CAD/CAM 系统软件的层次结构

一、系统软件

系统软件主要用于计算机的管理、维护、控制、运行以及对计算机程序的翻译和执行。系统软件具有两个特点：一个是通用性，不同领域的用户都需要并使用它们，即多机通用和多用户通用；另一个是基础性，即系统软件是支撑软件和应用软件的基础，应用软件要借助于系统软件编制与实现。系统软件首先是为用户使用计算机提供一个清晰、简洁、易于使用的友好界面，其次是尽可能使计算机系统中的各种资源得到充分而合理的应用。系统软件主要包括操作系统、编程语言系统、网络通信及其管理三大部分，其组成与主要作用如图 2-13 所示。

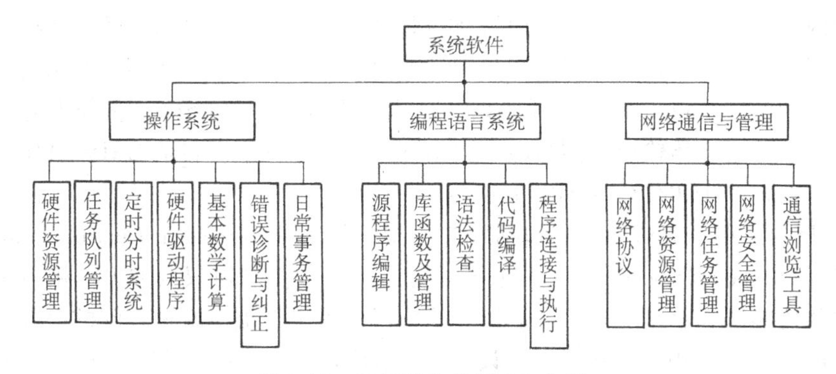

图 2-13 系统软件的组成与作用

1. 操作系统

操作系统是系统软件的核心。它控制和指挥计算机的软件资源和硬件资源，其主要功能是硬件资源管理、任务队列管理、硬件驱动程序、定时分时系统、基本数学计算、日常事务管理、错误诊断与纠正、用户界面管理和作业管理等。操作系统依赖于计算机系统的硬件，用户通过操作系统使用计算机，任何程序需经过操作系统分配必要的资源后才能执行。

操作系统按其提供的功能及工作方式的不同可分为单用户、分时、实时、批处理、网络和分布式操作系统六类。计算机用的 DOS 是一种单用户、单任务操作系统，而目前计算机上广泛使用的 Windows 和工作站上使用的 UNIX 是多用户分时操作系统，即计算机通过操作系统的控制，把相应的时间分成若干时间片，使用户轮流占用 CPU 去执行自己的程序。用户以会话的方式工作，因此又称为多用户交互式操作系统。实时操作系统是较少有人工干预的监视系统，其特点是事件驱动设计，要求以足够快速度、足够高的可靠性完成对事件的处理，尤其是对信息的处理和过程的监控。批处理操作系统是将要执行的程序及所需的数据一起输给计算机，然后逐步执行，其目的在于力图使作业流程自动化。分布式操作系统管理由多台计算机组成的分布式的系统资源。

目前，CAD/CAM 系统中常用的操作系统有：计算机平台 Windows、XENIX；工作站平台 UNIX、VMS 等。

2. 编程语言

编程语言系统主要完成源程序编辑、库函数及管理、语法检查、代码编译、程序连接与执行等工作。按照程序设计方法的不同，可分为结构化编程语言和面向对象的编程语言，按照编程时对计算机硬件依赖程度的不同，可分为低级语言和高级语言。

高级语言是一种与自然语言比较接近的编程语言，经编译及与有关库连接后即可执行。结构化编程语言如 BASIC、Fortran、Pascal、C 等。目前广泛使用面向对象的编程语言，如 Visual C ++、VisualBasic、Java 等。此外，在人工智能方面用得较多的语言有 LISP、Prolog 等。

汇编语言是一种与计算机硬件相关的符号指令，如［MOV AX，100］，在 Intel 8088 的汇编指令中是将常数 100 送到寄存器 AX 中，属低级语言，执行速度快，能充分发挥硬件功能，常用来编制最低层的绘图功能，如画点、画线等。

3. 通信及其管理软件

随着计算机网络技术的发展与广泛应用，大多数 CAD/CAM 系统应用了网络通信技术，用户共享网内全部硬软件资源。网络通信及其管理软件主要包括网络协议、网络资源管理、网络任务管理、网络安全管理、通信浏览工具等内容。目前这种层次型的网络协议已经标准化，国际标准的网络协议方案为“开放系统互连参考模式”（OSI），它分为七层，即应用层、表示层、会话层、传输层、网络层、数据链路层和物理层。目前 CAD/CAM 系统中流行的主要网络协议包括 TCP/IP、MAP、TOP 等。

TCP/IP 目前应用十分广泛，它包括传输控制协议（Transmission Control Protocol，TCP）和网际协议（Internet Protocol，IP）两个基本协议。传输控制协议（TCP）相当于 OSI 七层协议模型中的传输层，它是一种面向数据流的协议，提供了端对端进程间的全双向数据流通信。网际协议（IP）相当于 OSI 七层协议模型中的网络层，它把网际数据报文定义为信息在网际中传输的单位，提供了网际无连接的分组交换服务。

MAP（Manufacture Automation Protocol）是世界著名网络协议之一，应用十分广泛。它是一种用于工厂自动化环境的局域网协议，支持 OSI 七层协议模型，它代表了用户开发的局域网标准，为提供自动化设备的厂家提出了统一接口要求。

TOP（Technicality and Office Protocol）也是世界著名网络协议之一。它是一种用于技术环境和办公室环境的局域网协议，也支持 OSI 七层协议模型，是用户开发的网络标准。TOP 与 MAP 的主要差别在物理层、数据链路层和应用层。

二、支撑软件

支撑软件是 CAD/CAM 软件系统的重要组成，也是各类应用软件的基础。一般是由专门的软件公司开发，它不针对具体的应用对象，而是为某一应用领域的用户提供工具或开发环境，不同的支撑软件依赖一定的操作系统。从功能上可将支撑软件划分为自动绘图、几何造型、工程分析与计算、仿真与模拟、专用设备控制程序生成、集成与管理等几种类型。

1. 绘图软件

绘图软件主要解决零件图的详细设计问题，输出符合工程要求的零件图或装配图。它包括图形变换（缩放、平移、旋转、投影等）、编辑（增、删、改等）、存储、显示控制以及人机交互、输入/输出设备驱动等功能，可通过交互式绘图、程序调用或三维几何模型的投影变换几种方式生成图形。商品化的绘图软件种类很多，在计算机上广泛使用的 AutoCAD 就属于这类软件，在一些中大规模的 CAD/CAM 系统中自动绘图往往是其中的一个模块。

2. 几何建模软件

它为用户提供一个完整、准确地描述和显示三维几何形状的方法和工具。具有消隐、着色、浓淡处理、实体参数计算、质量特性计算等功能。CAD/CAM 几何建模软件有 I-DEAS、UG Ⅱ、Pro/Engineer 等。

3. 工程计算与分析软件

这类软件的功能包括：基本物理量的计算、基本力学参数计算、产品装配、有限元分析、公差分析、优化算法、机构运动学分析、动力学分析等。有限元分析是其核心工具。例如，利用有限元分析软件，可以进行静态、动态、热特性分析，通常包括前置处理（单元自动剖分、显示有限元网格等）、计算分析及后置处理（将计算分析结果形象化为变形图、应力应变色彩浓淡图及应力曲线等）三个部分。目前比较著名的商品化有限元分析软件有 SAP、NASTRAN、ANSYS 等。

4. 仿真与模拟

仿真与模拟技术是一种建立真实系统的计算机模型的技术。利用模型分析系统的行为而不建立实际系统，在产品设计时，实时、并行地模拟产品生产或各部分运行的全过程，以预测产品的性能、产品的制造过程和产品的可制造性。动力学模拟可以仿真分析计算机械系统在质量特性和力学特性作用下系统的运动和力的动态特性；运动学模拟可根据系统的机械运动关系来仿真计算系统的运动特性。这类软件（如 ADAMS 机械系统动力学分析系统）在 CAD/CAE/CAM 技术领域得到了广泛的应用。

5. 工艺过程设计

工艺过程设计软件（CAPP）将 CAD 数据转换为各种加工、管理信息，包括完整的工艺路线、工序卡等工艺文件以及供数控加工用的数控程序及其工艺信息。如果 CAD/CAM 系统采用了特征建模技术，那么 CAPP 与 CAD 实际上是一种数据共享，CAPP 的有效工作需要一个包括工艺知识库、工艺数据库和推理机的专家系统。工艺知识库包括各种典型工艺路线和典型工序以及工艺决策方法。这些资料是经过对不同类型零件的工艺分析，从大量经验中提炼出来的。工艺参数数据库包括机床、刀具、夹具、切削用量等资料。

6. 专用设备控制程序生成

如前所述，CAD/CAM 系统中大量的数据处理结果要用来驱动和控制某些生产和专用设备，如切削加工机床、电火花机床、机器人、运输小车等。不同类型、不同厂家的设备所用的控制方式、要求和数据各不相同，因此需要相关的软件来生成相应的设备控制程序，如数控加工程序、运输小车控制程序、机器人控制程序等。

7. 集成与管理

CAD/CAM 系统集成是将不同功能的软件模块有机地连接到一起，形成一个完整的 CAD/CAM 系统，并协调各子系统有效地运行，以达到信息数据无缝传输、数据共享、提高工作效率的目的。工程数据库是 CAD/CAM 系统和 CIMS 系统中的重要组成部分，目前比较流行的数据库管理系统有 Oracle、Sybase、SQL Server、Visual、FoxPro 等。系统不仅涉及大量的功能各异的软件、硬件和任务，还涉及大量的产品及其零部件、设计数据资料和文档，因此要有相应的管理软件来有效地管理这些资源，以提高资源的利用率和工作效率。

三、应用软件

根据用户的要求和配备支撑软件系统的不同，应用软件可分为检索与查询软件、专用图形生成软件、专用数据库、专用计算与算法软件、专用设备接口与控制程序（含专用设备驱动程序）、专用工具软件等。

应用软件是在系统软件和支撑软件基础上，针对某一专门应用领域的需要而研制的软件。这类软件通常由用户结合当前设计工作的需要自行开发，如模具设计软件、组合机床设计软件、电器设计软件、机械零件设计软件、汽车车身设计软件等均属应用软件。开发应用软件应充分利用已有 CAD/CAM 支撑软件的技术和二次开发功能，而不是从头开始，这样才能保证应用技术的先进性和开发的高效性。需要说明的是，应用软件和支撑软件之间并没有本质的区别，当某一行业的应用软件逐步商品化形成通用软件产品时，也可以称为一种支撑软件。

习题与思考题

1. CAD/CAM 系统的基本组成有哪些？
2. 计算机在 CAD/CAM 系统中的作用是什么？选择计算机主要考虑哪些性能指标？
3. CAD/CAM 系统中常用的外部存储器有哪些？各有什么特点？
4. CAD/CAM 系统中常用的输入设备有哪些？各有什么特点？
5. CAD/CAM 系统中常用的输出设备有哪些？简要说明其工作原理和特点。
6. 简要说明 CAD/CAM 系统常用的网络硬件设备和通信协议的作用及特点。
7. 简述 CAD/CAM 软件系统的基本组成。
8. 简要说明 CAD/CAM 系统支撑软件的类型和功能。
9. 举例说明 CAD/CAM 系统应用软件的开发方法。

第三章　计算机图形学基础

CAD/CAM是计算机图形学最重要、最基本的应用领域，计算机图形学的产生和发展与计算机辅助技术的要求密切相关。利用图形学技术，可以自动绘制各行业的工程图样，可以实现三维形体的几何造型，可以进行设计优化、模拟仿真等。本章主要介绍图形变换、图形裁剪和真实图形技术的基本原理和方法。

第一节　计算机图形学概述

一、计算机图形学的基本概念

图形是人类交流信息的重要媒介，计算机是人类脑力劳动的助手，两者的结合，就产生了一门新的学科——计算机图形学。计算机图形学是利用计算机系统产生、操作、处理图形对象的学科，图形对象可能是矢量图形也可能是点阵图形。矢量图形是计算机生成的图线、明暗曲面、符号、字符等构成的图形，在计算机内部存储的信息是图形元素的形状参数和属性参数。我们常说的图像，如照片、位图、图片等都属于点阵图形，在计算机内部存储的信息是构成点阵的所有点的灰度和色彩。

计算机图形学在CAD/CAM方面的应用是针对矢量图形的处理，其主要功能之一是由计算机内的数据生成与之对应的图形，并显示在显示器上；另一种主要功能则是对图形的各种处理，如图形的几何变换、投影、消隐等（如图3-1所示）。

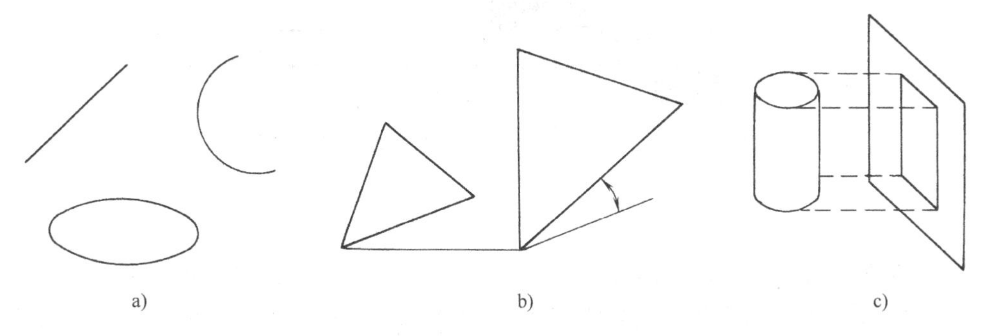

图3-1　计算机图形学功能示例

a）图形显示　b）几何变换　c）投影变换

二、图形生成技术与算法

1. 基本图形元素的生成

（1）线段的生成　在计算机图形设计中，最基本的也是遇到最多的图形是直线，平面上的矩形、正多边形等就是最典型的直线。从理论上说，不管什么样的曲线，在计算机图形系统中，都可以用一系列极短的线段组合来表示。

要在光栅扫描式图形显示器上显示图形，只要指定屏幕上与图形位置相对应的像素的明暗、颜色就可以了。因此，指定了两端点的像素及两端点之间的像素列的明暗和颜色，就能够在屏幕上画出一条线段。确定发光像素的算法有多种，如 DDA（Digital Differential Analyser）法、Bresenham 法、逐点比较法等。这些算法一般都采用增量法，即产生 x 和 y 坐标方向上“走步”的信号，确定发光像素点的地址。这里介绍 DDA 法。

DDA 法又称为数值微分法，是一种利用线段的微分方程生成线段的方法。线段的微分方程为

$$\frac{\mathrm{d}y}{\mathrm{d}x}=\frac{\Delta y}{\Delta x} \tag{3-1}$$

同时在当前像素点的位置（x，y）上增加一个同 x 和 y 的一阶导数成比例的小步长，在这种情况下直线的一阶导数连续，而且对于 Δx 和 Δy 是成比例的。因此，可以在当前位置（x，y）上，分别加上两个小增量 $\varepsilon\Delta x$ 和 $\varepsilon\Delta y$，就可以求出下一点的坐标。

在简单的 DDA 法中，选择 Δx 和 Δy 中最大的作为线长的估算值，即

$$\varepsilon=1/\max(|\Delta x|,\ |\Delta y|) \tag{3-2}$$

这样，$\varepsilon\Delta x$、$\varepsilon\Delta y$ 将变成单位步长。若已知线段起点（x_1，y_1）和终点（x_2，y_2），则线段上任意一点满足

$$\begin{cases}x=x_1+i\varepsilon(x_2-x_1)\\ y=y_1+i\varepsilon(y_2-y_1)\end{cases}\quad i=0,\ 1,\ 2,\ \cdots,\ 1/\varepsilon \tag{3-3}$$

根据式(3-3)计算的结果，并四舍五入即可确定发光像素位置从而显示线段，如图 3-2 所示。

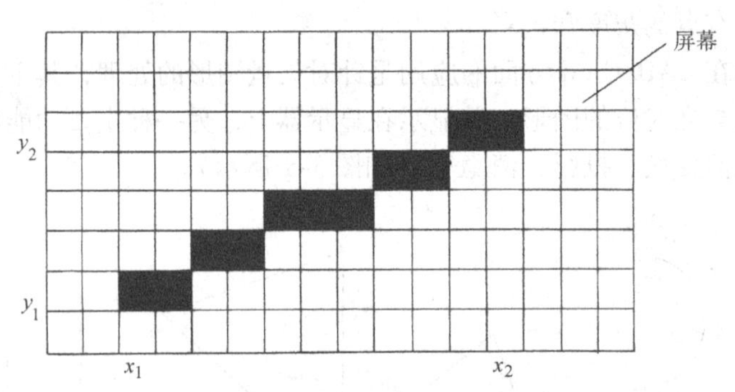

图 3-2　DDA 法生成的线段

在实际的显示器上，上述操作由专用电路来实现，能够显著提高显示速度。

（2）圆弧的生成　圆弧生成的算法主要有 DDA 法、逐点比较法、正负法等，这里简单介绍角度 DDA 法。

对于圆心在（x_0，y_0）处，半径为 R 的圆的参数方程可写成

$$\begin{cases}x=x_0+R\cos\theta\\ y=y_0+R\sin\theta\end{cases}\quad \theta\in[0,\ 2\pi] \tag{3-4}$$

假设整个圆由 n 个发光像素点显示，则 θ 的增量为 $2\pi/(n-1)$，当 $\theta_i=2\pi i/(n-1)$，其中 $i=0，1，2，\cdots，n-1$ 时，由式(3-4)计算并四舍五入，可得到 $\{(x_i,\ y_i)\}_{i=0}^{n-1}$ 的坐标点系列，这些点即构成一个圆。

对于其他规则二次曲线，也具有对应的参数方程，可使用类似于圆的生成算法来生成。

（3）区域填充　区域填充是指在一个封闭区域内填充某种图案或颜色。一般有如下两

种算法：

1）简单递归填充算法，又称为种子填充算法。首先，确定区域内一像素点是否为原来的光色属性值，若是，将其改变为新值；其次，若某点为填充后的新的光色属性值，则用四连通或八连通方法检验该点相邻的像素点，这是递归调用的过程。四连通、八连通搜索方法如图 3-3 所示。

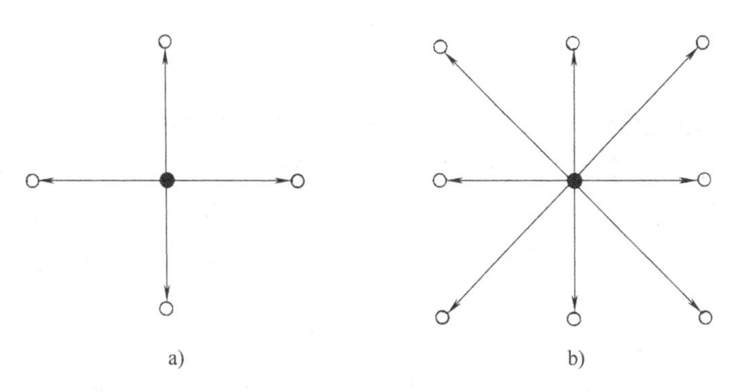

图 3-3　四连通和八连通搜索方法

a）四连通　b）八连通

如图 3-4 所示，若区域内起点为（x，y），要填充区域边界的光色属性值为 bcolor，将要填入的新的光色属性值为 ncolor，在 graphics. h 文件中定义了函数 getpixel(　) 和 putpixel(　)，函数 int getpixel(int x，int y）返回（x，y）像素点光色属性值；函数 void putpixel(int x，int y，int color）可对（x，y）像素点处填入光色属性值 color，则区域内部填充的四连通算法如下：

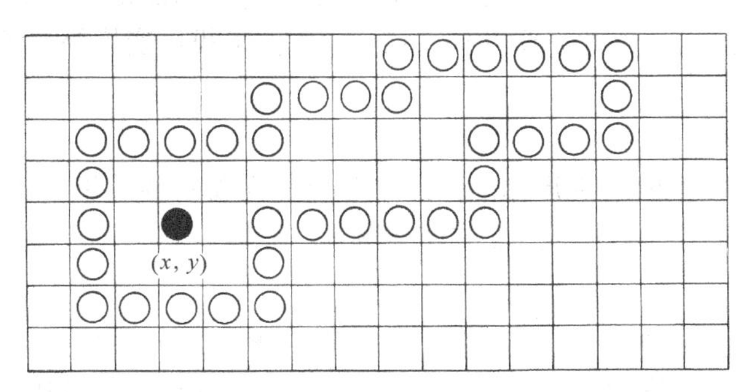

图 3-4　种子填充算法

```
    void fill(int x, int y, int ncolor, int bcolor)
{
int color;
color = getpixel(x, y);                     /* getpixel 函数返回（x，y）点的光色属性值 */
if(color! = ncolor&&color! = bcolor)        /* 当前像素点尚未填充且不在区域边界线上满足条件 */
    {
    putpixel(x, y, ncolor);                 /* 以 ncolor 填充（x，y）点 */
```

```
    fill(x, y+1, ncolor, bcolor);       /* 以下4句分别对当前像素点的上、左、下、
                                           右像素点实现对fill函数的递归调用 */
    fill(x-1, y, ncolor, bcolor);
    fill(x, y-1, ncolor, bcolor);
    fill(x+1, y, ncolor, bcolor);
  }
}
```

2）扫描线区域填充算法，又称为多边形填充算法。光栅图形显示器的每行像素可看做是一条扫描线，对于分辨率为1024×768光栅显示器，每条扫描线有1024个像素点。首先按照屏幕上发出扫描线的顺序，从上到下或从下到上，从左到右求得各条扫描线与区域边界的交点，从而确定区域边界内的像素点，然后用指定的颜色或图案显示这些像素点，就实现了区域填充。

2. 自由曲线和曲面生成

自由曲线和曲面是指那些不能用简单的数学模型进行描述的线和面，通常需要通过离散数据采用插值法或曲线拟合法加以构造。完全通过或比较贴近给定点来构造曲线或曲面的方法，我们称之为曲线或曲面的拟合，求在曲线或曲面上给定点之间的点称为曲线或曲面插值。除此之外，还包括曲线、曲面的拼接、分解、过渡、光顺、整体修改和局部修改等。

三、图形的编辑修改技术

图形的编辑修改是计算机图形学的基础内容之一。通过编辑修改，可以截取落在指定区域内的图形，可以由简单图形生成复杂图形，可以实现二维和三维图形之间的转换，甚至可以对静态图形通过快速变换而获得动态图形的效果。常用的图形编辑修改技术包括图形裁剪，窗口、视区变换，二、三维图形几何变换，三维图形投影变换等，我们将分别在第二和第三节中加以讨论。

四、真实图形技术

计算机绘图系统制作的三维形体的图形，要想达到逼真的效果，还应进行真实图形处理。常用的处理技术包括消隐、光色效应处理等。

1. 消隐技术

在现实生活中，我们从某一方向观察一个三维实体时，它的一些面、边是看不到的，这些看不见的面和线称之为隐藏面和隐藏线。因此，要在计算机上画出确定的、立体感强的透视图、轴侧图，就要消除其中的隐藏线，对于用不同的灰度表现物体上各种明暗度表面的立体图形，还要消除其中的隐藏面。消隐算法主要包括包含性检验、深度检验、可见性检验等，我们将在第四节中加以讨论。

2. 光色效应处理技术

经过消隐处理的三维图形，仍然与我们看到的现实世界的物体有差异。计算机图形系统制作立体图形，要想达到逼真的效果，还应结合人的视觉特点，反映出图形各点的光学效应。因此，使用一些数学公式近似计算物体表面反射或透射光的规律和比例，这种公式称为光色模型，我们将在第五节中加以讨论。

除此之外，阴影处理、纹理处理、光线跟踪、自然景物模拟、动态景物模拟等也都属于真实图形生成技术。

五、二维工程图生成方法

市场上的 CAD 软件有许多种类，各软件之间多少会存在一些差异，但从总体上看，二维工程图的绘制常用以下四种方式。

1. 交互式准确绘图

交互式准确绘图是指在交互式绘图系统的支持下，用户使用键盘、鼠标等输入设备通过人机对话的方式进行绘图，将图形上的所有基本图形元素按照给定尺寸逐一绘出，不分先后，没有约束。这种方法比较简单，用户在绘图过程中能实时观察所绘图形并可直接进行编辑修改，适用面较广。但这种方法效率低，生成的图形无法通过尺寸参数加以修改。

典型的交互式准确绘图软件如 AutoCAD、Microstation 等。

2. 程序参数化绘图

程序参数化绘图是针对某一常用图形建立图形与尺寸参数之间的约束关系，用尺寸参数作为变量编制绘图程序存入图形库中。当需要时，用户可以调用子程序，按提示给尺寸参数赋值，即可得到所需规格的相似图形。这种方法适合于系列化产品的设计，可以提高工作效率。

3. 交互式参数化绘图

交互式参数化绘图首先绘制图形草图，无须对图形实体进行准确定位，然后给定必要的尺寸约束和几何约束，最后根据给定约束驱动产生准确图形。这种绘图方式既有交互式绘图的灵活性，又具有程序参数化绘图的高效性，已经成为目前计算机绘图系统的主流工作方式。

当前，国内流行的 CAXA 电子图板，清华天河软件公司的 PCCAD、武汉大天公司的 ZDDS 等交互式绘图软件均具有了参数化绘图功能。图 3-5 所示为交互式参数化绘图示例，图 3-5a 中零件的部分尺寸经交互修改后，得到图 3-5b 所示的零件图。

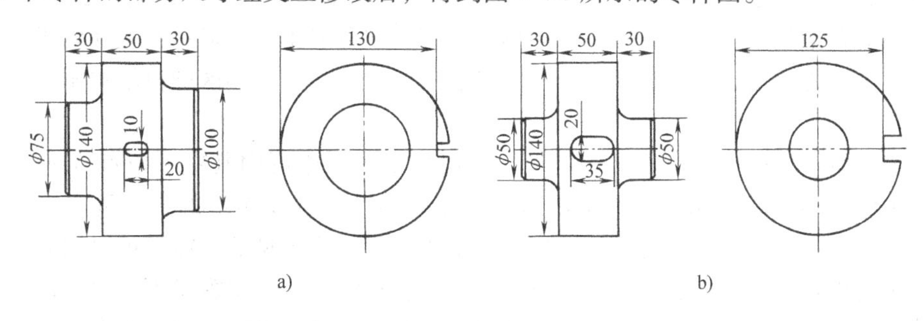

图 3-5　交互式参数化绘图示例
a）修改前　b）修改后

4. 三维实体投影自动生成工程图

这种方法首先利用三维 CAD/CAM 系统建立三维实体模型，然后人机交互设定图纸大小、视图投影方向和位置、剖视图的类型、剖面线的位置等参数，由 CAD/CAM 系统自动生成二维工程图，最后进行必要的修改，补充标注尺寸、公差、技术要求等。三维实体投影自动生成工程图的方法使得设计更为直观，解决了二维绘图中截交线、投影线难求的问题，还能保证三维模型与二维图形之间尺寸参数的一一对应，实现修改关联。图 3-6 所示为自动生成的零件工程图。

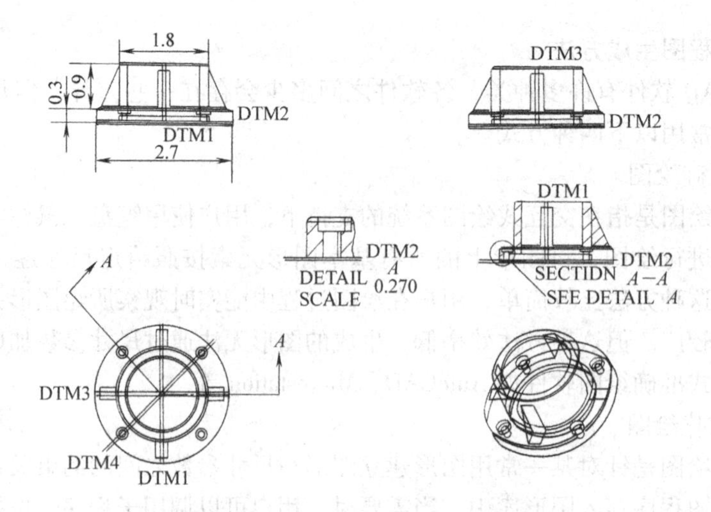

图 3-6　自动生成的零件工程图

第二节　图 形 变 换

在计算机绘图中，常常要对二维或三维图形进行各种变换，如平移、旋转、缩放、平行投影、透视投影等。这些变换的实质是改变组成图形的各点坐标。可以用一般的数学方法来研究图形变换，也可以采用矩阵的方法。本节主要介绍图形变换的矩阵方法。

一、窗口区及视图区的坐标变换

1. 窗口区

采用计算机辅助绘图时，通常需要设定图形区域范围，图形均在设定的区域范围内绘制，为了更清楚地观察局部，还可以将图形中的某一部分取出，在显示器上加以表示。用户选定的观察区域称为窗口，图形区域范围中的任何小于或等于图形区域范围的子域均可定义为窗口。

如图 3-7 所示，窗口一般定义为矩形，在用户坐标系中可用其左下角点（w_1，w_3）和右上角点坐标（w_2，w_4）来表示，也可给定其左下角点坐标及矩形的长、宽边来表示。窗口内的图形，系统认为是可见的，窗口外的图形则认为是不可见的。窗口可以嵌套，即在第一层窗口中可以再定义第二层窗口，在第 i 层窗口中定义第 $i+1$ 层窗口等，允许嵌套的层次由绘图软件系统决定。如果需要，还可以定义圆形窗口、多边形窗口等异形窗口。

2. 视图区

显示器屏幕范围是输出图形的最大区域，用户可以定义任何小于或等于屏幕范围的区域显示窗口图形，这些区域称为视图区。如图 3-8 所示，视图区一般定义为矩形，在设备坐标系中由左下角点（v_1，v_3）和右上角点坐标（v_2，v_4）来定义，或用左下角点坐标及视图区的 x、y 坐标方向及 x、y 方向边框长度来定义。视图区可以嵌套，允许嵌套的层次由绘图软件系统决定。对应于圆形和多边形窗口，用户也可以定义圆形和多边形视图区。

3. 窗、视变换

如图 3-9 所示，窗口中的点（x_w，y_w）对应屏幕视图区中的点（x_v，y_v），其变换公式为

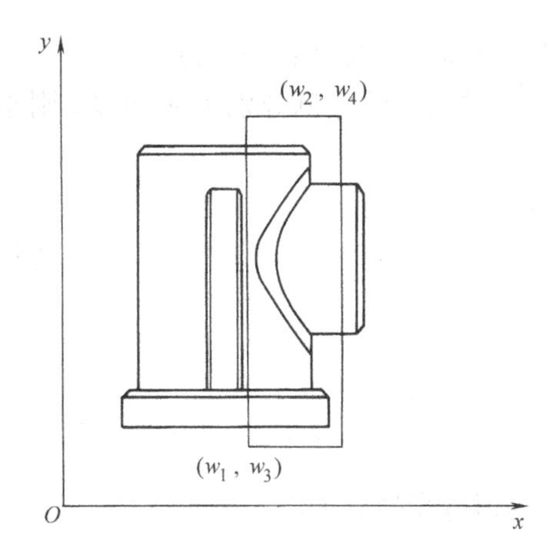

图 3-7　在用户坐标系中定义窗口

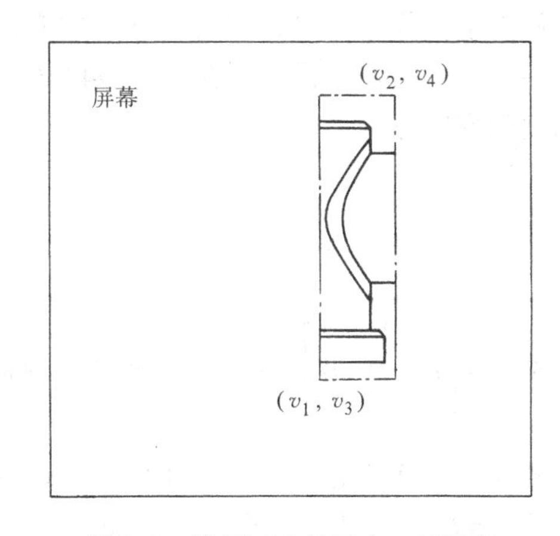

图 3-8　视图区中显示窗口区图形

$$
\begin{aligned}
x_{\mathrm{v}} &= \frac{(x_{\mathrm{w}} - w_1)(v_2 - v_1)}{w_2 - w_1} + v_1 \\
y_{\mathrm{v}} &= \frac{(y_{\mathrm{w}} - w_3)(v_4 - v_3)}{w_4 - w_3} + v_3
\end{aligned}
\tag{3-5}
$$

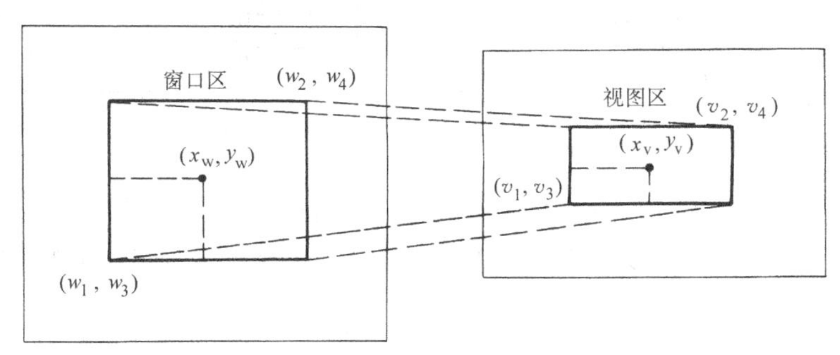

图 3-9　窗、视变换示意图

对于用户定义的一张整图，需要把图中每条线段的端点都用上式进行转换，才能形成屏幕上的相应图形。上述变换有如下关系。

1）视图区大小不变，窗口区缩小或放大时，所显示的图形会相反地放大或缩小。

2）窗口区大小不变，视图区缩小或放大时，所显示的图形会相应地缩小或放大。

3）窗口区与视图区大小相同时，所显示的图形大小比例不变。

4）视图区纵横比不等于窗口区纵横比时，显示的图形会有 x、y 方向的伸缩变化。

二、二维图形的几何变换

1. 基本变换

二维图形的基本几何变换包括比例变换、对称变换、错切变换、旋转变换和平移变换等。其中除平移变换外，其他四种基本几何变换都可以用组成图形的各顶点的坐标矩阵（1×2阶）和变换矩阵（2×2 阶）相乘来表示。二维坐标矩阵和 2×2 阶变换矩阵相乘不能表示图形的平移变换，为此，引入齐次坐标的概念。齐次坐标是将一个 n 维分向量用 $n+1$ 维分向量来表示，如二维的点坐标（x，y）可表示为（kx，ky，k），其中 k 为不为零的一个全比例因子。若令 $k=1$，则（x，y）的齐次坐标可简单地表示为（x，y，1）。

（1）比例变换　设图形在 x、y 两个坐标方向放大或缩小的比例分别为 A 和 D，则坐标点的比例变换为

$$[x' \quad y' \quad 1]=[x \quad y \quad 1]\begin{pmatrix}A & 0 & 0\\0 & D & 0\\0 & 0 & 1\end{pmatrix}=[Ax \quad Dy \quad 1] \tag{3-6}$$

令 $\boldsymbol{T}=\begin{pmatrix}A & 0 & 0\\0 & D & 0\\0 & 0 & 1\end{pmatrix}$，$\boldsymbol{T}$ 就是比例变换矩阵。

若 $A=D=1$，则 $[x' \quad y' \quad 1]=[x \quad y \quad 1]$，为恒等变换，如图 3-10a 所示；

若 $A=D>1$，为等比例放大，如图 3-10b 所示；

若 $0<A=D<1$，为等比例缩小，如图 3-10c 所示；

若 $A\neq D$，图形沿两个坐标方向作不同的比例变换，如图 3-10d 所示。

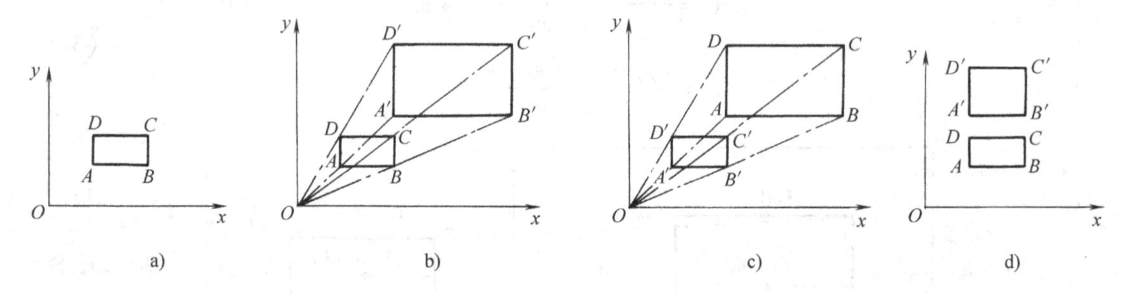

图 3-10　图形比例变换

a）比例系数 $A=D=1$　b）比例系数 $A=D>1$　c）比例系数 $0<A=D<1$　d）比例系数 $A=1$，$D>1$

（2）对称变换

1）设图形上一点（x，y）关于原点作对称变换后的新点坐标为（x'，y'），如图 3-11a 所示，则有

$$[x' \quad y' \quad 1]=[x \quad y \quad 1]\begin{pmatrix}-1 & 0 & 0\\0 & -1 & 0\\0 & 0 & 1\end{pmatrix}=[-x \quad -y \quad 1] \tag{3-7}$$

令 $\boldsymbol{T}=\begin{pmatrix}-1 & 0 & 0\\0 & -1 & 0\\0 & 0 & 1\end{pmatrix}$，$\boldsymbol{T}$ 就是关于原点对称的变换矩阵。

2）同理可知关于 x 轴对称的变换矩阵 $\boldsymbol{T}=\begin{pmatrix}1 & 0 & 0\\0 & -1 & 0\\0 & 0 & 1\end{pmatrix}$，如图 3-11b 所示。

3）关于 y 轴对称的变换矩阵 $\boldsymbol{T}=\begin{pmatrix}-1 & 0 & 0\\0 & 1 & 0\\0 & 0 & 1\end{pmatrix}$，如图 3-11c 所示。

(3) 错切变换

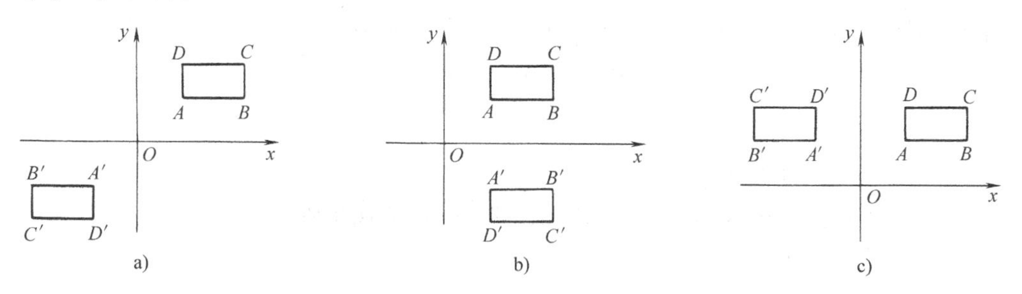

图 3-11　图形对称变换

a) 关于原点对称　b) 关于 x 轴对称　c) 关于 y 轴对称

1) 设图形上一点 (x, y) 沿 x 方向作错切变换后的新点坐标为 (x', y')，如图 3-12a 所示，则有

$$[x' \quad y' \quad 1] = [x \quad y \quad 1] \begin{pmatrix} 1 & 0 & 0 \\ C & 1 & 0 \\ 0 & 0 & 1 \end{pmatrix} = [x + Cy \quad y \quad 1] \tag{3-8}$$

令 $\boldsymbol{T} = \begin{pmatrix} 1 & 0 & 0 \\ C & 1 & 0 \\ 0 & 0 & 1 \end{pmatrix}$，$\boldsymbol{T}$ 就是沿 x 方向错切变换矩阵。

2) 同理可知沿 y 方向作错切变换的变换矩阵为 $\boldsymbol{T} = \begin{pmatrix} 1 & B & 0 \\ 0 & 1 & 0 \\ 0 & 0 & 1 \end{pmatrix}$，如图 3-12b 所示。

3) 沿 x、y 两个方向作错切变换的变换矩阵为 $\boldsymbol{T} = \begin{pmatrix} 1 & B & 0 \\ C & 1 & 0 \\ 0 & 0 & 1 \end{pmatrix}$。

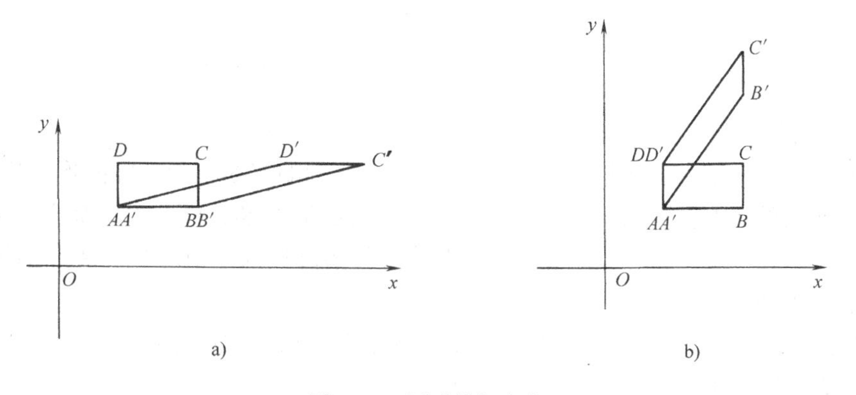

图 3-12　图形错切变换

a) 沿 x 方向错切　b) 沿 y 方向错切

(4) 旋转变换　设图形上一点 (x, y) 绕原点逆时针旋转 θ 角后的新点坐标为 (x', y')，如图 3-13 所示，则有

$$[x' \quad y' \quad 1] = [x \quad y \quad 1] \begin{pmatrix} \cos\theta & \sin\theta & 0 \\ -\sin\theta & \cos\theta & 0 \\ 0 & 0 & 1 \end{pmatrix} = [x\cos\theta - y\sin\theta \quad x\sin\theta + y\cos\theta \quad 1] \tag{3-9}$$

令 $\boldsymbol{T} = \begin{pmatrix} \cos\theta & \sin\theta & 0 \\ -\sin\theta & \cos\theta & 0 \\ 0 & 0 & 1 \end{pmatrix}$，$\boldsymbol{T}$ 为绕原点逆时针旋转变换矩阵。若顺时针旋转时，θ 角为负值。

（5）平移变换　设图形上一点（x，y）沿 x 轴平移 l 距离，沿 y 轴平移 m 距离，得到新点（x'，y'），如图 3-14 所示，则有

$$[x' \quad y' \quad 1] = [x \quad y \quad 1] \begin{pmatrix} 1 & 0 & 0 \\ 0 & 1 & 0 \\ l & m & 1 \end{pmatrix} = [x+l \quad y+m \quad 1] \tag{3-10}$$

令 $\boldsymbol{T} = \begin{pmatrix} 1 & 0 & 0 \\ 0 & 1 & 0 \\ l & m & 1 \end{pmatrix}$，$\boldsymbol{T}$ 则为平移变换矩阵。

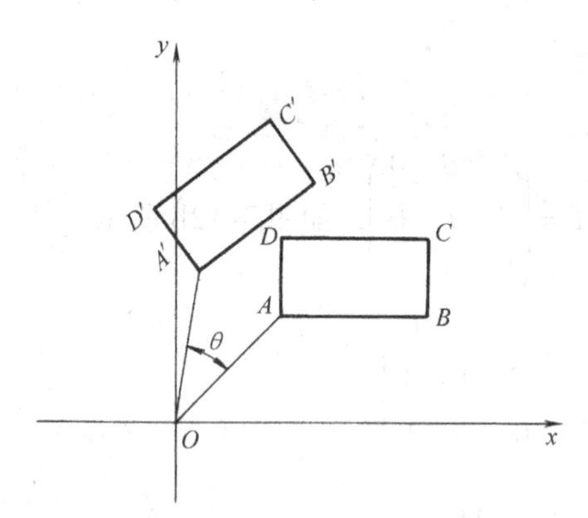

图 3-13　图形旋转变换

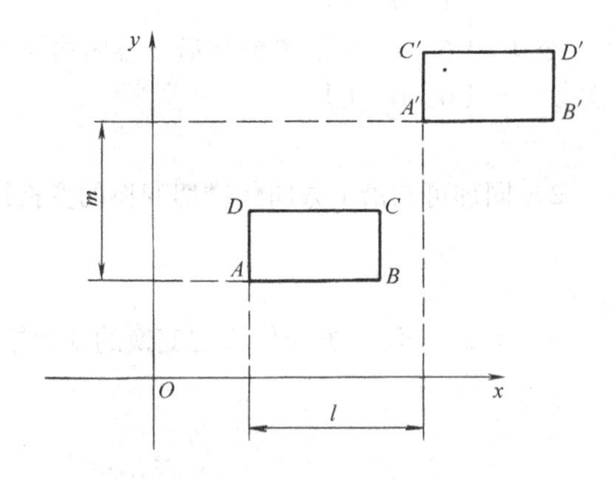

图 3-14　图形平移变换

2. 复合变换

上面介绍的五种基本变换都是相对于原点或 x、y 轴的变换，而实际图形变换常常是相对于任意点或线的变换。可以将相对于任意点或线的图形变换看成是多个基本变换的组合，称为复合变换，相应的复合变换矩阵是多个基本变换矩阵按顺序相乘的结果。解决复合变换问题的一般步骤如下：

1）任意点移至坐标原点（任意线平移、旋转至与 x 或 y 轴重合）。

2）实现基本图形变换。

3）反向移回任意点（反向平移、旋转回任意线原位）。

需要注意的是，复合变换矩阵通常由几个基本变换矩阵相乘求得，而矩阵乘法通常不符合交换律，因此，复合变换矩阵的求解顺序不能任意变动。

例　如图 3-15 所示，矩形 $ABCD$，已知 A 点坐标为（6，5），AB 长 6，BC 长 2，求其以点

（4，4）为中心旋转90°，再以 x 轴对称形成的复合变换矩阵，并求出变换后的 $A'B'C'D'$。

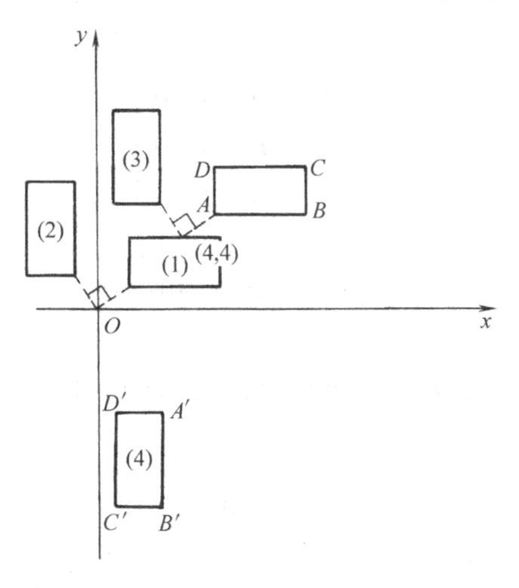

图3-15　矩形复合变换示意图

解

$$T_1=\begin{pmatrix}1&0&0\\0&1&0\\-4&-4&1\end{pmatrix}\begin{pmatrix}\cos90^\circ&\sin90^\circ&0\\-\sin90^\circ&\cos90^\circ&0\\0&0&1\end{pmatrix}\begin{pmatrix}1&0&0\\0&1&0\\4&4&1\end{pmatrix}$$

$$T_2=\begin{pmatrix}1&0&0\\0&-1&0\\0&0&1\end{pmatrix}$$

$$T=T_1T_2=\begin{pmatrix}0&-1&0\\-1&0&0\\8&0&1\end{pmatrix}$$

$$\begin{matrix}A\\B\\C\\D\end{matrix}\begin{pmatrix}6&5&1\\12&5&1\\12&7&1\\6&7&1\end{pmatrix}\begin{pmatrix}0&-1&0\\-1&0&0\\8&0&1\end{pmatrix}=\begin{pmatrix}3&-6&1\\3&-12&1\\1&-12&1\\1&-6&1\end{pmatrix}\begin{matrix}A'\\B'\\C'\\D'\end{matrix}$$

变换后 $A'(3,\ -6)$、$B'(3,\ -12)$、$C'(1,\ -12)$、$D'(1,\ -6)$。

三、三维图形的几何变换

三维图形几何变换的基本原理与二维图形几何变换相同，因而在二维的基础上加以扩展，运用齐次坐标的方法，可将三维空间点的几何变换表示为

$$[x'\quad y'\quad z'\quad 1]=[x\quad y\quad z\quad 1]\boldsymbol{T} \tag{3-11}$$

式中，$\boldsymbol{T}$ 是一个4×4阶变换矩阵，表示为

$$\boldsymbol{T}=\begin{pmatrix}A&B&C&0\\D&E&F&0\\H&I&J&0\\L&M&N&1\end{pmatrix}$$

1. 比例变换

变换矩阵为

$$T=\begin{pmatrix}A&0&0&0\\0&E&0&0\\0&0&J&0\\0&0&0&1\end{pmatrix} \tag{3-12}$$

式中，A、E、J分别为x，y，z三个坐标方向的比例因子。

2. 对称变换

标准的三维空间对称变换是相对于坐标平面进行的。相对于xOy平面、yOz平面、xOz平面的对称变换矩阵分别为

$$T_{xOy}=\begin{pmatrix}1&0&0&0\\0&1&0&0\\0&0&-1&0\\0&0&0&1\end{pmatrix}\quad T_{yOz}=\begin{pmatrix}-1&0&0&0\\0&1&0&0\\0&0&1&0\\0&0&0&1\end{pmatrix}\quad T_{xOz}=\begin{pmatrix}1&0&0&0\\0&-1&0&0\\0&0&1&0\\0&0&0&1\end{pmatrix} \tag{3-13}$$

3. 错切变换

错切变换的变换矩阵为

$$T=\begin{pmatrix}1&B&C&0\\D&1&F&0\\H&I&1&0\\0&0&0&1\end{pmatrix} \tag{3-14}$$

式中，D、H是图形沿x方向的错切系数；B、I是图形沿y方向的错切系数；C、F是图形沿z方向的错切系数。

4. 平移变换

其变换矩阵为

$$T=\begin{pmatrix}1&0&0&0\\0&1&0&0\\0&0&1&0\\L&M&N&1\end{pmatrix} \tag{3-15}$$

式中，L、M、N分别为x、y、z三个轴上的平移量。

5. 旋转变换

(1) 绕z轴逆时针旋转θ角对应的变换矩阵为

$$T_z=\begin{pmatrix}\cos\theta&\sin\theta&0&0\\-\sin\theta&\cos\theta&0&0\\0&0&1&0\\0&0&0&1\end{pmatrix} \tag{3-16}$$

(2) 绕x轴逆时针旋转θ角对应的变换矩阵为

$$T_x=\begin{pmatrix}1&0&0&0\\0&\cos\theta&\sin\theta&0\\0&-\sin\theta&\cos\theta&0\\0&0&0&1\end{pmatrix}\tag{3-17}$$

（3）绕 y 轴逆时针旋转 θ 角对应的变换矩阵为

$$T_y=\begin{pmatrix}\cos\theta&0&-\sin\theta&0\\0&1&0&0\\\sin\theta&0&\cos\theta&0\\0&0&0&1\end{pmatrix}\tag{3-18}$$

四、投影变换

将三维几何模型变为二维图形表示的过程称为投影变换。要在显示器和绘图仪上表示三维形体，就必须运用投影变换将其转化为二维图形。投影有平行投影和透视投影之分，前者的投影线是平行的，而后者是从某一点引出投影线的。

1. 平行投影

平行投影是由通过空间形体上各点的平行线与投影平面之间的交点来确定的，平行投影的投影中心到投影平面的距离为无穷大。如图3-16所示，投影直线的方向与向量$\overrightarrow{OP}$的方向一致，投影平面为xOy平面，设对象形体上一点的坐标为(x_1，y_1，z_1)，求得过该点与投影方向一致的直线的参数方程为

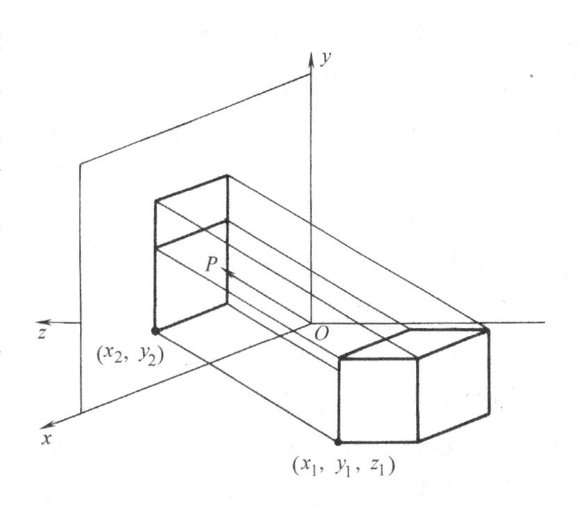

图3-16　平行投影

$$\begin{cases}x=x_1+x_P u\\y=y_1+y_P u\\z=z_1+z_P u\end{cases}\tag{3-19}$$

设该直线与 xOy 平面的交点坐标为（x_2，y_2，0），则点（x_2，y_2，0）为点（x_1，y_1，z_1）变换后的点，由直线的参数方程解得

$$\begin{cases}x_2=x_1-z_1\left(\dfrac{x_P}{z_P}\right)\\y_2=y_1-z_1\left(\dfrac{y_P}{z_P}\right)\end{cases}\tag{3-20}$$

这就是所求的变换式，若引入齐次坐标，则平行投影变换矩阵为

$$T=\begin{pmatrix}1&0&0&0\\0&1&0&0\\-\dfrac{x_P}{z_P}&-\dfrac{y_P}{z_P}&0&0\\0&0&0&1\end{pmatrix}\tag{3-21}$$

其中，(x_P，y_P，z_P) 为投影方向上的一点坐标。

计算机绘制的三视图、正轴侧图和斜轴侧图就是通过这种平行投影而得到的平面图形。

2. 透视投影

透视投影中所有的投影线都从空间一点投射，这点称为投影中心（或称为视点），一般将投影面放在三维形体和视点之间，视点与形体上各点的连线与投影面的交点就是形体上各点的透视投影。将形体上各点的透视投影依次连接，就可得到三维形体的透视图。透视投影是模拟眼睛观察物体的过程，与人眼看物体的情况十分相似，所以透视图立体感比较强。

透视投影有一个特点，即任何一束不平行于投影平面的平行线经透视投影后在透视图上不再平行，其延长线汇聚为一点，称之为灭点。当透视投影面平行于一个坐标平面时，只有一个坐标轴方向有灭点，该透视投影图称为一点透视图；当透视投影面平行于一个坐标轴时，在另外两个坐标轴方向都有灭点，该透视投影图称为二点透视图；当透视投影面既不平行坐标平面又不平行坐标轴时，在三个坐标轴方向都有灭点，该透视投影图称为三点透视图。下面仅介绍简单的一点透视投影。

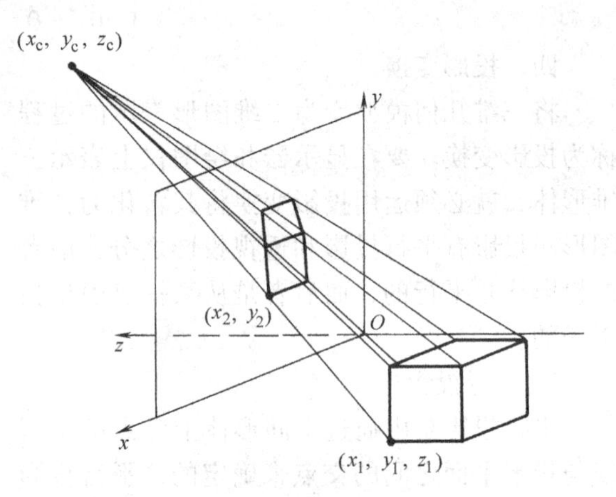

图 3-17　一点透视投影

如图 3-17 所示，透视投影平面为 xOy 平面，投影中心为点（x_c，y_c，z_c），对象形体上一点为（x_1，y_1，z_1）。投影线就是过这两点的直线，其参数方程为

$$\begin{cases} x = x_c + (x_1 - x_c)u \\ y = y_c + (y_1 - y_c)u \\ z = z_c + (z_1 - z_c)u \end{cases} \tag{3-22}$$

设该直线与 xOy 平面的交点坐标为（x_2，y_2，0），则点（x_2，y_2，0）为点（x_1，y_1，z_1）变换后的点，由直线的参数方程解得

$$\begin{cases} x_2 = x_c - \dfrac{z_c(x_1 - x_c)}{(z_1 - z_c)} \\ \\ y_2 = y_c - \dfrac{z_c(y_1 - y_c)}{(z_1 - z_c)} \end{cases} \tag{3-23}$$

这就是所求的变换式，若引入齐次坐标，则透视投影变换矩阵为

$$\boldsymbol{T} = \begin{pmatrix} -z_c & 0 & 0 & 0 \\ 0 & -z_c & 0 & 0 \\ x_c & y_c & 0 & 1 \\ 0 & 0 & 0 & -z_c \end{pmatrix} \tag{3-24}$$

第三节　图形裁剪技术

采用窗口技术可选取整体图中的部分图形进行处理。但要将窗口内的图形正确无误地从整体图中分离出来，还需应用图形裁剪技术，即把每个图形元素分成窗口内与窗口外两部分，保留窗口内的部分，舍弃窗口外的部分。

一、点的裁剪

图形都是由点组成的，点的裁剪是基础。可以用一对简单的不等式来判断图形上的点（x，y）是否位于窗口内。设矩形窗口的四条边界线是 $x=x_1$，$x=x_2$，$y=y_1$，$y=y_2$，不等式组为

$$x_1 \leqslant x \leqslant x_2,\ y_1 \leqslant y \leqslant y_2 \tag{3-25}$$

凡符合上述不等式组的点，都是可见图形点；不符合的，则是不可见图形点。

显然这种裁剪算法效率很低，因为要把所有的图形元素先转换成点，然后才能用上式进行判断，这需要大量的时间，很难付诸使用。因此要另外设计对较大的图形元素进行裁剪的算法。

二、线段的裁剪

在线段裁剪算法中，需要检查线段相对于窗口的位置关系。两者的位置关系只有三种：线段完全位于窗口内，该线段需全部保留；线段完全位于窗口外，该线段应全部舍弃；线段部分位于窗口内而其余部分位于窗口外，需要计算出该线段与窗口边界的交点作为线段的分段点，保留位于窗口内的那部分线段，舍弃其余部分线段。

线段裁剪算法有矢量裁剪法、编码裁剪法、中点分割裁剪法等，下面介绍编码裁剪算法。

编码裁剪算法是由丹·科恩和伊凡·苏泽兰设计的，所以又称为 Cohen-Sutherland 算法。如图 3-18 所示，延长窗口各边界，将窗口及其周围共划分为九个区域，对这九个区域分别用四位二进制数编码表示。四位编码中每位（按由右向左顺序）编码的意义如下：

第一位，点在窗口左边界线之左为 1，否则为 0；

第二位，点在窗口右边界线之右为 1，否则为 0；

第三位，点在窗口下边界线之下为 1，否则为 0；

第四位，点在窗口上边界线之上为 1，否则为 0。

当线段的一端点位于某一区域时，就将该区域的编码赋予端点。然后根据线段两端点编码就能方便地判断出线段相对于窗口的位置关系：

1）如果线段两端点的四位编码都是 0000，则表示两端点均在窗口内，线段完全可见。

2）如果线段两端点的四位编码不全是 0000，则将线段两端点的四位编码逻辑相乘，结果不是 0000，表示线段两端点在窗口边界线外的同侧位置，该线段完全不可见。

3）如果线段两端点的四位编码不全是 0000，则将线段两端点的四位编码逻辑相乘，结果是 0000，需要再判断线段与窗口边界是否相交。如果有交点，则说明该线段部分位于窗口内，即部分可见；如果没有交点，则说明该线段位于窗口之外，完全不可见。

图 3-19 所示的线段在窗口中的可见性判断见表 3-1。

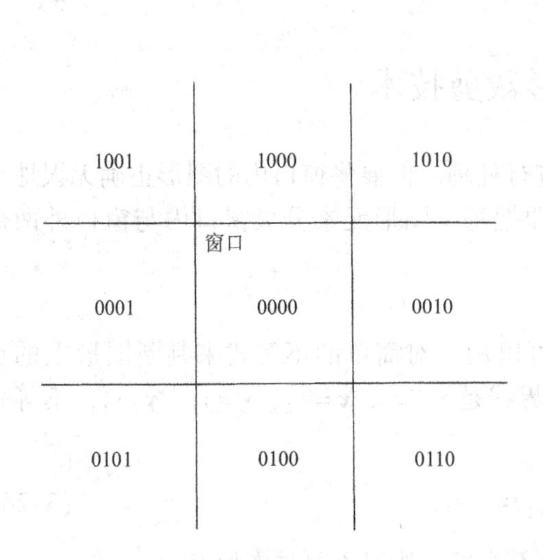

图 3-18　编码裁剪算法的区域分割

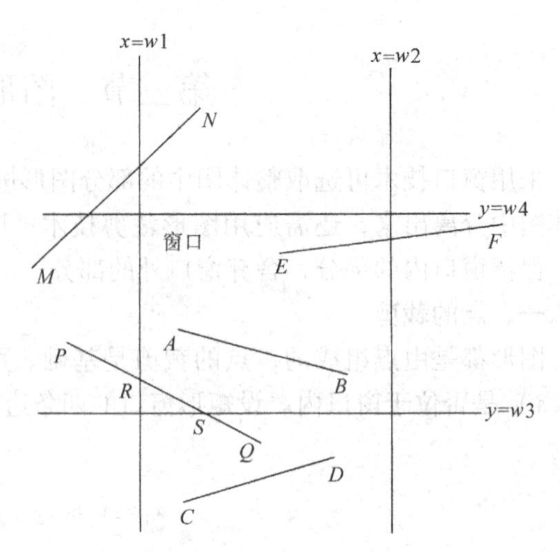

图 3-19　线段与窗口位置情况

表 3-1　线段端点编码及其可见性

线　　段	端点编码	逻辑乘结果	与窗口边界交点	可见性
AB	0000　　0000	0000	无	完全可见
CD	0100　　0100	0100	无	完全不可见
EF	0000　　0010	0000	有	部分可见
PQ	0001　　0100	0000	有	部分可见
MN	0001　　1000	0000	无	完全不可见

对于部分可见的线段，需要对线段进行再分割。求出该线段与窗口边界线的交点，重复上述编码判断，把不在窗口内的部分丢掉。图 3-19 中线段 *PQ* 被细分后 *PR* 段就被丢掉，得到新的线段 *QR*，这时还要对线段 *QR* 进行再分割，求出该线段与窗口下边界线的交点 *S*，直到发现线段 *RS* 完全在窗口内为止。

线段窗口编码裁剪 C 语言程序如下：

```
int win (int x1, int y1, int x2, int y2)
{int m1 =0, m2 =0, flag;          /* m1、m2 分别表示线段两端点 (x1, y1)、
                                     (x2, y2) 编码 */
 if (x1 < w1) m1 +=1;              /* 若 (x1, y1) 在窗口左边, 则 m1 值增加二
                                     进制数 0001 */
 else if (x1 > w3) m1 +=2;         /* 若 (x1, y1) 在窗口右边, 则 m1 值增加二
                                     进制数 0010 */
 if (y1 < w2) m1 +=4;              /* 若 (x1, y1) 在窗口下边, 则 m1 值增加二
                                     进制数 0100 */
 else if (y1 < w4) m1 +=8;         /* 若 (x1, y1) 在窗口上边, 则 m1 值增加二
                                     进制数 1000 */
 if (x2 < w1) m2 +=1;              /* 若 (x2, y2) 在窗口左边, 则 m2 值增加二
                                     进制数 0001 */
```

```
else if (x2 > w3) m2 += 2;          /* 若(x2, y2)在窗口右边，则m2值增加二进制数0010 */
if (y2 < w2) m2 += 4;               /* 若(x2, y2)在窗口下边，则m2值增加二进制数0100 */
else if (y2 > w4) m2 += 8;          /* 若(x2, y2)在窗口上边，则m2值增加二进制数1000 */
if (m1 = =0&&m2 = =0) printf("完全可见");        /* 若m1和m2的值都是0000，则线段在窗口内，完全可见 */
else if (m1 * m2! =0) printf("完全不可见");      /* 若m1和m2逻辑相乘的结果不是0000，则线段在窗口外，完全不可见 */
else
{flag = intersect(x1, y1, x2, y2, w1, w2, w3, w4);   /* intersect函数判断线段与窗口是否相交，相交返回1，不相交返回0 */
if (flag = =0) printf("完全不可见");     /* 若m1和m2逻辑相乘的结果是0000，且线段与窗口边界没有交点，则线段在窗口外，完全不可见 */
else printf("部分可见");                /* 若m1和m2逻辑相乘的结果是0000，且线段与窗口边界有交点，则线段部分在窗口内，即部分可见 */
}
}
```

三、多边形的裁剪

与线段的裁剪相比较，多边形的裁剪更加复杂，而且需要解决两个新的问题。一是完整的封闭多边形经裁剪后一般不再是封闭的，需要用窗口边界的适当部分来封闭它，而计算出用窗口边界的哪些部分去拼补是比较复杂的；二是如果被裁剪的多边形是凹多边形，其结果可能会是几个独立的小多边形（如图3-20所示），使得问题更加复杂化了。

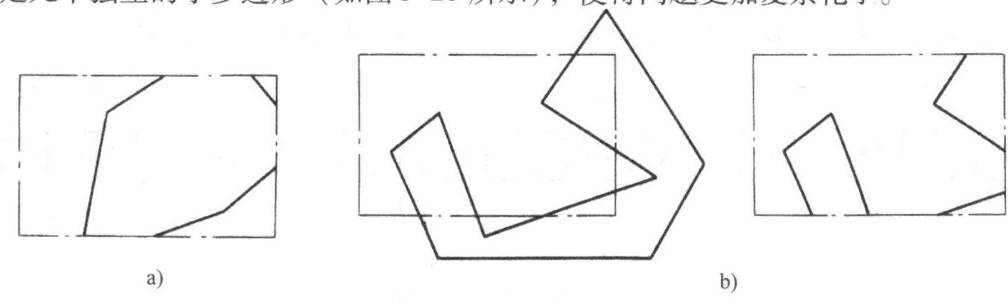

图3-20 多边形裁剪出现的问题

a）经线段剪裁后不能组成封闭图形 b）凹多边形裁剪后形成几个小多边形

目前用于多边形的裁剪算法不止一种，这里只介绍逐边裁剪法。

逐边裁剪法是由伊凡·苏泽兰和格雷霍奇曼设计的，所以又称为 Sutherland-Hodgman 算法。这种算法把多边形裁剪的全过程分解成几个简单过程，每个简单过程仅仅是完成一次单边裁剪，这样就使问题的解决得到了简化。具体算法是：把整个多边形先相对于窗口的第一条边界线进行裁剪，即首先求出窗口的第一条边界线和多边形各边的交点，然后把这些交点按照一定的原则连成线段，与窗口的第一条边界线不相交的多边形其他部分保留不动，则可形成一个新的多边形；然后把这个新的多边形相对于窗口的第二条边界线进行裁剪，再次形成一个新的多边形；接着用窗口的第三、第四条边界线依次进行如此裁剪，最后形成一个经过窗口的四条边界线裁剪后的多边形。逐边裁剪的过程如图 3-21 所示。

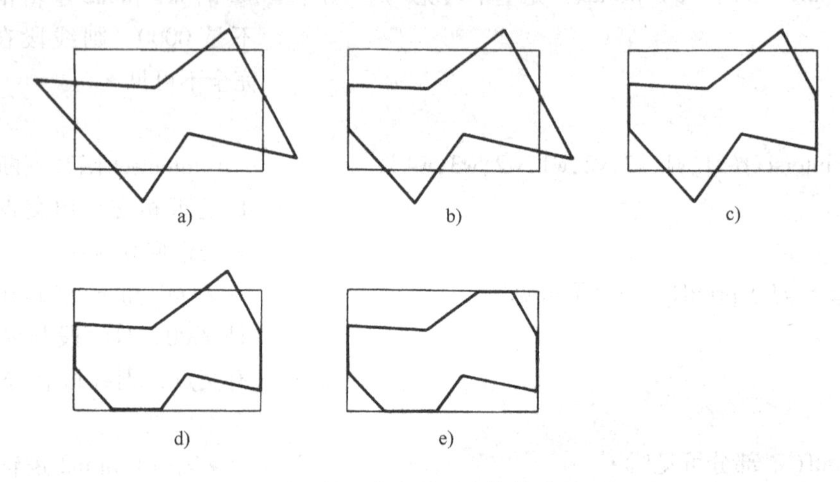

图 3-21　多边形逐边裁剪过程

a）多边形　b）裁剪左边界线后　c）裁剪左、右边界线后

d）裁剪左、右、下边界线后　e）裁剪左、右、下、上边界线后

由于逐边裁剪法的整个裁剪过程由四级同样的算法组成，因而可以采用递归方式调用同一算法实现。

四、字符的裁剪

字符作为一种特殊的图形，它的裁剪既具有线段、多边形裁剪的共性，也有其自身特性，具体表现在字符裁剪的精度要求上。精度要求最高的是笔划裁剪，即组成字符的每一笔划都由窗口边界线进行裁剪；其次是字裁剪，凡与窗口边界线相交或位于窗口区域外的字符均被裁剪掉；精度要求最低的是串裁剪，即一个字符串若与窗口边界线相交，则该字符串全被裁剪掉，只保留完全在窗口内的字符串。字符的三种裁剪如图 3-22 所示。

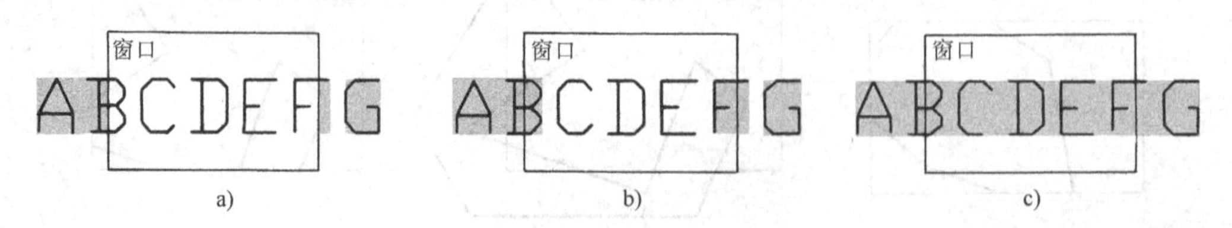

图 3-22　字符的三种裁剪方法

a）笔划裁剪　b）字裁剪　c）串裁剪

第四节　图形的消隐技术

在现实世界中，当从某一方向观察一个不透明的三维物体时，它的一些面、边是看不到的，由于计算机不会自动区分物体的可见部分和不可见部分，因此计算机上最初绘制的物体图形所有的面、边都被绘出，这样的图形表示的物体形状是不清楚的，甚至是不确定的，即可能具有二义性或多义性，如图 3-23 所示。

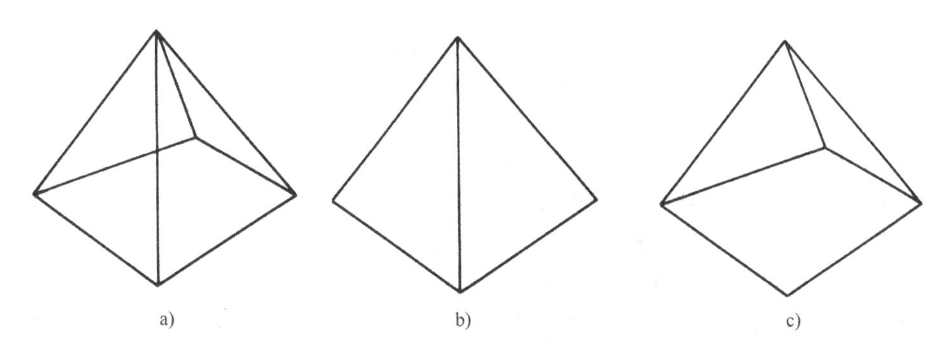

图 3-23　未消隐图形的二义性

因此，要画出明确的、立体感强的立体图，必须消去图形上的不可见部分，这些看不见的面、线我们称之为隐藏面和隐藏线，运用某种算法消去隐藏面或隐藏线的过程称之为消隐。

一、消隐算法原理

消隐算法是在给定空间观察位置后，确定哪些线段、边、面或体是否可见的算法。目前已经发明了许多不同类型的消隐算法，它们一般依据以下几种基本算法原理：

1. 包含性检验

在消除隐藏线、面的问题中，主要考虑两种包含性检验，一种是空间线段与平面多边形的包含性；另一种是点与多边形的包含性。

（1）空间线段与平面多边形的包含性检验　这种检验判断空间线段是否包含在平面多边形与视线方向所形成的平面柱体之中，只有线段全部或部分包含在该柱体内时，该平面多边形才可能遮挡该线段，否则该平面多边形就不可能遮挡该线段。

（2）点与多边形的包含性检验　这种检验判断某一点是否在某一多边形的表面区域内。常用的方法有交点数判断法、夹角之和检验法等。交点数判断法如图 3-24 所示，从点 P 引射线与多边形相交，若交点数是偶数，则点 P 在多边形之外；若交点数是奇数，则点 P 在多边形内被包容。检验的前提是交点与多边形顶点不重合。

2. 深度检验

如果经过包含性检验，点在多边形的内部，则还需要进行深度检验，以决定该多边形是否挡住该点。如果观察方向经几何变换后与 z 轴重合，如图 3-25 所示，则深度检验就是比较多边形平面上和所判点 P 具有相同 x、y 坐标值的点 M 离观察点 Q 的距离与 P 点离观察点的距离。若 $QP > QM$，说明 P 点在平面之后，为平面所遮挡，否则平面不能遮挡它。

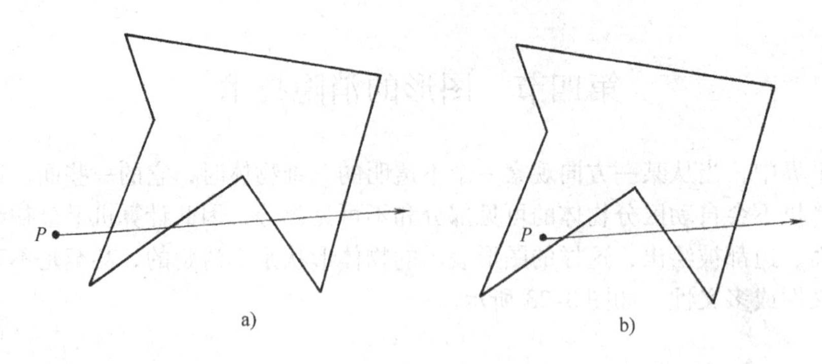

图 3-24 交点数判断

a）交点数为偶数 b）交点数为奇数

3. 可见性检验

可见性检验的目的是去除根本没有可能看见的表面。采用的方法是计算表面的法矢量与视线的交角。设交角为θ，对于可见表面，$0° \leqslant \theta \leqslant 90°$；对于不可见表面，$90° < \theta \leqslant 180°$。由此可去除不可见表面，只输出可见表面。

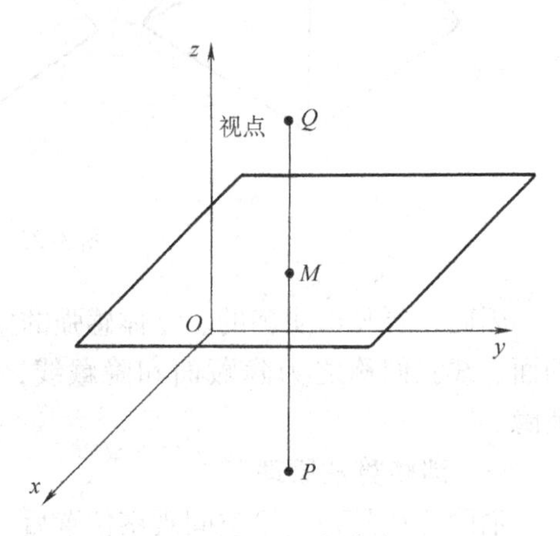

图 3-25 深度检验

4. 求交运算

在各种的消隐算法中，需要反复地运用求交运算，它包括以下几种主要类型：

（1）两直线的交点　通过解线性方程组完成。

（2）两线段的交点　通过解线性方程组求出交点，再进行有效交点判断，有效交点必须同时位于两线段上，而不能位于线段延长线上。

（3）直线与平面的交点　通过解线性方程组求出交点，再进行有效交点判断，有效交点必须位于平面的边界内部或边界线上。

（4）两平面的交点　则要分别求出每一个面的每一条边与另一个面的边或面的交点。

5. 投影变换

投影变换在消隐算法中的应用主要是已知三维形体各顶点坐标或其他信息，要求画出透视投影图或轴侧图，这在本章第二节中已经介绍了，这里不再重复。

二、消隐算法分类

按处理对象所属的空间来划分，消隐算法可以分成物空间算法和像空间算法两类。物空间算法注重考虑实际形体本身和形体之间的几何关系，以确定哪些部分是可见的，哪些部分不可见，其运算精度可以很高，但对于复杂图形的消隐，运算量大大增加，故效率较低。

像空间算法针对形体的图像，确定光栅显示器上哪些像素应该显示，因此，像空间算法的精度不必过高，与显示器的分辨率相适应即可。对于复杂图形的消隐，像空间算法的运算量并不成比例增加，效率较高。

三、消隐算法举例

各种消隐算法分别适用于不同的场合，下面仅介绍比较简单又广泛使用的Z缓冲器算法。

Z 缓冲器算法是一种像空间算法，只适用于光栅显示器。如图 3-26 所示，在 Z 缓冲器中存储的是对应显示器上每个像素的深度信息。开始时，各个像素点的深度都是背景深度，接着对图中存在的每个三维形体逐一检验，计算连接视点与像素点的直线段与该三维形体的交点，并将视点至该交点的距离值与 Z 缓冲器内的深度值相比较，保留小值并存储在 Z 缓冲器中。用同样方法对所有三维形体处理完成后，Z 缓冲器中存储的就是最前面的形体表面的深度信息，据此即可显示消隐后的图形。

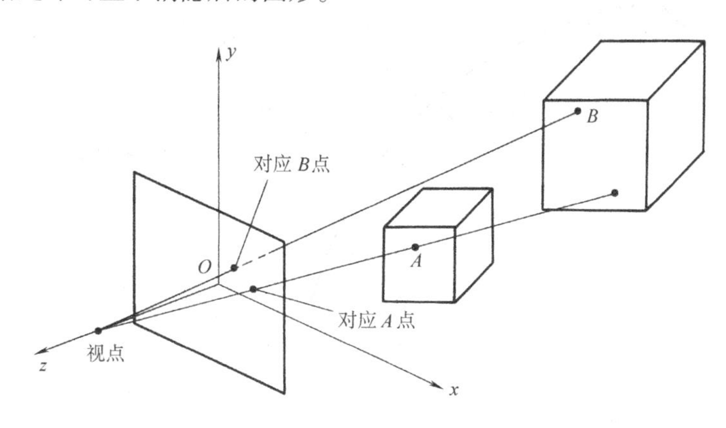

图 3-26　Z 缓冲器算法

第五节　图形的光照处理技术

用计算机产生的三维物体的图形，在经过消隐处理以后，还必须进行光照处理，才能达到逼真的效果。在现实世界中，一般同时存在多个光源，光线经周围具体环境多次反射、折射后，照射在一个物体上，这个物体可能具有不同的颜色和材料特性，在人眼视网膜上会产生不同色彩、亮度和质感的感知效果。要想近似达到同样的效果，首先需要考虑各种因素建立三维物体图形的光照模型，然后根据光照模型对图形进行处理。

一、光照模型

光照模型实际上是一个计算公式，可以根据已知的物体表面特性值和照明光特性值计算出三维物体图形上每个点的亮度和颜色值。

设图形上一点 P，P 点明暗度由该点发出的总光能 E_{P} 表示。E_{P} 由以下三部分组成：

1. 漫射光照产生的光能

漫射光照是各方向来的均匀光照，一般将物体所处的环境中除点光源外的光照作为漫射光照。在漫射光照作用下，P 点产生的光能计算公式为

$$E_{\mathrm{Pd}} = R_{\mathrm{P}} I_{\mathrm{d}} \tag{3-26}$$

式中，R_{P} 是 P 点的反射系数，取值范围从 0 到 1；I_{d} 是照在物体上的漫射光强度。

2. 点光源照射产生的光能

在点光源光照作用下，P 点产生的光能计算公式为

$$E_{\mathrm{Ps}} = E_{\mathrm{Ps1}} + E_{\mathrm{Ps2}} \tag{3-27}$$

式中，E_{Ps1} 是 P 点在点光源光照作用下发生漫射反射产生的光能，$E_{\mathrm{Ps1}} = (R_{\mathrm{P}}\cos\theta_1) I_{\mathrm{Ps}}$，如图

3-27 所示，θ 是点光源向 P 点的入射角，I_{Ps}是点光源光照强度；E_{Ps2}是 P 点在点光源光照作用下发生镜面反射产生的光能，$E_{Ps2} = (W(\theta)(\cos\beta)^n)I_{Ps}$，这里，$W(\theta)$是镜面反射系数，它是入射角 θ 的函数，β 是反射光线与观察视线的夹角。

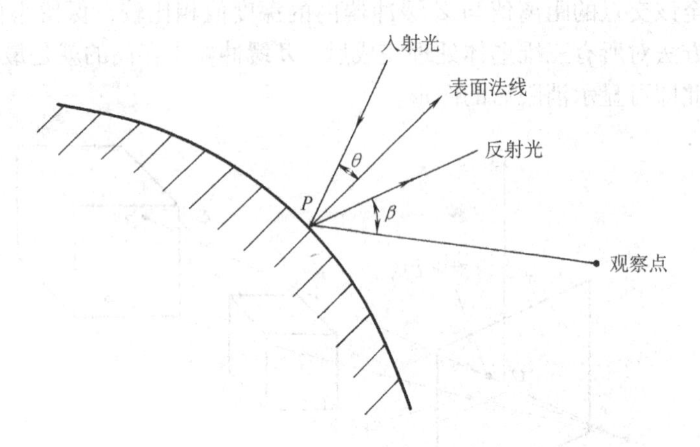

图 3-27　点光源的反射线与视线

3. 透明性产生的光能

三维物体可能是透明的或不透明的，透明性产生的光能正比于从物体背后照射到 P 点的光能 E_{Pb}，满足公式

$$E_{Pt} = T_P E_{Pb} \tag{3-28}$$

其中，T_P 是透明系数，取值范围从 0 到 1。

由上可知，图形上某点 P 的光能 E 由下式计算得到

$$E = E_{Pd} + \sum E_{Ps} + E_{Pt} \tag{3-29}$$

式中，$\sum E_{Ps}$是各点光源产生的光能之和。如果 P 点处于彩色物体表面上，上述公式可以看成是矢量方程，将系统支持的各种基颜色的相关参数代入计算，计算的结果即为各基色矢量。

二、明暗效应的处理

光照模型仅给出了图形每一点处的亮度和颜色公式，如果对显示器上每一像素点都如此处理，计算量过大，因此还需要设计有效的算法以简化计算。利用一定的算法确定物体可见表面上每一点的颜色和灰度的过程称为明暗效应的处理。目前常用的算法有扫描线算法和光线跟踪算法，下面对扫描线算法作简单介绍。

实际物体的表面大多由曲面构成，曲面上各点的明暗度各不相同，需要逐点求解。为减少计算量，可以将曲面划分成若干平面多边形，用线性插值的方法来实现明暗度的调匀，物体各组成表面明暗度光滑过渡，能够产生比较理想的立体效果。

如图 3-28 所示，一条扫描线与平面多边形 $ABCD$ 相交于 M 和 N，先计算出顶点 A、B、C、D 的明暗度，接着用插值法计算 M、N 处的明暗度，M 处明暗度由 A、B 明暗度线性插值得到，N 处明暗度由 C、D 明暗度线性插值得到，最后平面多边形 $ABCD$ 的明暗度由 M、N 的明暗度线性插值得到。

扫描线算法按照屏幕上发出扫描线的顺序，从上到下或从下到上，从左到右处理每一像素的颜色和灰度，并充分利用图形与扫描线的相关性来减少计算量，是一种十分简单、快速的图形明暗处理方法。

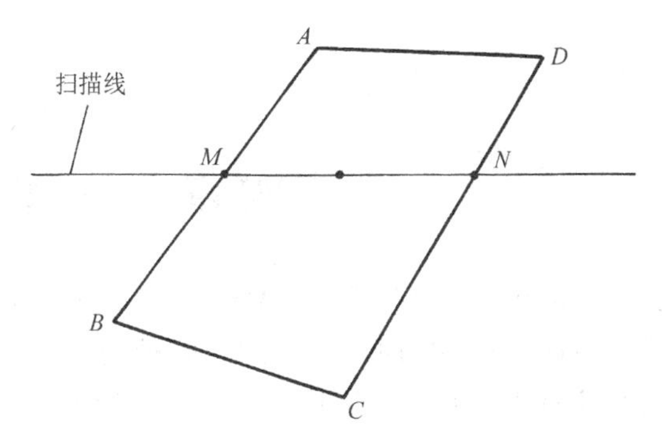

图 3-28　扫描线法求多边形的明暗度

三、阴影的处理

在图形的光照处理中，存在阴影问题。阴影是光线被物体遮挡造成的，只有那些从视点看上去是可见的，但从光源看上去不可见即背光的表面才位于阴影内。产生阴影的过程相当于两次消隐过程：一次是对每个光源消隐；另一次是对视点消隐。为了提高效率，经常把阴影和隐藏面计算放在一起处理。

习题与思考题

1. 已知屏幕坐标系中线段两端点的坐标为（0，1）、（10，5），试用 DDA 法确定该线段在屏幕上显示时的高亮像素点。

2. 试述区域填充算法的种类，并编写种子八连通算法。

3. 区分程序参数化绘图和交互式参数化绘图，并分别上机实现。

4. 试述窗视变换原理及规律。

5. 试述二维图形基本几何变换的种类并给出其变换矩阵。

6. 试推导相对直线 $x+y-1=0$ 对称的复合变换矩阵。

7. 用 C 语言编写一个将三角形 ABC 经旋转、平移和缩小的复合变换程序。已知 $A(10, 10)$，$B(40, 10)$，$C(20, 50)$，绕原点旋转角为 90°，x 方向平移量 50，y 方向平移量 20，两个坐标方向的放大倍数均为 0.5，要求输出变换后的 ABC 坐标。

8. 求三维实体自动生成主视图的投影变换矩阵，取 xOy 平面上的投影为主视图。

9. 投影中心为点（0，0，1），求三角形 ABC 的透视投影，已知 $A(2, 0, -1)$，$B(0, 0, -1)$，$C(0, 2, -1)$。

10. 试述图形裁剪技术的原理和种类。

11. 试用几何建模系统产生一个三维物体的三张图形：（1）不消隐的线框图；（2）消隐的线框图；（3）具有光色属性的实体图。

12. 试用几何建模系统设计一个机械零件，通过改变视点比较观察结果，考虑其明暗效应是如何实现的。

第四章　三维几何建模技术

三维几何建模技术是 CAD/CAM 系统的理论基础，是采用直观的方法构造产品及零件形状的一种手段，同时为产品的后续处理（分析、计算、制造等）提供了条件。本章主要介绍 CAD/CAM 系统中常用的三维几何建模方法，并通过软件造型实例描述建模的操作过程。

第一节　基 本 概 念

一、几何建模的定义

几何建模是 20 世纪 70 年代中期发展起来的，它是一种通过计算机表示、控制、分析和输出几何实体的技术，是 CAD/CAM 技术发展的一个新阶段。

当人们看到三维客观世界中的事物时，对其有个认识，将这种认识描述到计算机内部，让计算机理解，这个过程称为建模。所谓几何建模就是以计算机能够理解的方式，对几何实体进行确切的定义，赋予一定的数学描述，再以一定的数据结构形式对所定义的几何实体加以描述，从而在计算机内部构造一个实体的模型。通过这种方法定义、描述的几何实体必须是完整的、唯一的，而且能够从计算机内部的模型上提取该实体生成过程中的全部信息，或者能够通过系统的计算分析自动生成某些信息。通常把能够定义、描述、生成几何实体，并能交互编辑的系统称为几何建模系统，它是集理论知识、应用技术和系统环境于一体的。计算机集成制造系统的水平很大程度上取决于三维几何建模系统的功能，因此，几何建模技术是 CAD/CAM 系统中的关键技术。

二、二维绘图与三维建模

产品的设计与制造涉及许多有关产品几何形状的描述、结构分析、工艺设计、加工、仿真等方面的技术，其中几何形状的定义与描述作为其核心部分，它为结构分析、工艺规程的生成以及加工制造提供基本数据。不同的领域对物体的几何形状定义与描述的要求是不同的。在产品设计中，经常采用投影视图来表达一个零件的形状及尺寸大小。早期 CAD 系统基本上是显示二维图形，这恰好能够满足单纯输出产品设计结果的需要，CAD 工程图成为描述和传递信息的有效工具。由于二维系统可以满足一般绘图工作的要求，并且所占存储空间少，价格便宜，因此 CAD/CAM 的研究大多是从二维系统开始的，尤其对钣金零件和回转体零件，用二维视图和剖面图完全可以准确、清楚地对工件进行描述。但是在二维系统中，各视图及剖面图在计算机内部是相互独立产生的，它不可能将描述同一个零件的这些不同信息构成一个整体模型。所以当一个视图改变时，其他视图不可能自动改变，这是它的一个弱点。

产品设计过程可以描述为，首先在设计人员思维中建立起产品的真实几何形状或实物模型，然后依据这个模型进行必要的设计、分析、计算，最后以实体或通过投影以图样的形式表达设计的结果。因此，仅有二维的 CAD 系统是远远不够的，人们迫切需要能够处理三维实体的 CAD 系统。

现实世界的物体是三维的，只有采用三维几何建模才能更加真实地、完整地、清楚地描述物体，它代表了当今 CAD 发展的主流。例如飞机的设计，过去是从二维图纸开始，而现在飞机的设计包括总体设计、模线设计、零部件设计及工装设计等，大部分都采用三维数字化设计。

由于计算机内部的数据是一维的、离散的、有限的，客观事物大多是三维的、连续的，如何表达与描述三维实体，怎样对几何实体进行定义，保证其准确、完整和唯一，怎样选择数据结构描述有关数据，使其存取方便自如等，都是几何建模系统必须解决的问题。

三、三维建模技术基础

1. 三维形体的几何信息和拓扑信息

三维实体的处理需要考虑到构成这一实体的几何信息和拓扑信息。几何信息一般是指一个物体在三维欧氏空间中的形状、位置和大小。具体地说，几何信息包括有关点、线、面、体的信息。例如对于一条空间直线，可以用它的两个端点的位置矢量来表示，也可以用其端点在三维直角坐标系中的坐标分量来定义。但是只用几何信息表示物体并不充分，常会出现物体表示上的二义性。例如图 4-1 中的五个顶点可以用两种不同方式连接起来，就可能有不同的理解。这说明对几何建模系统来说，为了保证描述物体的完整性和数学的严密性，必须同时给出几何信息和拓扑信息。

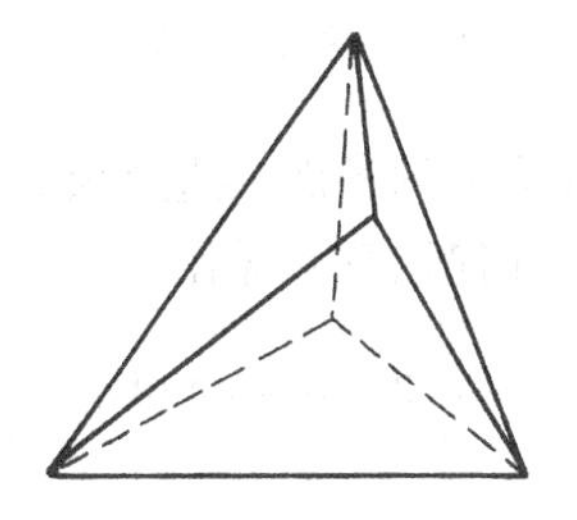

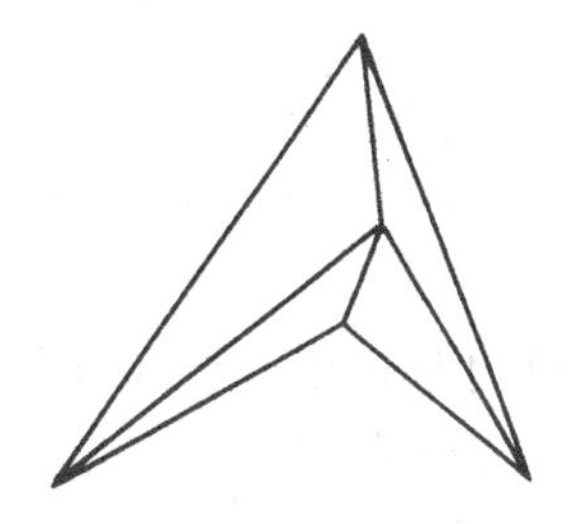

图 4-1　物体表示的二义性

拓扑信息是指一个物体的拓扑元素（顶点、边和表面）的个数、类型以及它们之间的关系，根据这些信息可以确定物体表面的邻接关系。因此，拓扑关系允许三维实体作弹性运动，这些运动使得三维实体上的点仍为不同的点，而不允许把不同的点合并成一个点。对于两个形状和大小不一的实体的拓扑关系恰好可能是等价的。典型的例子是立方体和圆柱体，这两个实体的几何信息是不同的，其拓扑特性是等价的，如图 4-2 所示。

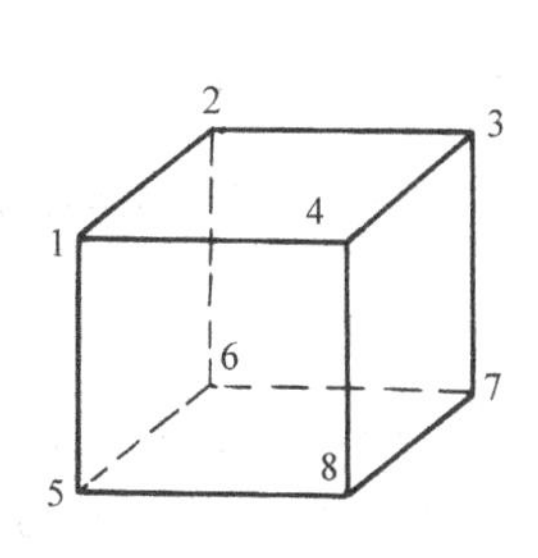

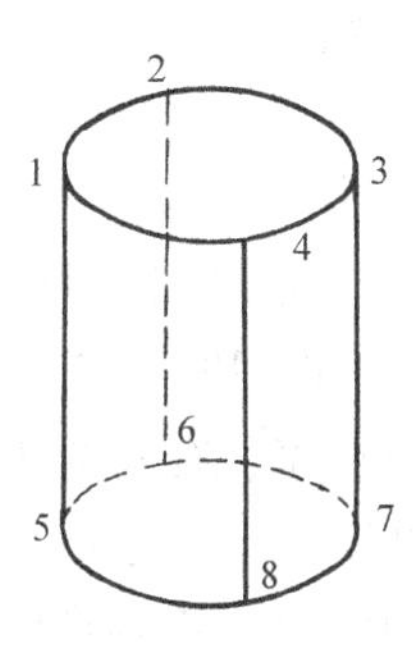

图 4-2　拓扑等价的两个几何实体

对于多面体，其拓扑元素顶点、边、面的连接关系共有九种，如图4-3所示。

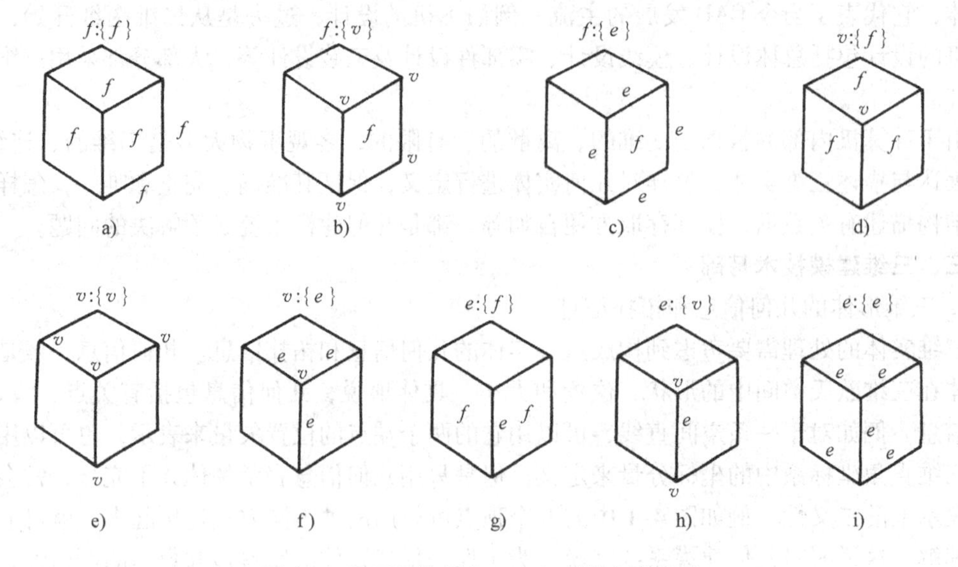

图4-3 平面立体顶点、边和面的连接关系

a）面相邻性 b）面—顶点包含性 c）面—边包含性 d）顶点—面相邻性

e）顶点相邻性 f）顶点—边相邻性 g）边—面相邻性 h）边—顶点包含性 i）边相邻性

描述形体拓扑信息的根本目的是便于直接对构成形体的各面、边及顶点的参数和属性进行存取和查询，便于实现以面、边、点为基础的各种几何运算和操作。

2. 形体的定义

形体在计算机内常采用五层拓扑结构来定义，如果包括外壳在内则为六层（如图4-4所示），并规定形体及其几何元素均定义在三维欧氏空间中。

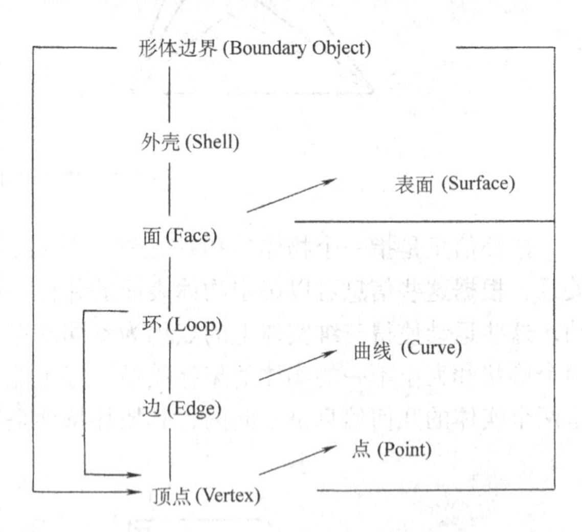

图4-4 定义形体的拓扑结构

（1）体 体是由封闭表面围成的有效空间，其边界是有限个面的集合，外壳是形体的最大边界，是实体拓扑结构中的最高层。

（2）壳 壳是由一组连续的面围成的，实体的边界称为外壳。如果壳所包围的空间是个空集，则为内壳。

（3）面 面是形体表面的一部分，且具有方向性，它由一个外环和若干个内环界定其有效范围。面的方向用垂直于面的法矢表示，法矢向外为正向面。

（4）环 环是由有序、有向的边组成的封闭边界，环中各条边不能自交，相邻两边共享一个端点。环有内环、外环之分，外环最大且只有一个，内环的方向与外环相反。

（5）边 边是两邻面（正则形体）或多个邻面（非正则形体）的交线，直线边由两个端点确定，曲线边由一系列型值点或控制点描述，也可用方程表示。

(6) *点* 点是边的端点，点不允许出现在边的内部，也不能孤立地存在于物体内、物体外或面内。点是几何造型中最基本的元素，它可以是形体的顶点，也可以是曲线曲面的控制点、型值点、插值点。

顶点则是面中两条不共线线段的交点。

(7) *体素* 体素指可由若干个参数描述的基本形状，如方块、圆柱、球、环等，体素也可以是由定义的轮廓沿指定迹线扫描生成的空间。

3. 正则集合运算

几何建模中几何运算的理论依据是集合论中的交、并、差等运算，是用来把简单形体（体素）组成复杂形体的工具。

经过集合运算生成的形体也应是具有边界的良好的几何形体，并保持初始形状的维数。对两个实体进行普通布尔运算得到的结果是实体、平面、线、点或空集，只有结果为实体或空集时对造型才有意义。若两个三维形体经过交运算后的结果为平面、直线或点，即产生了退化，在实际的三维形体中是不可能存在的，如图4-5所示，在形体中多了一个悬面。这种在数学上是正确的，而在几何上是不恰当的集合运算需要加以避免。为了解决上述问题，需采用正则化集合运算来实现。

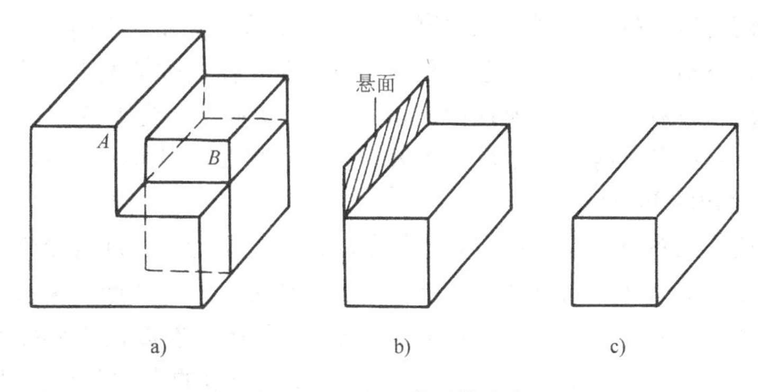

图4-5 两个三维形体的交

正则集合运算与普通集合运算的关系为

$$A I^{*} B = K_{i}(B I A)$$

$$A Y^{*} B = K_{i}(B Y A)$$

$$A -^{*} B = K_{i}(A - B)$$

式中，I^{*}、Y^{*}、$-^{*}$ 分别为正则交、正则并和正则差；K 是封闭的意思；i 是内部的意思。

图4-5b为普通布尔运算的结果，出现了悬面。图4-5c为正则求交的结果。

四、三维几何建模技术的发展

在CAD/CAM系统中，CAD的数据模型是一个关键，随着CAD建模技术的进步，CAM才能有本质的发展。在CAD数据建模技术上，有四次大的技术革命。早期的CAD系统以平面图形的处理为主，系统的核心是二维图形的表达。最早的三维CAD系统所用到的数据模型是线框模型，它用线框来表示三维形体，没有面和体的信息，在这种数据模型基础之上的CAM最多处理一些二维的数控编程问题，功能也非常有限。

法国雷诺汽车公司的工程师贝赛尔针对汽车设计的曲面问题，提出了贝赛尔曲线、曲面算法，这称得上是第一次 CAD 技术革命，它为曲面模型的 CAD/CAM 系统奠定了理论基础，法国的达索飞机制造公司的 CATIA 系统是曲面模型 CAD 系统的典型代表。由于 CAD 系统曲面模型的出现，为曲面的数控加工提供了完整的基础数据，和这种 CAD 系统集成的 CAM 系统可以进行曲面数控加工程序的计算机辅助编程。有了曲面模型，CAM 的数控加工编程问题可以基本解决。

由于表面模型技术只能表达形体的表面信息，难以准确表达零件的其他特性，如质量、重心、惯性矩等，不利于 CAE 分析的前处理。基于对 CAD/CAE 一体化技术发展的探索，SDRC 公司于 1979 年发布了世界上第一个完全基于实体造型技术的大型 CAD/CAE 软件——I-DEAS。由于实体造型技术能够精确表达零件的全部属性，在理论上有助于统一 CAD、CAE、CAM 的数据模型表达，给设计带来了惊人的方便性。可以说，实体模型是 CAD 技术发展史上的第二次技术革命。实体造型技术在带来算法的改进和未来发展希望的同时，也带来了数据计算量的极度膨胀，在当时的硬件条件下，实体造型的计算及显示速度很慢，它的实际应用显得比较勉强，实体模型的 CAD 系统并没有得到真正的发展。但实体模型的 CAD/CAM 系统将 CAE 的功能集成进来，并形成了 CAD、CAE、CAM 一致的数据模型。

实体模型之前的造型技术都属于无约束自由造型技术，这种技术的一个明显缺陷就是无法进行尺寸驱动，不易实现设计与制造过程的并行作业。在这种情况下，原来倡导实体建模技术的一些人提出了参数化实体建模理论，这是 CAD 技术发展史上的第三次技术革命。这种造型技术的特点是：基于特征、全尺寸约束、全数据相关、尺寸驱动设计修改。其典型的代表系统是 PTC 公司的 Pro/Engineer。

当实体几何拓扑关系及尺寸约束关系较复杂时，参数驱动方式就变得难于驾驭，人们面对挤满屏幕的尺寸不知所从。当设计中关键形体的拓扑关系发生改变，失去了某些约束的几何特征也会造成系统数据混乱。面对这种情况，SDRC 公司在参数化造型技术的基础上，提出了变量化造型技术，它解决了欠约束情况下的参数方程组的求解问题，SDRC 抓住机遇，将原来基于实体模型的 I-DEAS 全面改写，推出了全新的基于变量化造型技术的 I-DEAS Master Series CAD/CAM 系统，这可称得上是 CAD 技术发展史上的第四次技术革命。

另外值得一提的是，由于 CAD/CAM 系统发展的历史继承性，许多 CAD/CAM 系统宣称自己采用的是混合数据模型，主要是由于它们受原系统内核的限制，在不愿意重写系统的前提下，只能将面模型与实体模型结合起来，各自发挥自己的优点。实际上这种混合模型的 CAD/CAM 系统由于其数据表达的不一致性，其发展空间是受到限制的。

第二节　线框建模

一、线框建模的原理

线框建模是 CAD/CAM 发展中应用最早的三维建模方法。线框模型是由一系列的点、直线、圆弧及某些二次曲线组成，描述的是产品的轮廓外形。线框建模的数据结构是表结构，计算机存储的是该物体的顶点和棱边信息，将物体的几何信息和拓扑信息层次清楚地记录在顶点表及边表中。顶点表描述每个顶点的编号和坐标，边表说明每一棱边起点和终点的编号。图 4-6 所示为一物体的线框图，表 4-1 和表 4-2 为该线框图的顶点表、边表。

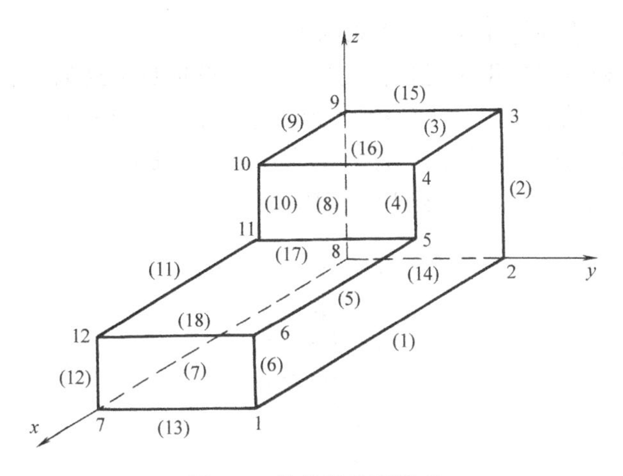

图 4-6　物体的线框模型

表 4-1　顶点表

点　号	x	y	z	点　号	x	y	z	点　号	x	y	z
1	5	3	0	5	2	3	1.5	9	0	0	3
2	0	3	0	6	5	3	1.5	10	2	0	3
3	0	3	3	7	5	0	0	11	2	0	1.5
4	2	3	3	8	0	0	0	12	5	0	1.5

表 4-2　边表

线　号	线上端点号		线　号	线上端点号		线　号	线上端点号	
(1)	1	2	(7)	7	8	(13)	1	7
(2)	2	3	(8)	8	9	(14)	2	8
(3)	3	4	(9)	9	10	(15)	3	9
(4)	4	5	(10)	10	11	(16)	4	10
(5)	5	6	(11)	11	12	(17)	5	11
(6)	6	1	(12)	12	7	(18)	6	12

二、线框建模的特点

采用线框建模的描述方法构造实体时，所需信息量少，数据运算简单，所占的存储空间比较小，对硬件的要求不高。但线框模型的局限性是明显的，一方面，线框建模的数据结构规定了各条边的两个顶点以及各个顶点的坐标，这对于由平面构成的实体来说，轮廓线与棱线是一致的，能够比较清楚地反映物体的真实形状，但对于曲面体，仅能表示物体的棱边就不准确了，如表示圆柱的形状需要添加母线，有些轮廓还必须描述圆弧的起点、终点、圆心位置、圆弧的走向等信息。另一方面，线框建模所构成的实体模型只有离散的边，而没有边与边的关系，即没有构成面的信息，由于信息表达不完整，在许多情况下，会对物体形状的判断产生多义性。如图 4-7 所示，由于建模后生成的物体所有的边都显示在图形中，而大多数的三维线框建模系统尚不具备自动消隐的功能，因此无法判断哪些是不可见边，哪些又是可见边，难以准确地确定实体的真实形状，这不仅不能完整、准确、唯一地表达几何实体，也给物体的几何特性、物理特性的计算带来困难。

由此可见，线框模型不适用于对物体需要进行完整信息描述的场合。但是在有些情况下，如评价物体外部形状、布局、干涉检验或绘制图样等，线框模型提供的信息已经足够了。由于它具有较好的时间响应特性，对于实时仿真技术或中间结果显示很适用。因此，在实体建模的CAD系统中常采用线框模型显示中间结果。

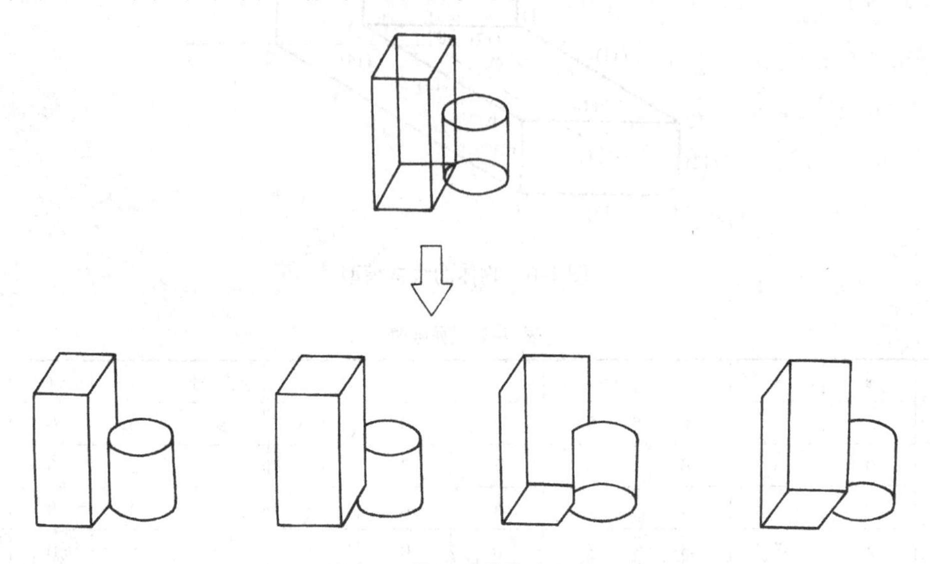

图4-7 线框建模的多义性

三、线框建模实例

MasterCAM系统大都是在屏幕上先绘制三维线框模型，再由线框模型产生曲面。现以图4-8所示的电吹风机三维线框模型为例，说明MasterCAM系统中三维线框模型的构建过程。

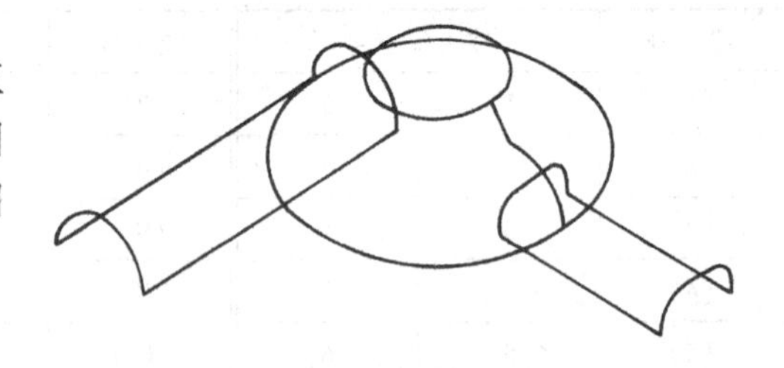

图4-8 电吹风机三维线框模型

操作步骤如下：

1. 在俯视图上绘制三个圆

设置构图平面为俯视图，视角为俯视图。设置工作深度为25，以（0，0）点为圆心，20为半径画第一个圆；设置工作深度为16，以（0，0）点为圆心，25为半径画第二个圆；设置工作深度为0，以（0，0）点为圆心，47.5为半径画第三个圆。选择视角为等角视图，得到如图4-9所示的图形。

2. 在前视图上构建电吹风机的主体边界线

设置构图平面为前视图，工作深度为0。以图4-9所示的P_1和P_2点为两个端点，16为半径，画第一个圆弧。再以图4-9所示的P_3和P_4点为两个端点，13为半径，画第二个圆弧，得到图4-10所示的图形。再以6为半径对这两个圆弧倒圆角。

3. 绘制电吹风机的风管（使用前视构图面）

设置工作深度为100，以（-32，0）为圆心，16为半径，起始角度为0°，终止角度为180°，绘制第一个圆弧；再设置工作深度为0，以（-32，0）为圆心，16为半径，起始角度为0°，终止角度为180°，绘制第二个圆弧。

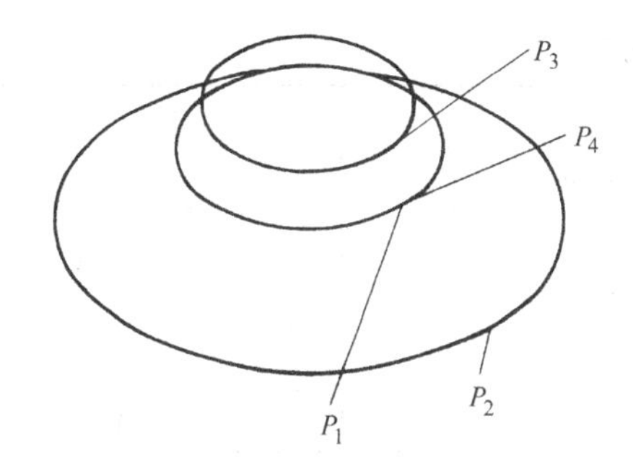

图 4-9　俯视图线框构建

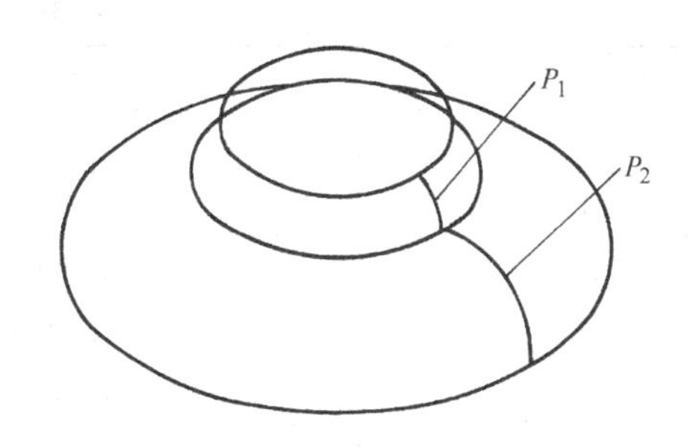

图 4-10　前视圆弧线框构建

4. 绘制电吹风机手柄的边界外形（设置构图平面为侧视图）

设置工作深度为 100，以点（－13，0）、（13，10）为两对角点绘制矩形，然后以 6 为半径对矩形倒圆角，接着使用前视图构图面，平移复制已经倒圆角的矩形，得到图 4-11 所示图形。

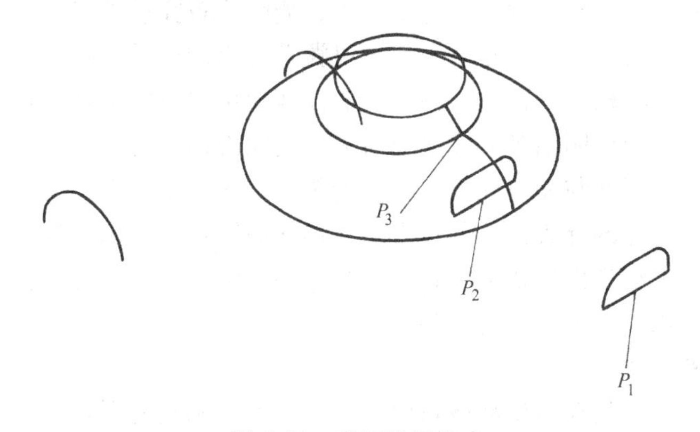

图 4-11　手柄线框构建

5. 调整

删除多余的图素，切换构图平面为 3D 构图面。连接必要的图素，得到电吹风机的线框模型如图 4-8 所示。

第三节　曲 面 建 模

一、曲面建模的原理

曲面建模也称为表面建模，是通过对实体的各个表面或曲面进行描述而构造实体模型的一种建模方法。曲面建模时，先将复杂的外表面分解成若干个组成面，然后定义出一块块的基本面素。基本面素可以是平面或二次曲面，例如圆柱面、圆锥面、圆环面、旋转面等。通过各面素的连接构成组成面，各组成面的拼接就是所构造的模型。在计算机内部，曲面建模的数据结构仍是表结构，表中除了给出边线及顶点的信息之外，还提供了构成三维立体各组成面素的信息，即在计算机内部，除顶点表和边表之外，还提供了面表。表 4-3 即为图 4-6 所示物体的几何面信息，表中记录了面号、组成面素的线号及线数。

表 4-3 面表

面　号	面上线号	线　数
Ⅰ	1，2，3，4，5，6	6
Ⅱ	12，11，10，9，8，7	6
Ⅲ	6，18，12，13	4
Ⅳ	2，14，8，15	4
Ⅴ	4，16，10，17	4
Ⅵ	5，17，11，18	4
Ⅶ	3，15，9，16	4
Ⅷ	1，13，7，14	4

二、曲面建模的特点

曲面模型由于增加了面的信息，所以在提供三维实体信息的完整性、严密性方面，比线框模型进了一步，它克服了线框模型的许多缺点，能够比较完整地定义三维立体的表面，所能描述的零件范围广，特别像汽车车身、飞机机翼等难以用简单的数学模型表达的物体，都可以采用曲面建模的方法构造其模型。另外，曲面建模可以对物体作剖切面、面面求交、线面消隐、数控编程以及提供明暗色彩图显示所需要的曲面信息等。

对于曲面模型，由于面与面之间没有必然的关系，无法给出形体位于面的哪一侧的明确定义，所描述的仅是形体的外表面，并没有切开物体而展示其内部结构，因此也就无法表示零件的立体属性，也无法指出所描述的物体是实心还是空心。因而在物性计算、有限元分析等应用中，曲面模型仍缺乏表示上的完整性。

三、曲面建模的方法

曲面建模方法的重点是在给出离散点数据的基础上，构建光滑过渡的曲面，使这些曲面通过或逼近这些离散点。由于曲面参数方程不同，得到的复杂曲面类型和特性也不同。目前应用最广泛的是双参数曲面，它仿照参数曲线的定义，将参数曲面看成是一条变曲线 $r=r(u)$按某参数 v 运动形成的轨迹。几种常用的参数曲线、曲面有：贝赛尔（Bezier）、B 样条、非均匀有理 B 样条（NURBS）曲线、曲面等。

1. Bezier 曲线、曲面

Bezier 曲线和曲面是法国雷诺公司 P. Bezier 工程师于 1962 年着手研究的一种以逼近为基础的构造曲线和曲面的方法。1972 年以后，一些以 Bezier 方法为基础的自由型曲线与曲面的设计系统投入应用，使 Bezier 方法成为计算机辅助几何设计中有效的方法之一。

（1）Bezier 曲线　Bezier 曲线的构造方法是，用两个端点和若干个不在曲线上但能够决定曲线形状的点来定义曲线。如图 4-12 所示的三次 Bezier 曲线，是由两个端点 Q_0、Q_3 和不在曲线上的点 Q_1、Q_2 确定的，Q_0、Q_1、Q_2、Q_3 构成了一个与三次 Bezier 曲线相对应的开口多边形，称为特征多边形，这四个点称为特征多边形的顶点。

一般地，n 次 Bezier 曲线由 $n+1$ 个顶点构成的特征多边形确定，曲线的形状趋向仿效多边形的形状。现在普遍采用的 Bezier 曲线的表达式是由特征多边形顶点的位置矢量与伯恩斯坦基函数线性组合得到的，即

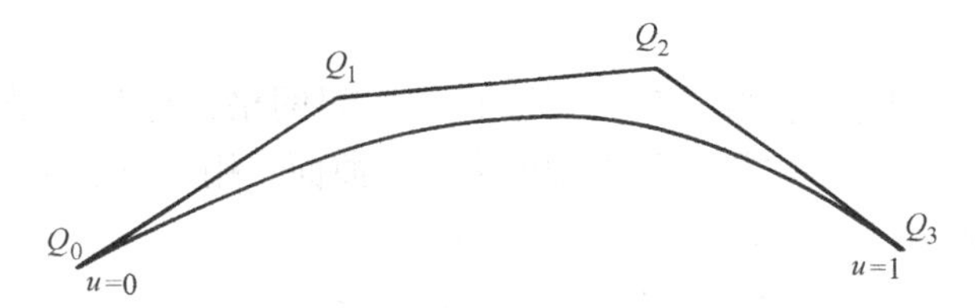

图4-12　三次 Bezier 曲线及其多边形

$$\boldsymbol{P}(u)=\sum_{i=0}^{n}B_{i,n}(u)\boldsymbol{Q}_i \qquad 0\leqslant u\leqslant 1 \tag{4-1}$$

式中，$\boldsymbol{Q}_i$ 是特征多边形顶点的位置矢量；$B_{i,n}(u)$是伯恩斯坦基函数。

伯恩斯坦基函数为

$$B_{i,n}(u)=C_n^i u^i(1-u)^{n-i} \qquad i=0,1,\cdots,n \tag{4-2}$$

式中，$C_n^i=\dfrac{n!}{i!\ (n-i)!}$；$u$ 是局部参数，$u\in[0,\ 1]$。

当 $n=3$ 时，代入式(4-2)即可得到三次伯恩斯坦基函数为

$$B_{0,3}(u)=C_3^0u^0(1-u)^3=(1-u)^3$$
$$B_{1,3}(u)=C_3^1u^1(1-u)^2=3u(1-u)^2$$
$$B_{2,3}(u)=C_3^2u^2(1-u)=3u^2(1-u)$$
$$B_{3,3}(u)=C_3^3u^3(1-u)^0=u^3$$

三次 Bezier 曲线可表示为

$$\begin{aligned}\boldsymbol{P}(u)&=\sum_{i=0}^{3}B_{i,3}(u)\boldsymbol{Q}_i\\&=((1-u)^3\quad 3u(1-u)^2\quad 3u^2(1-u)\quad u^3)(Q_0\quad Q_1\quad Q_2\quad Q_3)\\&=(u^3\quad u^2\quad u\quad 1)\begin{pmatrix}-1&3&-3&1\\3&-6&3&0\\-3&3&0&0\\1&0&0&0\end{pmatrix}\begin{pmatrix}Q_0\\Q_1\\Q_2\\Q_3\end{pmatrix}\end{aligned} \tag{4-3}$$

Bezier 曲线具有下列特点：

1）Bezier 曲线的形状由特征多边形所确定，它均落在特征多边形的各控制点形成的凸包内，即 Bezier 曲线具有凸包性。

2）Bezier 曲线首尾端点分别经过特征多边形首末两个端点，并且在首尾两端点处相切于特征多边形。

3）Bezier 曲线不具有局部控制能力，修改特征多边形一个顶点或改变顶点数量时，将影响整条曲线，对曲线要全部重新计算。

（2）Bezier 曲面　Bezier 曲面片的一般定义如下：

设 $Q_{i,j}(i=0,\ 1,\ \cdots,\ m;\ j=0,\ 1,\ \cdots,\ n)$ 为给定的 $(m+1)\times(n+1)$ 个空间点列，则 $m\times n$ 次参数 Bezier 曲面为

$$\boldsymbol{P}(u,v)=\sum_{i=0}^{m}\sum_{j=0}^{n}B_{i,m}(u)B_{j,n}(v)Q_{i,j} \qquad (0\leqslant u,v\leqslant 1) \tag{4-4}$$

式中，$B_{i,m}(u)$、$B_{j,n}(v)$ 是伯恩斯坦基函数；$Q_{i,j}$是控制多边形顶点的 $(m+1)\times(n+1)$ 二

维阵列。

逐次用线段连接点列 $Q_{i,j}$ 中相邻两点所形成的空间网格，称为特征网格。当 $m=n=3$ 时，得到双三次 Bezier 曲面。这是一种常用的 Bezier 曲面，用矩阵表示如下：

$$\boldsymbol{P}(u,v)=(B_{0,3}(u)\quad B_{1,3}(u)\quad B_{2,3}(u)\quad B_{3,3}(u))\times \begin{pmatrix} Q_{00} & Q_{01} & Q_{02} & Q_{03} \\ Q_{10} & Q_{11} & Q_{12} & Q_{13} \\ Q_{20} & Q_{21} & Q_{22} & Q_{23} \\ Q_{30} & Q_{31} & Q_{32} & Q_{33} \end{pmatrix} \begin{pmatrix} B_{0,3}(v) \\ B_{1,3}(v) \\ B_{2,3}(v) \\ B_{3,3}(v) \end{pmatrix} \tag{4-5}$$

式(4-5)可简写成

$$\boldsymbol{P}_{\mathrm{B}}(u,v)=\boldsymbol{U}\boldsymbol{M}_{\mathrm{B}}\boldsymbol{B}_{\mathrm{B}}\boldsymbol{M}_{\mathrm{B}}{}^{\mathrm{T}}\boldsymbol{V}^{\mathrm{T}} \tag{4-6}$$

式中，$\boldsymbol{B}_{\mathrm{B}}$ 为特征顶点网格矩阵；$\boldsymbol{U}=(u^3\quad u^2\quad u\quad 1)$；$\boldsymbol{V}=(v^3\quad v^2\quad v\quad 1)$；

$$\boldsymbol{M}_{\mathrm{B}}=\begin{pmatrix} -1 & 3 & -3 & 1 \\ 3 & -6 & 3 & 0 \\ -3 & 3 & 0 & 0 \\ 1 & 0 & 0 & 0 \end{pmatrix}$$

当 u 或 v 之一固定时，曲面成为一簇 Bezier 曲线。因此，也可以认为，Bezier 曲面是由 Bezier 曲线交织而成的。在实际运用中，可以利用 Bezier 曲线的网格来绘制 Bezier 曲面，如图 4-13 所示。

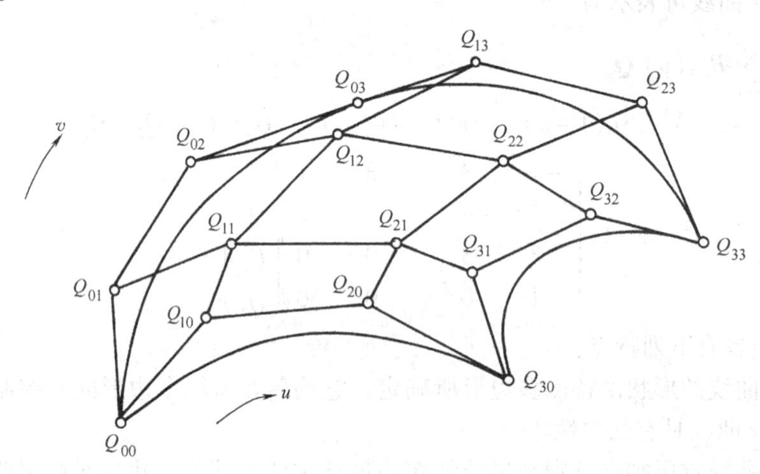

图 4-13　双三次 Bezier 曲面

2. B 样条曲线、曲面

(1) B 样条曲线　B 样条曲线不仅保留了 Bezier 曲线的优点，而且具有局部控制的能力，B 样条曲线方程可写为

$$\boldsymbol{P}(u)=\sum_{i=0}^{n}Q_iN_{i,k}(u) \tag{4-7}$$

式中，Q_i（$i=0, 1, \cdots, n$）为控制顶点，顺序连接这些控制顶点形成的折线称为 B 样条控制多边形；$N_{i,k}(u)$（$i=0, 1, \cdots, n$）称为 k 次规范 B 样条基函数，它是由一个称为节点矢量的非递减的参数 u 的序列 $u_0<u_1<\cdots<u_{i+k+1}$ 所决定的 k 次分段多项式。

B 样条具有局部支承性质。B 样条基是多项式样条空间具有最小支承的一组基，故被称为基本样条（Basic Spline），简称 B 样条。

B 样条曲线具有下列特点：

1）B 样条曲线形状比 Bezier 曲线更接近于它的控制多边形。控制多边形的各顶点构成的凸包的区域比同一组顶点定义的 Bezier 曲线凸包区域要小，具有更强的凸包性。B 样条曲线恒位于它的凸包内。

2）B 样条曲线的首尾端点不通过控制多边形的首末两个端点。

3）局部调整性，k 次 B 样条曲线一点，只被相邻的 k 个顶点所控制，与其他控制点无关。一个控制点的移动只会影响该曲线的 k 个节点区间，对整个曲线的其他部分没有影响。

（2）B 样条曲面　从 B 样条曲线到 B 样条曲面的拓展，类似于从 Bezier 曲线到 Bezier 曲面的拓展，故 B 样条曲面也可看成是沿两个不同方向（u，v）的 B 样条曲线的交织，即

$$\boldsymbol{P}(u,v) = \sum_{i=0}^{m}\sum_{j=0}^{n} B_{i,m}(u)B_{j,n}(v)Q_{i,j} \qquad (0 \leqslant u,v \leqslant 1) \tag{4-8}$$

设给定 $(m+1)\times(n+1)$ 个空间网格点 Q_{00}、Q_{01}、…、Q_{mn}，称 $m\times n$ 次参数曲面为 $m\times n$次 B 样条曲面片。

当 $m=n=3$ 时，为双三次 B 样条曲面片，相邻曲面片之间保持 C^2 连续，但曲面片不通过特征网络的任意一顶点。其矩阵表示为

$$\boldsymbol{P}_{i,j}(u,v) = \boldsymbol{UMBM}^{\mathrm{T}}\boldsymbol{V}^{\mathrm{T}} \tag{4-9}$$

式中，$\boldsymbol{U} = (u^3 \quad u^2 \quad u \quad 1)$；$\boldsymbol{V} = (v^3 \quad v^2 \quad v \quad 1)$；

$$\boldsymbol{M} = \frac{1}{6}\begin{pmatrix} -1 & 3 & -3 & 1 \\ 3 & -6 & 3 & 0 \\ -3 & 0 & 3 & 0 \\ 1 & 4 & 1 & 0 \end{pmatrix}; \quad \boldsymbol{B} = \begin{pmatrix} Q_{00} & Q_{01} & Q_{02} & Q_{03} \\ Q_{10} & Q_{11} & Q_{12} & Q_{13} \\ Q_{20} & Q_{21} & Q_{22} & Q_{23} \\ Q_{30} & Q_{31} & Q_{32} & Q_{33} \end{pmatrix}$$

3. NURBS 曲线、曲面

非均匀有理 B 样条 NURBS（Non Uniform Rational B-Spline）将描述自由型曲线曲面的 B 样条方法与精确表示二次曲线与二次曲面的数学方法相互统一，具有形状定义方面的强大功能与潜力。1991 年国际标准化组织（ISO）正式颁布的工业产品几何定义 STEP 标准中将 NURBS 规定为自由型曲线、曲面的唯一表示方法。

（1）NURBS 曲线　NURBS 曲线定义如下：给定 $n+1$ 个控制点 Q_i（$i=0$，1，…，n）及权因子 W_i（$i=0$，1，…，n），则 k 阶$(k-1)$次 NURBS 曲线表达式为

$$C(u) = \frac{\sum_{i=0}^{n} W_i Q_i N_{i,k}(u)}{\sum_{i=0}^{n} W_i N_{i,k}(u)} \tag{4-10}$$

式中，$N_{i,k}(u)$ 是 B 样条基函数。

（2）NURBS 曲面　NURBS 曲面的定义与 NURBS 曲线定义相似，给定一张 $(m+1)\times(n+1)$的网络控制点 Q_{ij}（$i=0$，1，…，n；$j=0$，1，…，m），以及各网络控制点的权值 W_{ij}($i=0$，1，…，n；$j=0$，1，…，m)，则其 NURBS 曲面的表达式为

$$S(u,v) = \frac{\sum_{i=0}^{n}\sum_{j=0}^{m} N_{i,k}(u)N_{j,l}(v)Q_{ij}W_{ij}}{\sum_{i=0}^{n}\sum_{j=0}^{m} N_{i,k}(u)N_{j,l}(v)W_{ij}} \tag{4-11}$$

式中，$N_{i,k}(u)$为 NURBS 曲面 u 参数方向的 B 样条基函数；$N_{j,l}(v)$为 NURBS 曲面 v 参数方向的 B 样条基函数；k、l 为 B 样条基函数的阶次。

NURBS 曲线、曲面有以下四个特点：

1）B 样条曲线、曲面的所有优点都在非均匀有理 B 样条曲线、曲面中保留。

2）控制点经过透视变换后所生成的曲线或曲面与原先生成的曲线或曲面的再变换是等价的。

3）不仅可以表示自由曲线和曲面，还可以精确地表示解析曲线和曲面，并能实现两者的统一。

4）能给出更多的控制形状的自由度以生成各种形状的曲线与曲面。

四、常用曲面构造方法

在 CAD/CAM 系统中构造一个曲面，已经不需要从原始的构造曲线（面）的基本方程开始，而是从构造线开始，通过对曲线的拉伸、扫掠、旋转等操作，直接形成所需要的型面。现以 NURBS 曲线为例，叙述常用型面的构造方法。

1. 线性拉伸面

这是将一条剖面线 $C(u)$沿方向 D 滑动所扫成的曲面，如图 4-14 所示。

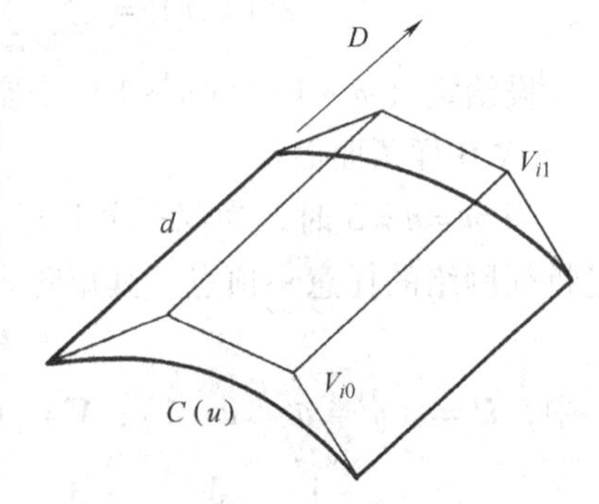

图 4-14　线性拉伸曲面

设滑动距离为 d，曲线 $C(u)$可表示成

$$C(u) = \sum_{i=0}^{n} N_{i,k}(u)W_iQ_i/(\sum_{i=0}^{n} N_{i,k}(u)W_i) \tag{4-12}$$

则扫成的线性拉伸曲面可写成

$$S(u,v) = \sum_{i=0}^{n}\sum_{j=0}^{1} N_{i,k}(u)N_{j,2}(v)W_{ij}Q_{ij}/(\sum_{i=0}^{n}\sum_{j=0}^{1} N_{i,j}(u)N_{j,2}(v)W_{ij}) \tag{4-13}$$

其中控制顶点 $Q_{i,j}$和权因子 $W_{i,j}$定义为

$$Q_{i0} = Q_i, Q_{i1} = Q_i + dD, W_{i0} = W_{i1} = W_i$$

u 向节点矢量与剖面线 $C(u)$的节点矢量相同，v 向节点矢量为{0，0，1，1}。

2. 直纹面

给定两条相似的曲线，它们具有相同的次数和相同的节点矢量，将两条曲线上对应点用直线相连，便构成了直纹面，如图 4-15a 所示。圆柱面、圆锥面、飞机的机翼和尾翼翼面都是直纹面。已知两条曲线为

$$C_1(u) = \sum_{i=0}^{n} N_{i,k}(u)Q_iW_i/(\sum_{i=0}^{n} N_{i,k}(u)W_i)$$

$$C_2(u) = \sum_{i=0}^{n} N_{i,k}(u)\overline{Q}_i\overline{W}_i/(\sum_{i=0}^{n} N_{i,k}(u)\overline{W}_i)$$

构成的直纹面可以写成

$$S(u,v) = \sum_{i=0}^{n}\sum_{j=0}^{1} N_{i,j}(u)N_{j,2}(v)Q_{ij}W_{ij}/(\sum_{i=0}^{n}\sum_{j=0}^{1} N_{i,j}(u)N_{j,2}(v)W_{ij}) \tag{4-14}$$

其中

$$Q_{i0} = Q_i, Q_{i1} = \overline{Q}_i, W_{i0} = W_i, W_{i1} = \overline{W}_i$$

当构成直纹面的两条边界曲线具有不同的阶数和不同的节点分割时，需要首先运用升阶公式将次数较低的一条曲线提高到另一条曲线的相同次数，然后使插入节点序列相等。同时，两条曲线的走向必须相同，否则曲面将会出现扭曲，如图 4-15b 所示。

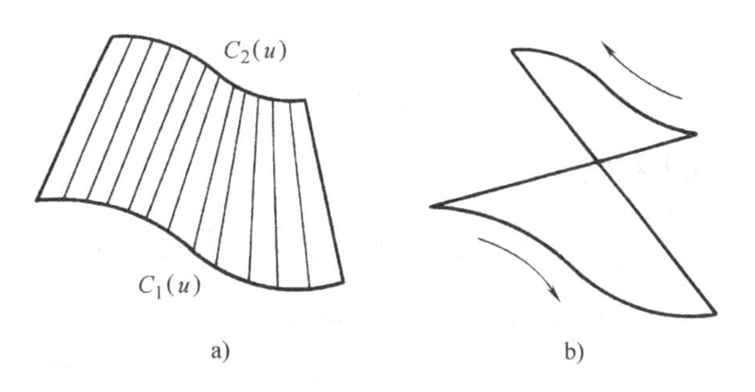

图 4-15　直纹面

3. 旋转面

在 xOz 平面内定义的曲线为

$$C(u) = \sum_{i=0}^{n} N_{j,k}(u)W_jQ_j/(\sum_{j=0}^{n} N_{j,k}(u)W_j)$$

将 $C(u)$ 绕 z 轴旋转 360°就得到旋转面。旋转面的特征是与 z 轴垂直平面上的曲线是一个整圆，如图 4-16 所示。根据张量积原理，旋转面的 NURBS 表示为

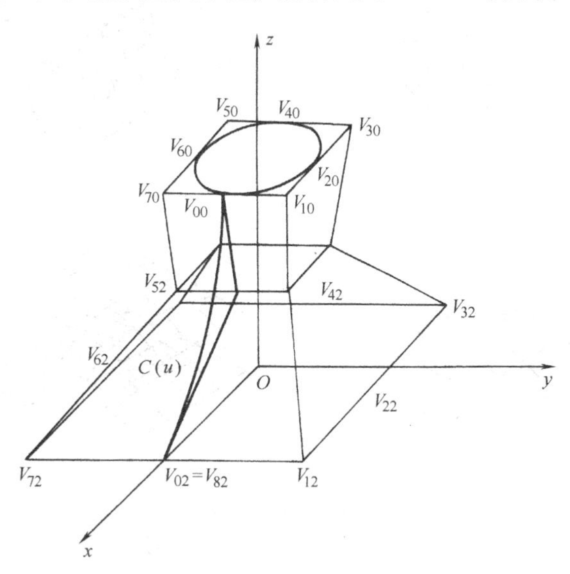

图 4-16　旋转曲面的生成

$$S(u,v) = \sum_{i=0}^{8} \sum_{j=0}^{n} N_{i,3}(u) W_{ij} Q_{ij} / (\sum_{i=0}^{8} \sum_{j=0}^{n} N_{j,3}(u) N_{j,k}(v) W_{ij}) \tag{4-15}$$

4. 扫描面

扫描面构造方法很多，最简单的方法是用一条剖面线沿另一条基准线滑动，如图 4-17 所示。设剖面线的方程为

$$C(u) = \sum_{i=0}^{n} N_{j,k}(u) W_i Q_i / (\sum_{i=0}^{n} N_{i,k}(u) W_i)$$

基准线的方程为

$$B(v) = \sum_{j=0}^{m} N_{j,l}(v) \overline{W}_j \overline{Q}_j / (\sum_{j=0}^{m} N_{j,l}(v) \overline{W}_j)$$

两者产生的扫描曲面方程则为

$$S(u,v) = \sum_{i=0}^{n} \sum_{j=0}^{m} N_{i,k}(u) N_{j,l}(v) W_{ij} Q_{ij} / (\sum_{i=0}^{n} \sum_{j=0}^{m} N_{i,k}(u) N_{j,l}(v) W_j) \tag{4-16}$$

在曲面建模过程中，根据物体的曲面几何形状和对曲面片连接特性等方面的要求，选择合适的曲面建模方法。为构成一个真实的物体边界面，必须对它们加以处理，如用熔接曲面光滑地连接两段相邻的曲面片（如图 4-18a 所示），利用圆周和局部倒圆修正两曲面片的相贯处（如图 4-18b 所示）和曲面的等距离偏移（如图 4-18c所示）等。

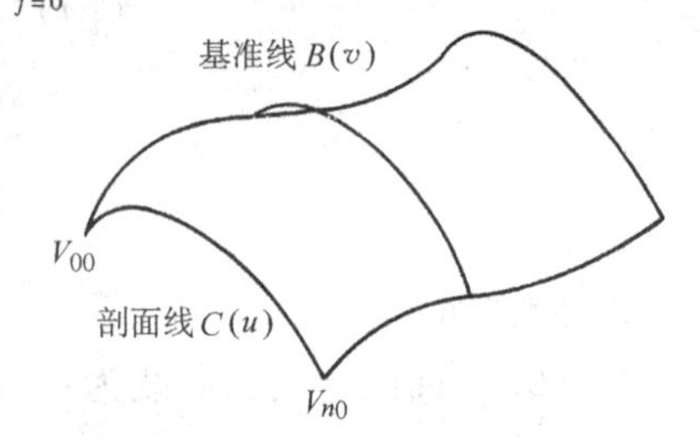

图 4-17　扫描曲面的生成

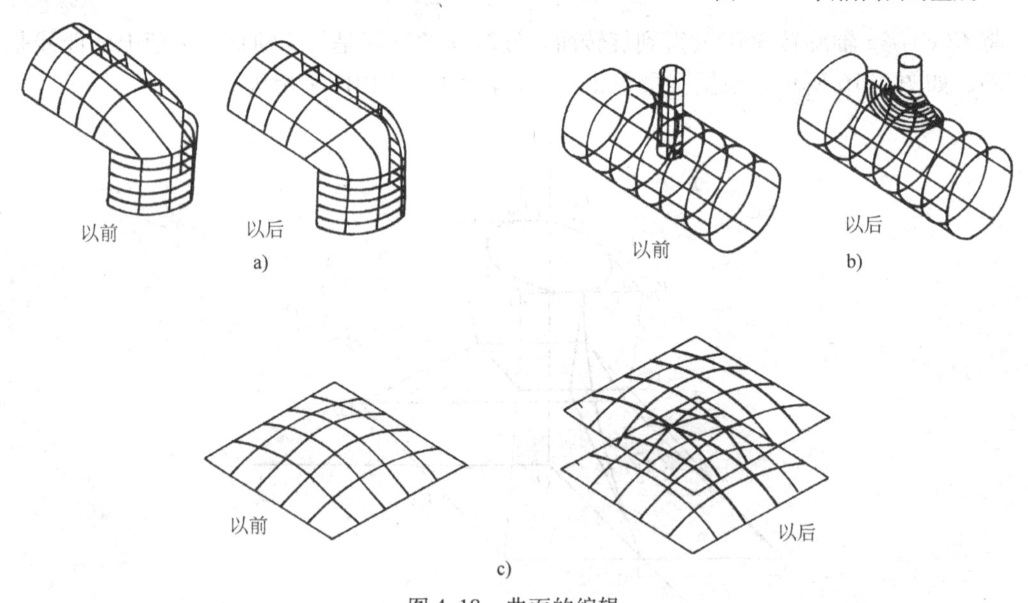

图 4-18　曲面的编辑

a）调和　b）倒圆　c）等距偏移

五、曲面建模实例

绘制图 4-8 所示电吹风机的曲面模型。

1）使用扫描曲面绘制电吹风机的主体曲面，如图 4-19 中的 1 部分所示。

2）使用直纹曲面绘制电吹风机风管的曲面，如图 4-19 中的 2 部分所示。

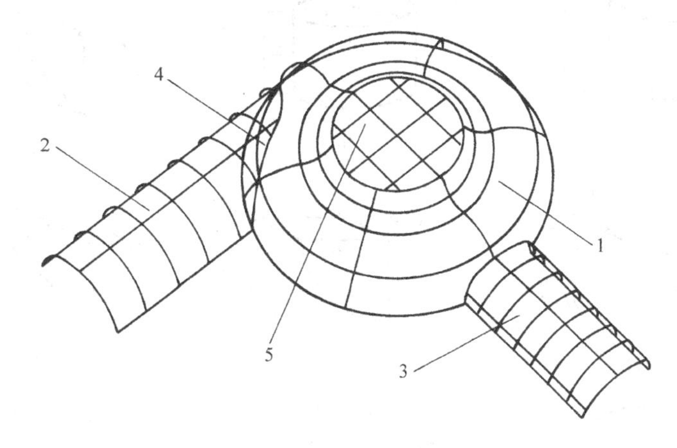

图 4-19　电吹风机主体曲面

3）使用直纹面绘制电吹风机把手的曲面，如图 4-19 中的 3 部分所示。

4）使用曲面修整延伸功能处理电吹风机的干涉曲面，如图 4-19 中的 4 部分所示。

5）使用平面修整功能处理电吹风机主体的上表面，如图 4-19 中的 5 部分所示。

第四节　实 体 建 模

一、实体建模的原理

实体建模是采用实体对客观事物进行描述的一种方法。它是通过定义基本体素，利用体素的集合运算或基本变形操作构造所需要的实体，其特点在于覆盖三维立体的表面与其实体同时生成。利用这种方法，可以完整地、清楚地对物体进行描述，并能实现对可见边的判断，具有消隐的功能。由于实体建模能够定义物体的内部结构形状，所以，可以完整地描述物体的所有几何信息，是当前普遍采用的建模方法。

二、实体生成的方法

1. 体素法

体素法是通过基本体素的集合运算构造几何实体的建模方法。每一个基本体素都具有完整的几何信息，是真实而唯一的三维实体。体素法包含两部分内容：一是基本体素的定义与描述；二是体素之间的集合运算。常用的基本体素有长方体、球、圆柱体、圆锥体、圆环、锥台等，如图 4-20 所示。为了准确地描述基本体素在空间的位置和方向，除了定义体素的基本尺寸参数外，还需定义基准点，以便正确地进行集合运算。体素间的集合运算有交、并、差三种，以两个基本体素为例，运算结果如图 4-21 所示。

如图 4-22 所示，它是用体素法从定义基本体素到生成实体模型的全过程，通过定义五个基本体素，经过四次集合运算，完成三维实体的建模。

2. 扫描法

有些物体的表面形状较为复杂，难以通过定义基本体素加以描述。这时，可采用定义基体，利用基体的变形操作实现实体的建模，这种构造实体的方法称为扫描法。扫描法又可分为平面轮廓扫描和整体扫描两种。

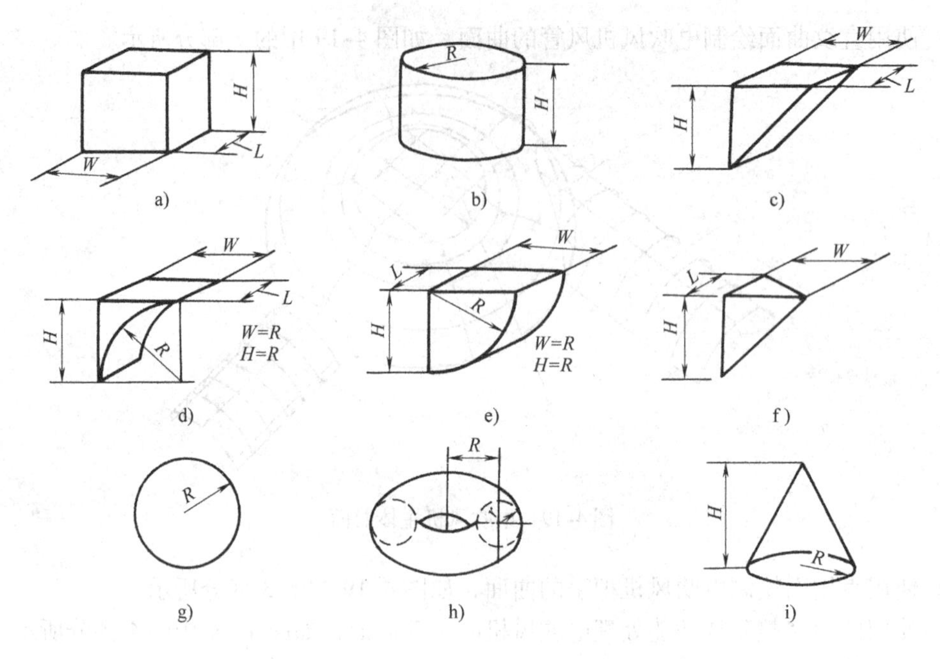

图 4-20　常用的基本体素

a）长方体　b）圆柱体　c）楔　d）带 1/4 圆柱　e）1/4 圆柱体　f）三棱锥　g）球　h）圆环　i）圆锥

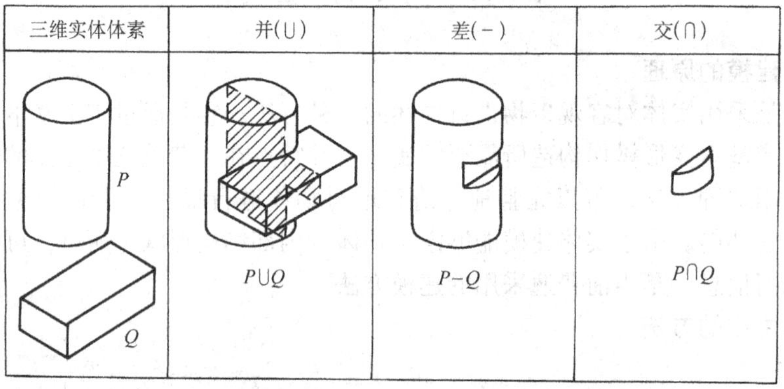

三维实体体素	并(∪)	差(−)	交(∩)
P Q	P∪Q	P−Q	P∩Q

图 4-21　体素拼合的集合运算

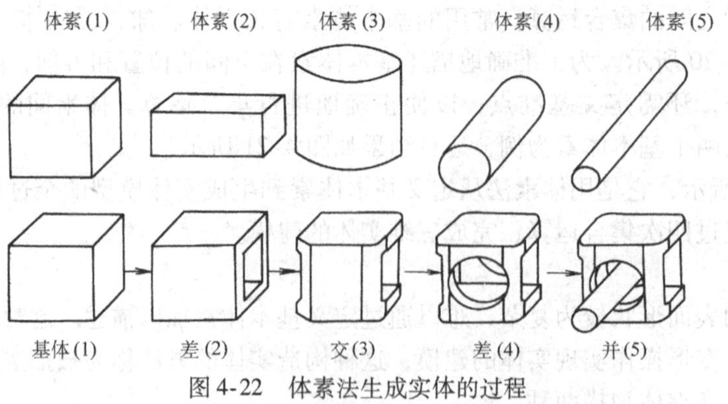

图 4-22　体素法生成实体的过程

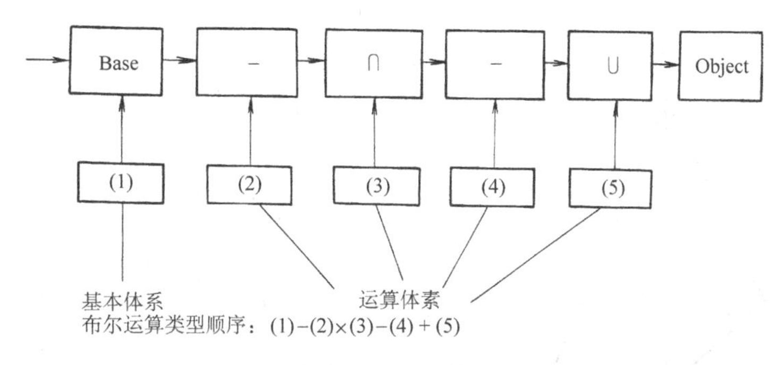

图 4-22　体素法生成实体的过程(续)

平面轮廓扫描是利用平面轮廓在空间平移一个距离或绕一固定的轴线旋转产生实体的方法。图 4-23 所示的实体就是采用平面轮廓的平移和旋转获得的。

整体扫描是定义一个三维实体为扫描基体，让此基体在空间运动所获得的实体。运动可以是沿某方向的移动，也可以是绕某一轴线转动，或绕某一点的摆动，运动方式不同，生成的实体形状也不同，如图 4-24 所示。

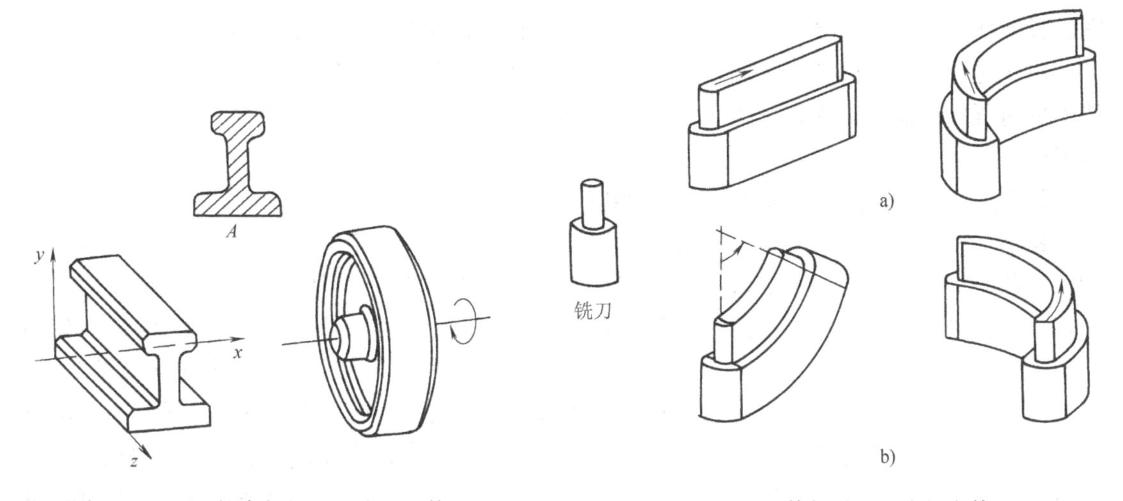

图 4-23　平面轮廓扫描法生成的实体

图 4-24　整体扫描法生成的实体
a）移动和顺时针转动　b）摆动和逆时针转动

三、三维实体建模中的计算机内部表示

与线框建模、曲面建模不同，三维实体建模在计算机内部存储的信息不是简单的边线或顶点的信息，而是比较完整地记录了生成实体的各个方面的数据。计算机内部表示三维实体模型的方法有很多，常见的有边界表示法、构造立体几何法、混合表示法（即边界表示法与构造立体几何法混合模式）、空间单元表示法等。

1. 边界表示法（Boundary Representation）

边界表示法简称 B-Rep 法，它的基本思想是，一个形体可以通过包容它的面来表示，而每一个面又可以用构成此面的边描述，边通过点，点通过三个坐标值来定义，如图 4-25 所示。

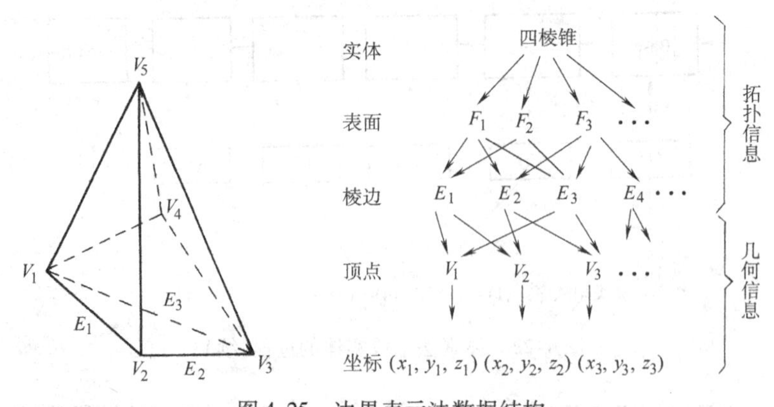

图 4-25　边界表示法数据结构

边界表示法强调实体外表的细节，详细记录了构成物体的所有几何元素的几何信息和相互之间连接关系的拓扑信息，将面、边界、顶点的信息分层记录，建立层与层之间的联系。这在数据管理上易于实现，也便于系统直接存取组成实体的各几何元素的具体参数。在CAD/CAM集成环境下，采用边界表示法建立三维实体的数据模型，有利于生成和绘制线框图、投影图，有利于计算几何特性，有利于与二维绘图功能衔接生成工程图。

由于边界表示法的核心是面，因而对几何体的整体描述能力相对较差，无法提供关于实体生成过程的信息。例如，一个三维实体最初是由哪些基本体素、经过哪几种集合运算拼合而成的，也无法记录组成几何体的基本体素的原始数据。

2. 构造立体几何法（Constructive Solid Geometry）

构造立体几何法简称CSG法，它是通过描述基本体素（如长方体、圆柱、圆锥、球等）和它们的集合运算（交、并、差）构造实体的方法。任何复杂的实体都可以由某些简单的体素加以组合来表示。CSG法表示实体可用二叉树的形式加以表达，也称CSG树，如图4-26所示。二叉树的叶节点表示预先定义的一些基本体素，分枝节点表示布尔运算的结果，根节点则是要表示的实体。CSG树表达了CSG方法的数据结构，它是一个过程模型，即只定义所表示实体的构造方式，不反映实体的面、边、顶点等有关边界信息。这种数据结构的优点是：形体结构清楚，表达形式直观，便于用户接受，且数据记录简练。缺点是数据记录过于简单，在对实体进行显示和分析操作时，需要实时进行大量的重复求交计算，降低了系统的工作效率；此外，不便表达具有自由曲面边界的实体。

3. 混合模式（Hybrid Model）

混合模式建立在边界表示法与构造立体几何法的基础之上，将两者结合起来，共同表示实体。

由上述讨论可知，B-Rep法侧重面、边界的描述，在图形处理上具有明显的优势，尤其是探讨物体详细的几何信息时，边界表示法的数据模型可以较快地生成线框模型或面模型；CSG法则强调过程，在整体形状定义方面精确、严格，但不具备构成实体的各个面、边界、点的拓扑关系，数据结构简单。

将B-Rep法和CSG法结合起来，取各自的特点，在系统中对实体进行描述，从而产生了混合模式。在混合模式中，CSG法作为系统外部模型，B-Rep法作为系统内部模型，即CSG法做用户接口，方便用户输入数据、定义体素及确定集合运算类型，计算机内部则采用B-Rep数据模型，以便存储实体更详细的信息，类似于在CSG树结构的节点上扩充边界法的数据结构，可以达到快速描述和操作模型的目的，如图 4-27 所示。

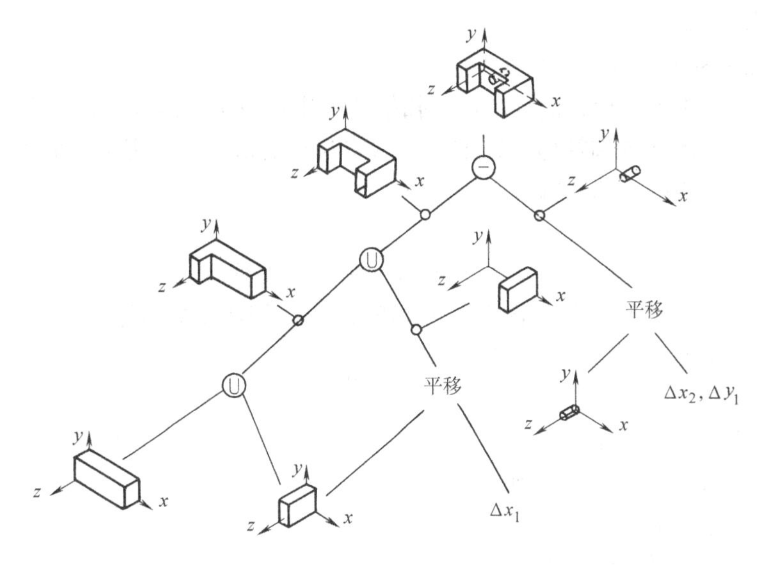

图 4-26　CSG 树

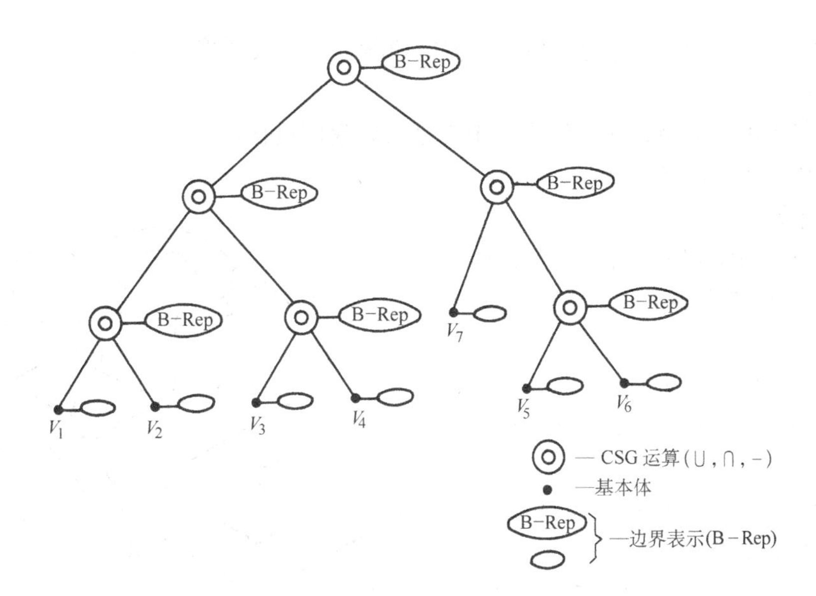

图 4-27　混合模式结构

混合模式是在 CSG 基础上的逻辑扩展，起主导作用的是 CSG 结构，结合 B-Rep 的优点，可以完整地表达物体的几何、拓扑信息，便于构造产品模型，使造型技术前进了一步。

四、三维实体建模实例

实体模型的构建，不像线框模型那样有许多曲线集合，也不像曲面模型那样有许多曲面集合，实体模型是由单个图素构成。即不管它多复杂，有多少个基本体素组合，一旦构造完成，就是一个实体模型整体，且可进行倒圆角、倒角、挖空实体、合并实体等各种操作。

MasterCAM 系统构建实体有挤压、旋转、扫描、举升、倒圆角、倒角、薄壁、牵引、剪切、布尔运算、基本实心体等方法。构建实体模型的操作方法如下：

1. 构建实体的基本操作

可采用下面一种方法构建一个基本操作：

1）用挤压曲线串连、旋转曲线串连、扫描曲线串连或举升曲线串连定义一个实体。

2）用基本实心体（如圆柱体、圆锥体、球体等）的形状，来定义一个实体。

3）从一个预定义的文档中输入一个实体。

2. 构建实体的附加操作

构建基本操作之后，就可以采用下列功能去修整一个实体。

1）在一个基本实体上，作一个或多个剪切可删除不需要的图素。

2）在一个基本实体上增加基本实体。

3）在基本实体上做倒圆角等光顺处理。

4）在基本实体上增加拔模斜度。

5）挖空或者对实体做抽壳处理。

6）利用曲线或者曲面分割实体。

7）对实体表面再做牵引处理。

3. 管理实体

在实体零件的基础上，通过实体管理器的树状目录对实体零件的局部进行修改。最后重新生成所有的实体。

下面以实例来说明 MasterCAM 系统中三维实体建模过程。

构建如图 4-28 所示的三维实体。

构建步骤如下：

1）使用圆柱体以原点为基准点构建直径为 15，高为 20 的圆柱体，如图 4-28 中 1 所示。

2）利用基本实体功能构建立方体，其高度为6，长度为20，宽度为50，得到如图 4-28 中 2 所示图形。

3）使用圆柱体功能构建以 x 轴为轴向，半径为 12，高为 15 的圆柱体。

4）修改刚生成的圆柱体，在 xy 构图面中将基准点改为（-15，0），高度改为 30。

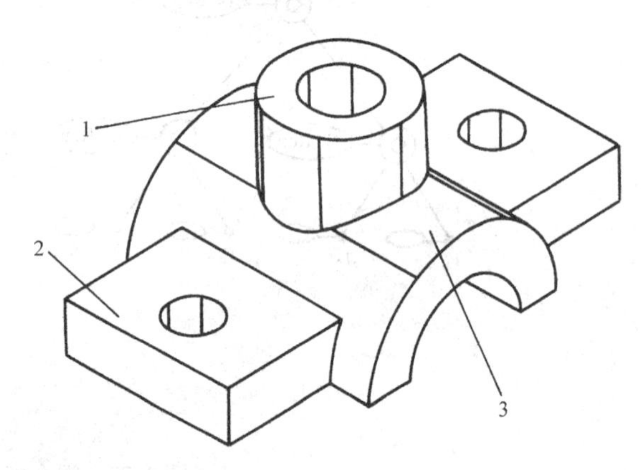

图 4-28　三维实体模型

5）对圆柱体下半部分使用实体修整功能切除，得到如图 4-28 中 3 所示图形。利用布尔运算将三部分相加在一起形成一个整体。

6）使用基本实体功能，在俯视构图面分别构建三个圆柱体，基准点为（0，0）、（0，-19）、（0，19）；半径为 4、3、3；高度为 21、7、7 的图形。

7）采用布尔运算将其从主体上减去（切割去）。

8）利用基本实体构建出以 x 轴为轴向，基准点为（-16，0），高度为 32，半径为 7 的圆柱体，减去主体即可得到结果。

五、特征建模

三维线框模型、曲面模型和实体模型只提供了三维形体的几何信息和拓扑信息，称其为产品的几何建模，产品的几何建模尚不足以驱动产品生命周期的全过程。例如，计算机辅助工艺设计（CAPP）不仅需要由 CAD 系统提供被加工对象的几何信息和拓扑信息，还需要提供加工过程中所需要的工艺信息。为提高产品生产组织的集成化和自动化程度，促使 CAD、CAE、CAPP 和 CAM 向集成化方向发展，要求由几何模型向产品模型过渡。产品模型不仅包括了产品的几何信息和拓扑信息，还包括了产品的非几何信息，如材料、热处理、加工精度等。产品模型为后续 CAX 系统提供了完整的原始信息，它是 CAD/CAE/CAPP 和 CAM 等过程的集成介质。特征建模技术（Feature Modeling）的研究是建立产品模型的一个重要途径。

1. 特征的定义

特征建模从提出到现在，仍处在不断完善和发展过程中，至今特征还没有一个统一明确的定义。美国 Massachusetts 大学的 John Dixon 教授对特征的定义是：特征应该理解为一个专业术语，它兼有形状和功能两种属性，从它的名称和词义定义联想它的特定几何形状、拓扑关系、典型功能、绘图表示方法、制造技术和公差要求。

从设计、制造角度出发，可以定义形状特征为：形状特征是零件上一组相互关联的几何实体所构成的特定形状，具有特定的设计或制造意义。

（1）特征定义　特征定义的实现有以下两种方式：

1）在产品设计过程中提供一套预先定义好的形状特征，称为特征的前置定义，或称为基于特征的设计。

2）首先进行几何设计，然后从几何模型中识别或抽取形状特征，称为特征的后置定义，或称为特征识别。

（2）特征识别　特征识别为现有几何造型系统的进一步改进提供了方法，部分解决了实体造型系统与应用系统交换的不匹配问题，但仍具有一定的局限性，具体表现为：

1）对简单形状特征的识别比较有效，当产品比较复杂时，特征识别就显得非常困难，甚至无法实现。

2）特征识别使形状特征在形状上得到了一定程度的表达，但形状与特征之间的关系仍无法表达。

2. 特征的分类

从总体上看，特征可分为通用特征和应用特征两大类。

（1）通用特征　通用特征是从机械产品的几何形状抽象出来的一般性特征，由基本形状特征和附加形状特征组成。基本形状特征是表达一个零件总体形状的特征，附加形状特征是对零件局部形状进行修改的特征。

基本形状特征可以单独存在，即基本形状特征可不与其他特征发生联系。而附加形状特征则不能单独存在，它必须与基本形状特征或其他附加形状特征发生联系，对它们进行修改。一个零件可由一个基本形状特征和若干个附加形状特征来描述。

根据以上概念，可把通用特征分为基本形状特征和附加形状特征两大类。基本形状特征与附加形状特征又可进一步细分为许多子类，形成一个特征分类的树形结构，称为特征树，如图 4-29 所示。

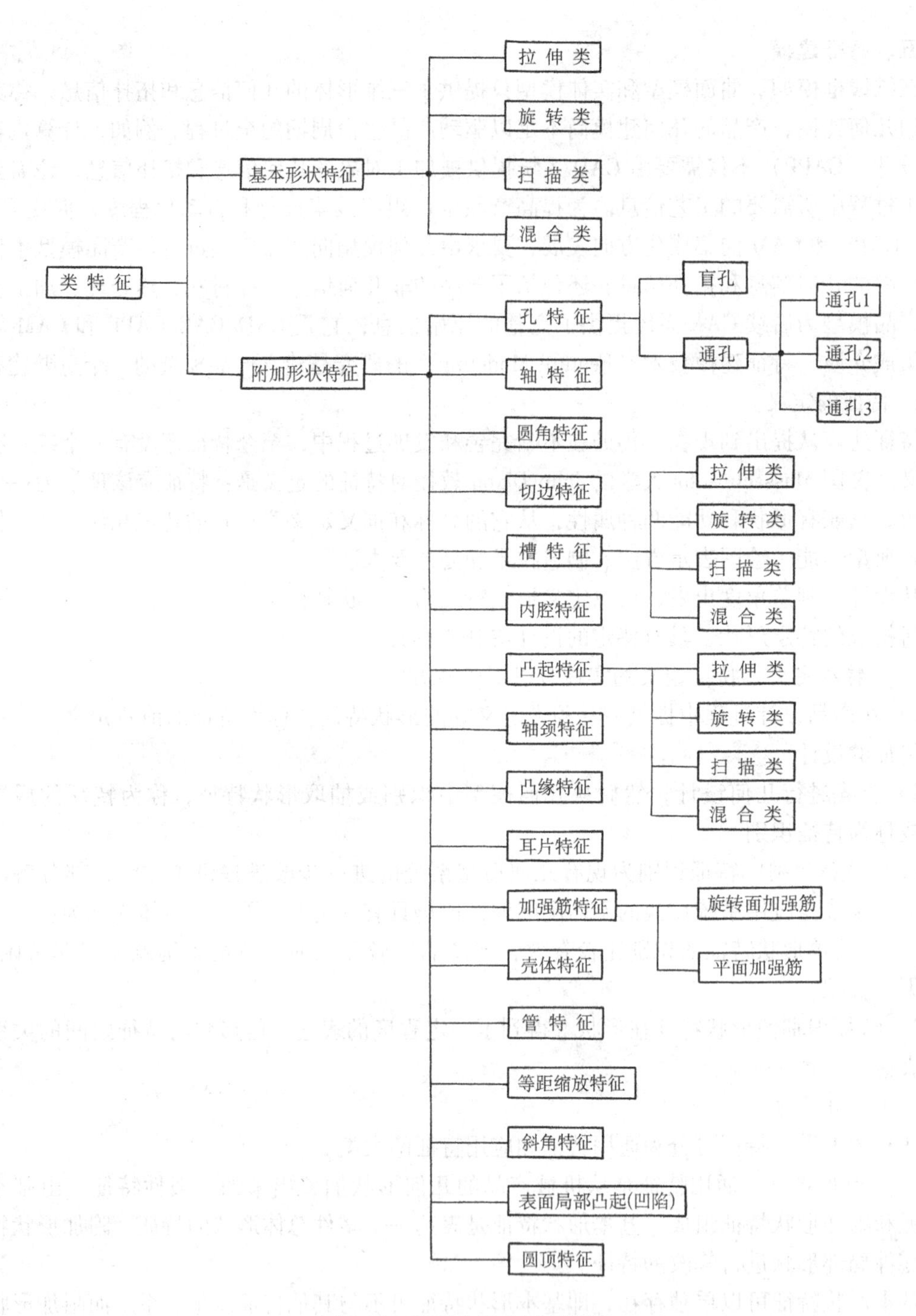

图4-29　特征分类的树形结构

（2）应用特征　应用特征是指各种工程专业应用领域里所遇到的各种形状特征。这些特征中有的仍以前述的通用特征为基础。但在设计、分析、制造等不同阶段，可有不同的特征定义。按机械零件的几何形状分，可大致分为轴类、盘类、支架类、箱体类和自由曲面类等。

3. 特征建模技术的实现

特征概念包含丰富的工程语义，所以利用特征的概念进行设计是实现设计与制造集成的一种行之有效的方法。特征识别是在建立的几何模型上，通过人工交互或自动识别算法进行特征的搜索、匹配。基于特征的设计是直接采用特征建立产品模型，即特征建模。实现特征的具体方法如下：

1）对于基本形状特征，可以直接采用根据参数建立拓扑、几何信息的方法，如拉伸类特征、旋转类特征、扫描类特征、混合类特征。这类似于几何造型系统中的基本体元的几何、拓扑结构的建立。

2）对于附加形状特征，尽可能采用局部修改技术直接修改原有的拓扑、几何结构。

3）对不易采用方法2）的附加形状特征，尽可能分别构成基本形状特征和附加形状特征。

4）对不易采用方法1）、2）、3）的特征，可采用布尔运算实现，但显式操作仍为特征造型而不是布尔运算。

4. 特征建模的特点

特征建模的特点主要概括为以下几个方面：

1）特征建模使产品的设计工作不停留在底层的几何信息基础上，而是依据产品的功能要素，如键槽、螺纹孔、均布孔、花键等，起点在比较高的功能模型上。特征的引用不仅直接体现设计意图，也直接对应着加工方法，以便于进行计算机辅助工艺过程设计并组织生产。

2）特征建模以计算机能够理解的和能够处理的统一产品模型代替传统的产品设计、工艺设计、夹具设计等各个生产环节的连接，使得产品设计与原来后续的各个环节并行展开，系统内部信息共享，实现真正的CAD/CAPP/CAM的集成，且支持并行工程。

3）有利于实现产品设计和制造方法的标准化、系列化、规范化，使得产品在设计时就考虑加工、制造要求，保证产品有较好的工艺性及可制造性，有利于降低产品的生产成本。

5. 基于特征的零件造型过程

在UG系统中，特征建模是通过添加特征的方法来进行产品设计的过程，所添加的特征被列在零件导航器中。在设计时最先创建的特征是数据特征，如数据坐标系、数据平面，这些可用来定位后续的特征，如草图等。建模时选择History模式，软件会保持各特征间的位置依赖关系（也叫父子关系），如当你创建一个草图并旋转它创建旋转体时，若草图发生变化，那么旋转体会自动跟随变化。UG系统中特征定义很灵活，如旋转、拉伸所创建旋转体、拉伸体都是特征，还有软件固有的立方体、圆柱体、圆椎体、各种孔等特征，还可以由用户自己定义特征。

下面应用UG系统以某一机械零件造型为例，说明特征建模技术在产品设计过程中的应用。

（1）*底座的构造*　绘制如图4-30a所示的截面草图，单击拉伸体特征按钮，在对话框的“终止距离”文本框中输入15mm，生成如图4-30b所示的底座。

（2）*构建圆柱体特征*　以底座上表面为绘图平面，创建直径为60mm的截面草图，单击拉伸体特征按钮，在对话框的“终止距离”文本框中输入40mm，生成如图4-31所示的圆柱体特征。

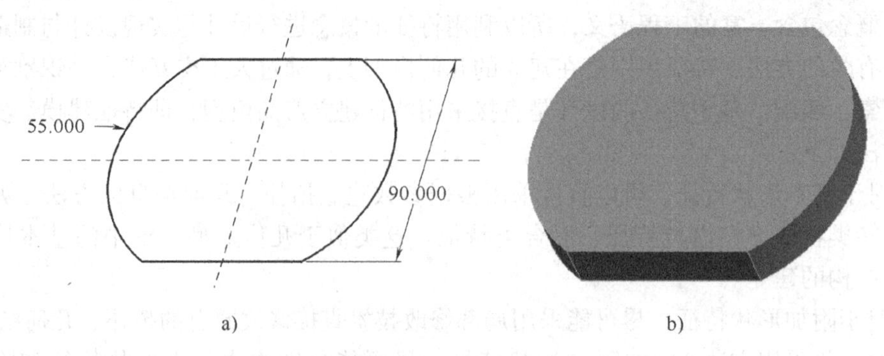

图 4-30　底座的构造

a）截面草图　b）拉伸底座

(3) 构建加强筋特征　绘制图 4-32a 所示的草图，单击“加强筋”命令按钮，在“距离”文本框中输入 10mm，向草绘面两边对称拉伸，得到图 4-32b所示的加强筋特征。

(4) 镜像加强筋特征　单击“镜像”命令按钮，以中间面为对称面，镜像得到如图 4-33 所示的另一侧加强筋特征。

图 4-31　构建圆柱体

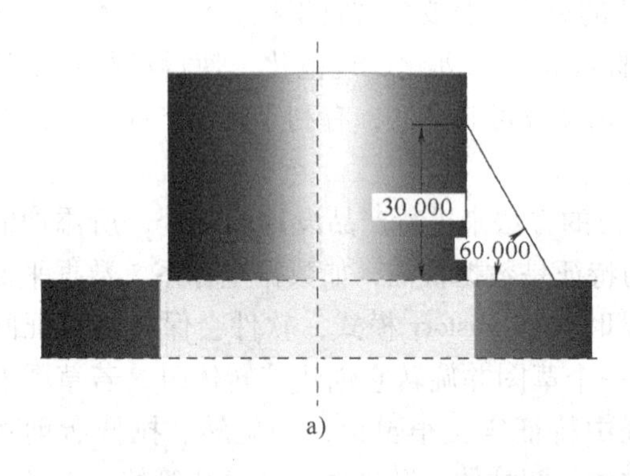

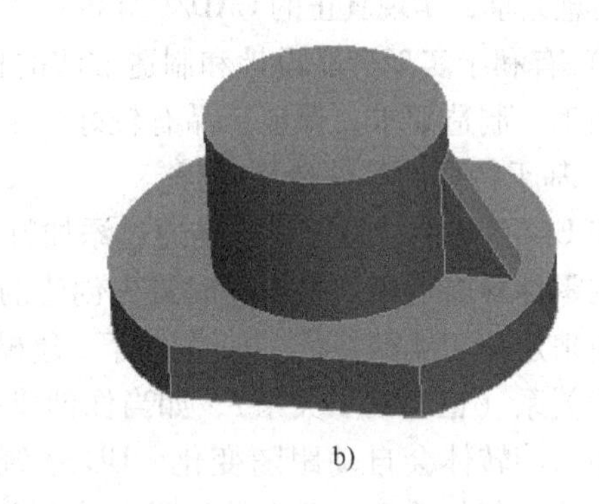

图 4-32　构建加强筋特征

a）截面草图　b）拉伸为加强筋

(5) 构建孔特征　单击按钮，选择圆柱体上表面作为孔的放置面，选择孔类型为埋头孔，在“孔直径”文本框中输入 20mm，在“沉头孔”和“沉头孔角度”文本框中分别输入 40mm 和 90°，孔深类型为“穿透”，得到如图 4-34 所示的孔特征。

(6) 构建倒角特征　单击“边倒角”按钮，选择圆柱体外边缘作为倒角边，输入倒角值 5mm，得到图 4-35 所示的倒角特征。

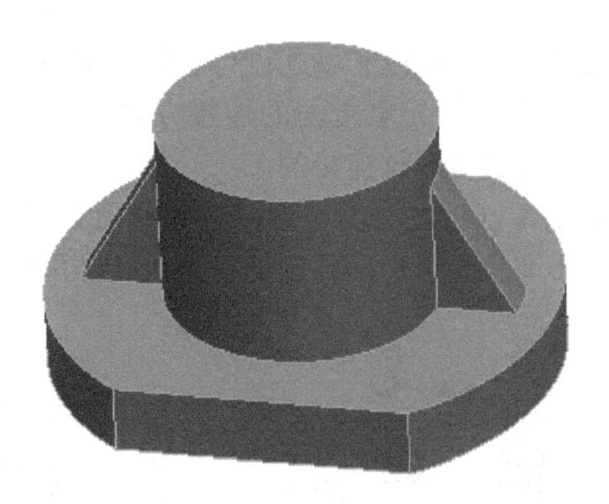

图 4-33　镜像加强筋特征

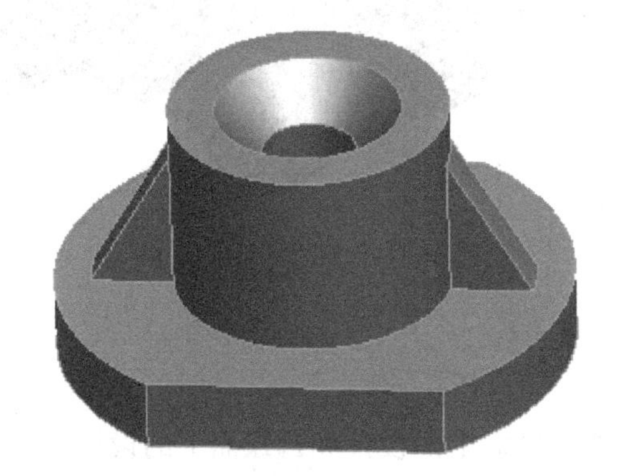

图 4-34　构建埋头孔特征

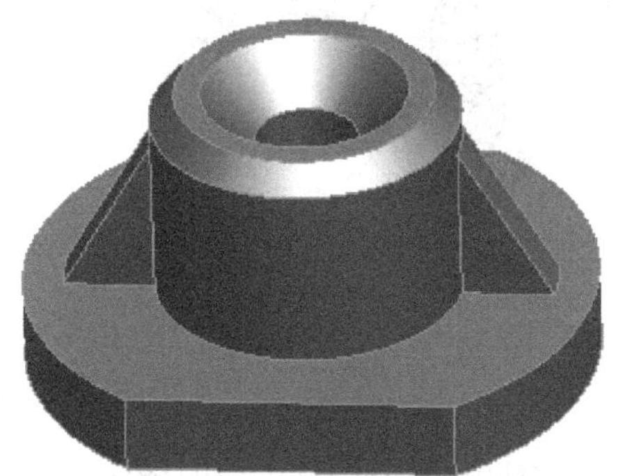

图 4-35　构建倒角特征

第五节　装配建模

一、装配建模的基本概念

实体建模和特征建模本质上是面向零件的建模技术，而在产品设计中需要将各种零件装配成部件，再把部件和零件组装成产品，这就需要处理零部件间相互连接和装配关系的面向产品的建模技术，即装配建模技术。装配建模支持产品从概念设计到零件设计，能完整、正确地传递不同装配体的设计参数、装配层次和装配信息。它是产品数据管理的核心，是产品开发和产品设计变更的强有力的工具。

通过装配建模得到装配模型，主要表达了两部分信息：一部分是实体信息，是装配模型中所有零部件实体信息的总和；另一部分是装配体内零部件之间的相互关系信息，主要描述产品之间的层次关系、装配关系以及不同层次装配体中的装配设计参数约束和传递关系。装配层次关系用来描述产品、部件、零件之间的从属关系，可以直观地用装配树表示。其中，装配树的根结点是产品，叶结点是各个零部件，装配树可以直观地表示产品的层次关系。产品中零部件的装配设计往往是通过相互之间的装配关系表现出来的。因此，描述产品零部件之间装配关系是建立装配模型的关键。

产品零部件之间装配关系主要有以下三种基本装配关系：

（1）定位关系　描述零部件之间的空间位置和配合关系，如对齐、重合、配合等。例如图 4-36a 中的手柄和支座之间是以轴段和轴孔进行定位装配的。

（2）连接关系　描述零部件几何元素之间的连接方式，如螺钉联接、键联接等。例如图 4-36a 中的螺钉与曲柄是通过螺钉进行连接的。

（3）运动关系　描述产品零部件之间的相对运动和传动关系，如齿轮传动、带传动等。例如图 4-36b 中的大齿轮和小齿轮是以运动传递的关系进行装配的。

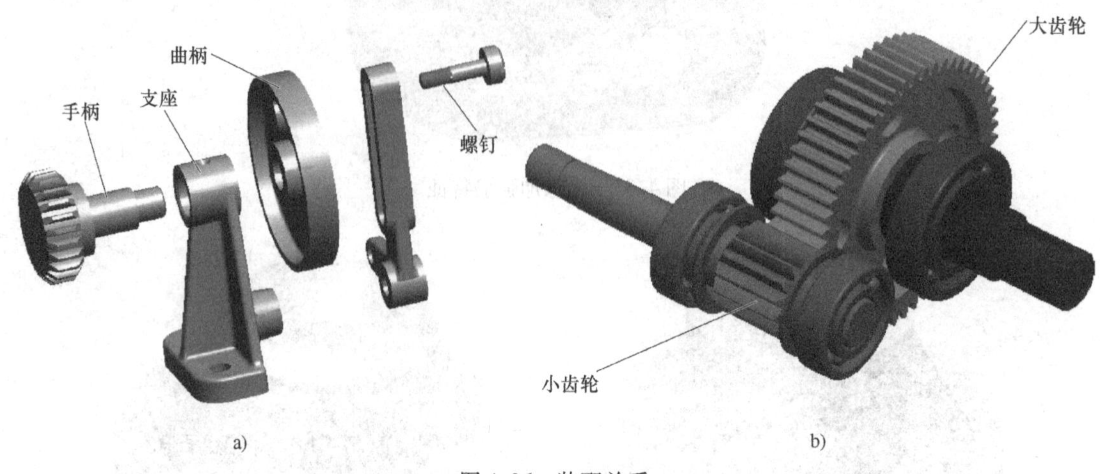

图 4-36　装配关系

a）轴与孔的装配关系　b）齿轮的装配关系

通常，装配设计有两种不同的设计方法，即自底而上的设计和自顶而下的设计。自底而上的设计是由最底层的零件开始，然后逐级逐层向上进行装配的一种方法。该方法比较传统，其优点是零部件是独立设计的，因此与自顶而下设计方法相比，它们的相互关系及重建行为更为简单。自顶而下的设计指由产品装配开始，然后逐级逐层向下进行设计的装配建模方法。与自底而上的设计方法相比，该方法比较新颖，但有诸多优点。自顶而下的设计方法可以首先申明各个子装配的空间位置和体积，设定全局性的关键参数，为装配中的子装配和零件所用，从而建立起它们之间的关联特性，发挥参数化设计的优越性，使得各装配部件之间的关系更加密切。

两种装配造型方法各有优势，可根据具体情况具体选用。比如在产品系列化设计中，由于产品的零部件结构相对稳定，大部分的零件模型已经具备，只需要添加部分设计或修改部分零件模型，这时常常采用自底而上的设计方法。自顶而下的设计方法特别有利于创新性设计，因为这种设计方法从总体设计阶段开始就一直能把握整体，且着眼于零部件之间的关系，并且能够及时发现、调整和灵活地进行设计中的修改，可实现设计的一次性成功。

当然，这两种方法不是截然分开的，可以根据实际情况综合应用两种装配设计方法来进行造型，达到灵活设计的目的。

1. 自底而上装配造型的基本步骤

（1）装配规划　对产品装配进行规划。

（2）装配操作　在上述准备工作的基础上，采用系统提供的装配命令，逐一把零部件装配成装配模型。

（3）装配管理和修改　可随时对装配体及其零部件构成进行管理和进行各项修改操作。

（4）装配分析　在完成了装配模型后，应进行装配干涉状态分析、零部件物理特性分析等。若发现干涉碰撞现象，物理特征不符合要求，则需要对装配模型进行修改。

(5) 其他图形表示　如有需要，则可生成爆炸图、工程图等。

2. 自顶而下装配造型的基本步骤

(1) 明确设计要求和任务　确定诸如产品的设计目的、意图、产品功能要求、设计任务等方面的内容。

(2) 装配规划　这是该造型中的关键步骤。这一步首先设计装配树的结构，要把装配的各个子装配或部件勾画出来，至少包括子装配或部件的名称，形成装配树。主要涉及以下三个方面的内容：

1）划分装配体的层次结构，并为每一个子装配或部件命名。

2）全局参数化方案设计。由于这种设计方法更加注重零部件之间的关联性，设计中的修改将更加频繁，所以，应该设计一个灵活的、易于修改的全局参数化方案。

3）规划零部件间的装配约束方法。要事先规划好零部件间的装配约束方法，可以采用逐步深入的规划。

(3) 设计骨架模型　骨架模型是装配造型中的核心内容，它包含了整个装配重要的设计参数。这些参数可以被各个部件引用，以便将设计意图融入到整个装配中。

(4) 部件设计及装配　采取由粗到精的策略，先设计粗略的几何模型，在此基础上再按照装配规划，对初始轮廓模型加上正确的装配约束；采用相同方法对部件中的子部件进行设计，直到零件轮廓出现。

(5) 零件级设计　采取参数化或变量化的造型方法进行零件结构的细化，修改零件尺寸。随着零件级设计的深入，可以继续在零部件之间补充和完善装配约束。

二、UG 系统装配建模示例

UG 系统的装配建模模块支持零部件的设计和编辑，支持自底而上的设计、自顶而下的产品设计方法，可实现参数化设计。UG 系统的装配建模功能主要由装配菜单、装配工具栏、装配导向器实现。

(1) 添加新组件　单击装配工具栏中的按钮，系统出现图 4-37a 所示的对话框，单击“选择部件文件”按钮，选择要加入的零组件的 UG 文件，然后单击“确定”按钮，出现如图 4-37b所示的对话框。其中，“Reference Set”下拉列表框主要有“整个部件”、“模型”、“空集”和已经建立的其他引用集，该选项可以对被加入的零部件文件模型进行过滤，只引入装配模型中必要的信息，以减少装配模型的数据量，该选项默认是整个部件；“定位”下拉列表框用来选择添加零部件的定位方法，主要有绝对坐标系定位、配对定位和重定位三个选项。一般来说，最先被添加的零部件采用绝对坐标系定位的方法，后面被添加的零件一般采用配对定位的方法。

如果选择绝对定位的方法，则确定了绝对坐标系后，单击“确定”按钮就完成了组件的添加操作；如果选择配对定位的方法，则进入组件配对的操作，出现如图 4-38a 所示的组件配对对话框。

(2) 配对组件　图 4-38 所示的对话框是通过指定被装配体与已装配组件间的约束关系来完成被装配件的定位的。图 4-38a 所示为“配对条件”对话框，其中顶部是配对条件树，它采用图形化方式显示配对条件和约束关系，如图 4-38b 所示。中间是配对约束类型工具栏，配对约束类型有贴合、对准、角度、平等、垂直、对中、距离、相切等。其中，贴合约束用来定位两个相同类型的对象，对平面来说就是两平面的法矢指向相反方向；对准约束对平面对象来说就是共面，对轴对称对象来说就是共轴；角度约束可以用来定义两个对象之间的角度；平等和垂直约束分别定义两个方向的平行和垂直；对中约束是使一个对象与另一个对象的中心对齐。

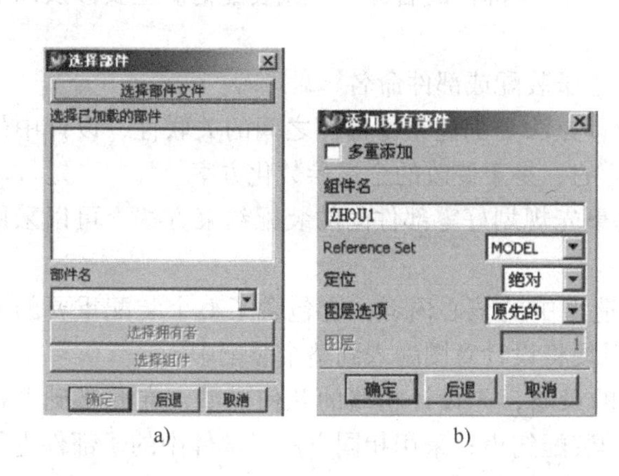

图 4-37　添加新组件的对话框
a）“选择部件”对话框　b）“添加现有部件”对话框

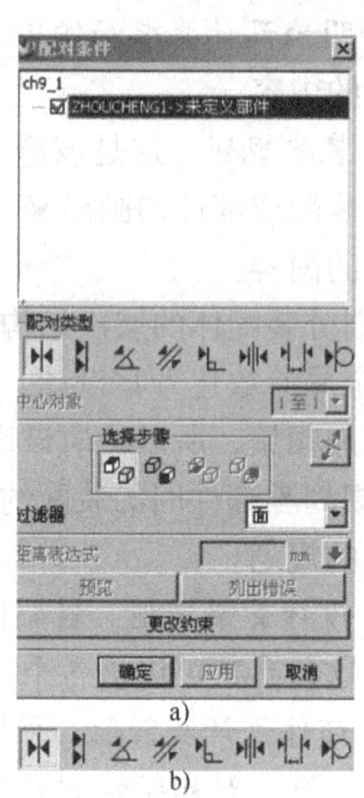

图 4-38　组件配对对话框
a）“配对条件”对话框　b）配对类型

在选定约束类型后，依次单击和按钮，分别从被配对的零件和装配体中的零件选择用于建立约束的几何对象。几何对象的类型包括直线、平面、回转面、曲线、基准轴、坐标系和零件等。选择约束对象后，单击“确定”按钮就完成了组件的配对步骤。

图 4-39 所示为 UG 系统进行平口钳自底而上的装配设计实例。由图可见，该平口钳是由活动钳身、固定钳身、活动钳口、螺杆、螺杆套、钳口板、固定螺钉等零件组成。装配过程中，首先将固定钳身和活动钳身装配一体（见图 4-39a），并插入螺杆套孔与活动钳身孔对齐（见图 4-39b），然后插入螺杆（见图 4-39c），并用螺钉将螺杆套和活动钳身锁紧（见图 4-39d），最后装入钳口板（见图 4-39e）。最终完成平口钳装配体，如图 4-39f 所示。图 4-40 所示为平口钳的分解爆炸图。

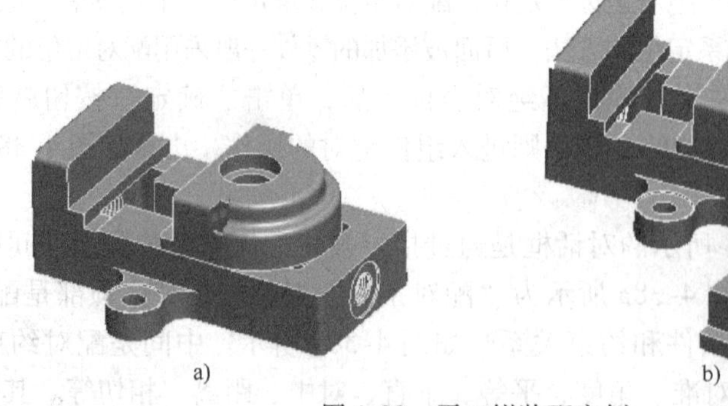

图 4-39　平口钳装配实例
a）将固定钳身和活动钳身装配一体　b）对齐

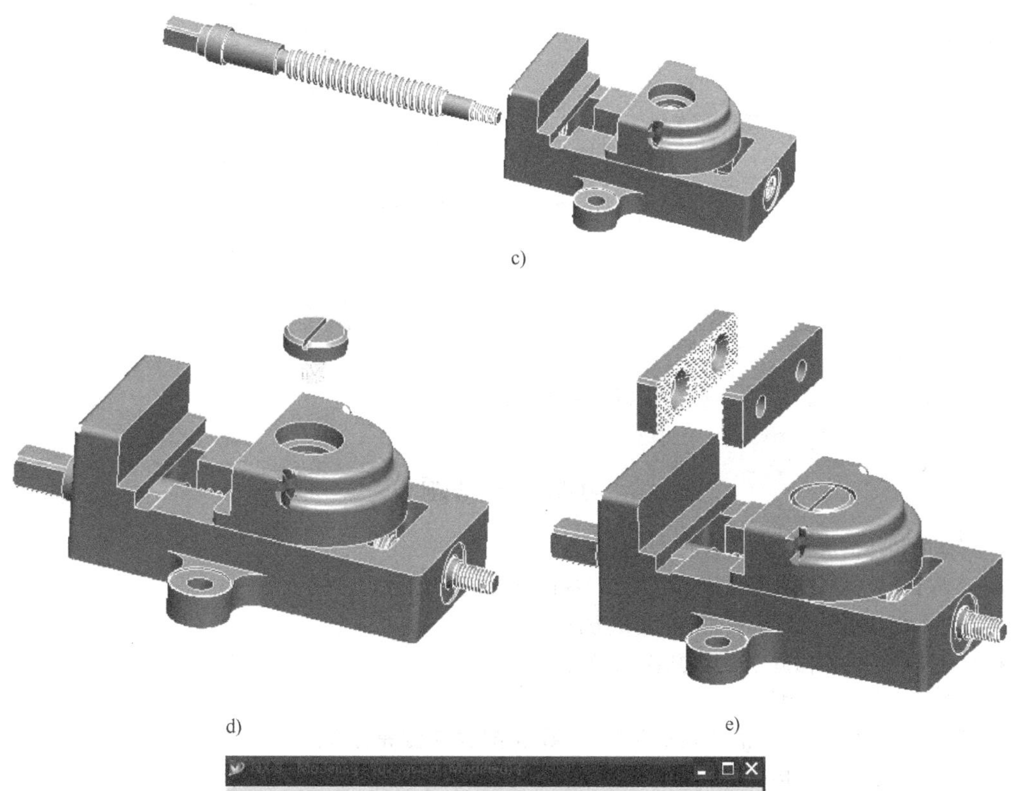

c)

d) e)

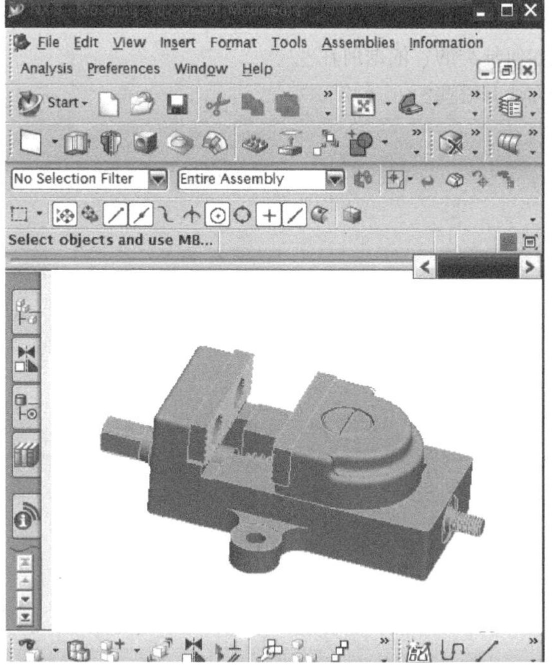

f)

图 4-39　平口钳装配实例（续）

c）插入螺杆　d）锁紧

e）装入钳口板　f）完成平口钳装配体

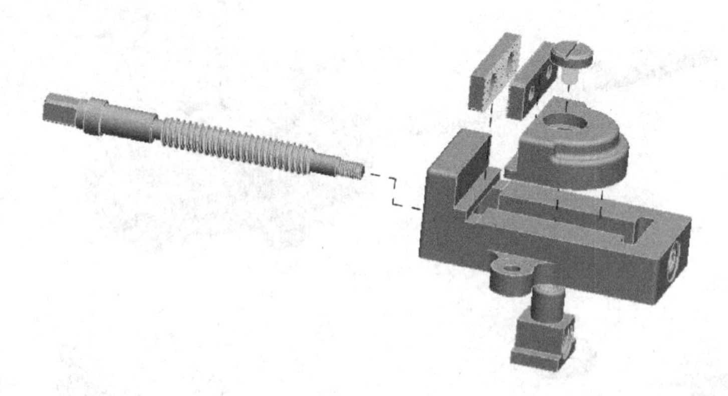

图 4-40　分解爆炸图

习题与思考题

1. 形体的拓扑信息和几何信息的含义是什么？
2. 三维几何建模系统有哪几种建模方式？各自的特点是什么？
3. 试述曲面建模中几种参数曲面的形成方法。
4. 试述常用的曲面构造方法及构造特点。
5. 实体建模的方法有哪些？
6. 试述实体建模中计算机内部表示方法，其数据结构的特点是什么？
7. 比较边界表示法与构造立体几何法在描述同一物体时的区别和特点。
8. 什么是特征？特征是如何分类的？依据何在？
9. 特征建模技术的实现方法有哪些？

第五章　计算机辅助工程

计算机辅助工程（Computer Aided Engineering，CAE）是 CAD/CAM 技术应用不断深化的一种技术，是企业通过实施 CAD/CAM 技术取得竞争优势的重要手段，一般认为它是以有限元分析为基础的参数、性能等的分析与优化。本章主要介绍这两个方面的概念和工程实际应用的情况。

第一节　计算机辅助工程概述

一、计算机辅助工程的概念

计算机辅助工程是以现代计算力学为基础、计算机仿真为手段的工程分析技术，是实现产品优化设计的重要技术。CAE 技术主要包括有限元法（Finite Element Method，FEM）、边界元法（Boundary Element Method，BEM）、运动机构分析、气动或流场分析、电路设计和磁场分析等。其中，有限元法在机械 CAD 中应用最广泛。利用计算机辅助工程分析的关键是在三维实体建模的基础上，从产品的方案设计阶段开始，按照实际使用的条件进行仿真和结构分析，按照性能要求进行设计和综合评价，以便从多个设计方案中选择最佳方案。因此，工程数值分析、结构优化设计、强度设计评价与寿命预估、动力学/运动学仿真等是计算机辅助工程分析的主要内容。

工程数值分析用来确定所设计产品的性能、确保产品质量；结构优化设计是在保证产品性能的前提下，减轻产品的重量或改善形状，从而降低成本；强度设计可用来评估产品的结构强度设计是否可行、可靠性如何以及使用寿命长短；仿真分析可在制造产品样机之前发现设计中出现的问题和缺陷，从而缩短产品开发周期，节省经费。

计算机辅助工程从字面上讲，它可以包括工程和制造业信息化的所有方面，但是传统的 CAE 主要指用计算机对工程和产品进行性能与安全可靠性分析。CAE 的主要任务是对工程、产品和结构未来的工作状态和运行行为进行模拟，及早发现设计缺陷，并证实未来工程、产品功能和性能的可用性与可靠性。

二、计算机辅助工程的应用范围

几十年来，由于计算机的应用以及测试手段的不断改进和完善，计算机辅助工程的应用已由弹性力学平面问题扩展到空间问题、板壳问题，由静力平衡问题扩展到稳定问题、动力问题和波动问题，分析的对象由弹性材料扩展到塑性、粘塑性和复合材料等，从固体力学扩展到流体力学、传热学等连续介质力学领域。在工程分析中的作用已从分析和校核扩展到优化设计，并且和计算机辅助设计技术的结合越来越紧密。目前，机械设计已由静态、线性分析向动态、非线性分析过渡，由经验类比设计向最优化设计过渡，由人工计算向自动计算、由近似计算向精确计算过渡，以适应产品向高效、高速、低成本等现代化要求发展的需要。

三、计算机辅助工程技术的发展过程

计算机辅助工程分析起始于 20 世纪 50 年代中期，直到 20 世纪 80 年代中期，才逐步形

成了商品化的通用和专用 CAE 软件。针对特定类型的工程或产品所开发的用于产品性能分析、预测和优化的软件，称之为专用 CAE 软件；可以对多种类型的工程和产品的物理、力学性能进行分析、模拟、预测、评价和优化，以实现产品技术创新的软件，称之为通用 CAE 软件。一般认为，CAE 技术的发展大体可分为三个阶段。

第一阶段为 20 世纪 50 ~ 70 年代，这一时期的 CAE 技术处在探索发展阶段。有限元技术主要针对结构分析问题进行展开，以解决航空航天技术发展过程中所遇到的结构强度、刚度以及模拟实验和分析问题。

第二阶段为 20 世纪 70 ~ 80 年代，这一阶段是 CAE 技术的蓬勃发展时期。在可用性、可靠性和计算效率上已经基本成熟的、国际上知名的 CAE 软件有 ANSYS、NASTRAN、I - DEAS、ADINA、ABAQUS、MODULEF 等。就软件结构和技术而言，这些 CAE 软件基本上是用结构化软件设计方法，采用 Fortran 和 C 语言开发的结构化软件，它们的运行环境仅限于当时的大型计算机和高档工作站。CAE 的发展有以下两个特点：

1）软件的开发主要集中在计算精度、硬件及与速度平台的匹配，以及计算机内存的有效利用及磁盘空间的利用方面。

2）有限元分析技术在结构分析和场分析领域获得了很大的成功。从电学模型开始拓展到各种物理场（如温度场、电磁场、声波场等）的分析；从线性分析向非线性分析（如材料的非线性、几何大变形导致的非线性、接触行为引起的边界条件非线性等）发展；从单一场的分析向几个场的耦合分析发展。

第三阶段为 20 世纪 90 年代至今，这一阶段是 CAE 技术成熟应用的阶段。CAD 经过 30 多年的发展，经历了线框 CAD 技术、曲面 CAD 技术、参数化技术、变量化技术，为 CAE 技术的推广应用打下了坚实的基础。这期间各 CAD 软件开发商一方面大力发展本身 CAD 软件的 CAE 功能，如世界排名前几位的 CAD 软件 CATIA、CADDS、UG 等都增加了基本的 CAE 前置、后置处理及一般线性、模态分析功能模块，或者通过并购另外的 CAE 软件公司来增加其软件的 CAE 功能。在 CAD 软件商大力增强其软件 CAE 功能的同时，CAE 软件供应商也积极开发与各 CAD 软件的专用接口并增强其软件的前置、后置处理能力，如 NASTRAN 先后开发了与 CATIA、UG 等 CAD 软件的数据接口。同样，ANSYS 也在大力发展其软件的前置、后置处理功能。而 SDRC 公司利用 I - DEAS 自身 CAD 功能强大的优势，积极开发与其他设计软件的 CAD 模型传输接口，在此基础上再增强 I - DEAS 的前置、后置处理功能，以保证 CAD/CAE 的相关性。

四、有限元分析系统的原理、结构与组成

1. 有限元分析系统的原理

有限元分析系统的基本原理是：把要分析的连续体假想地分割成有限个单元所组成的组合体，简称离散化。这些单元仅在顶点处相互连接，称这些连接点为节点。而且它们相互连接在有限个节点上（见图 5-1），承受等效的节点载荷，并根据平衡条件进行分析，然后根据变形协调条件把这些单元重新组合起来，成为一个组合体，再综合求解。由于单元的个数是有限的，节点数目也是有限的，所以称为有限元法。

在采用有限元法对结构进行分析计算时，分析对象不同，所采用的单元类型（形状）也不同。下面以一种 CAE 软件有限元单元库为例，介绍几种常用的单元类型，如图 5-2 所示。

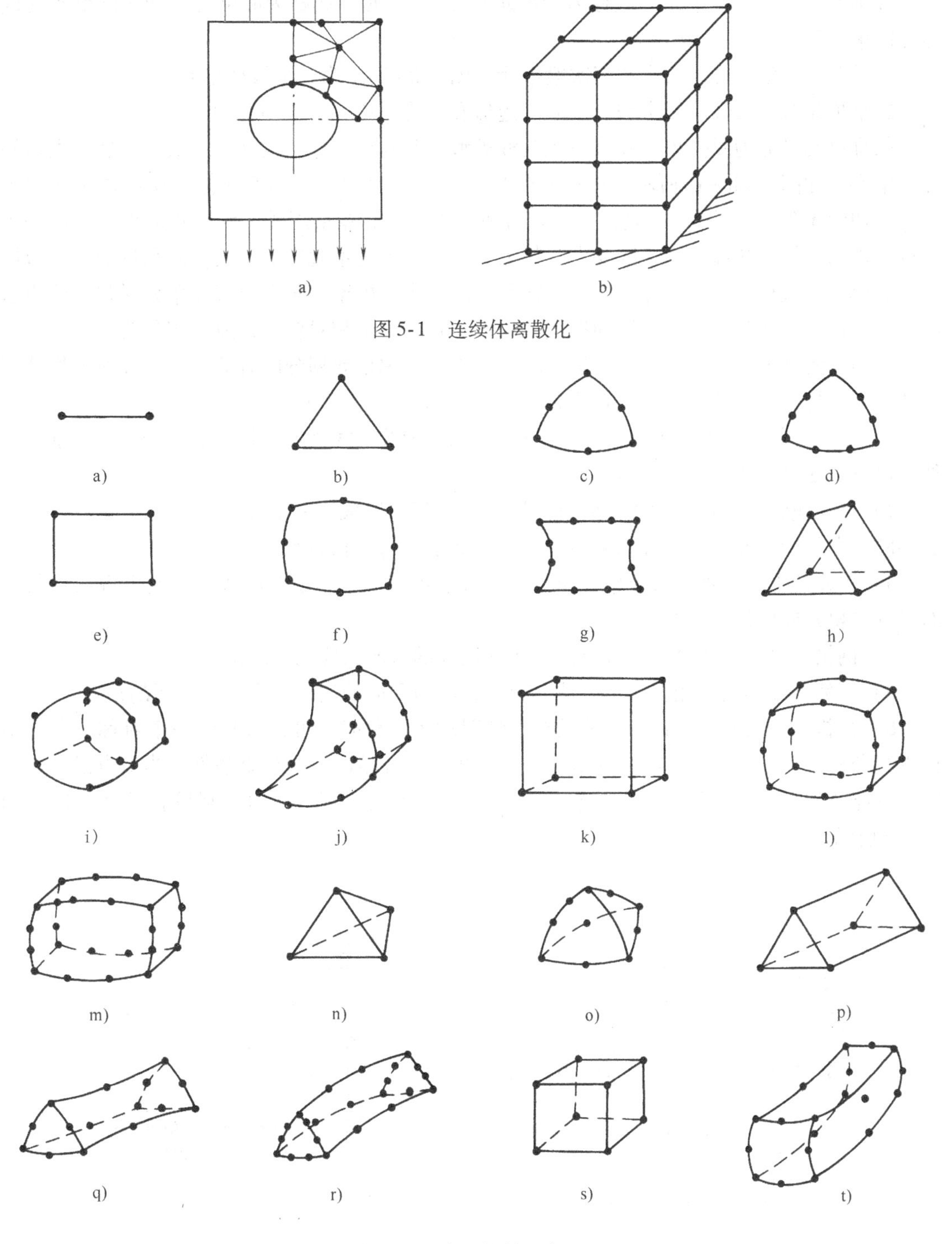

图 5-1　连续体离散化

图 5-2　常用的单元类型

a）梁　b）线性三角形　c）抛物线三角线　d）三次三角形　e）线性四边形　f）抛物线四边形　g）三次四边形　h）线性厚壳楔　i）抛物线厚壳楔　j）三次厚壳楔　k）线性厚壳　l）抛物线厚壳　m）三次厚壳　n）线性四面体　o）抛物线四面体　p）线性楔厚体　q）抛物线楔形体　r）三次楔形体　s）线性六面体　t）抛物线六面体

按维数分，有一维单元（或称为梁单元）、二维单元（或称为面单元）和三维单元（或称为体单元）。

一维单元包括线性、二次和三次梁单元，图5-2a所示为一种线性单元。

二维单元包括线性、二次和三次的三边形和四边形单元，如图5-2b～g所示。

三维单元又分为厚壳单元和体单元两种类型，厚壳单元包括线性、二次和三次的楔形和方形单元，如图5-2h～m所示；体单元包括线性、二次和三次的四面体、楔形体和六面体单元，如图5-2n～t所示。在具体的工程分析计算中，究竟采用哪一种形式的单元，取决于分析对象的几何形状和计算精度要求。如果结构的边界为不规则的曲线，则采用曲边四边形八节点单元能获得较好的计算结果。但在平面问题中，由于三角形三节点单元对包括曲边边界结构的任何形状都能获得较好的近似结果，而且计算量相对较少，故应用最为广泛。

采用单元来替代连续体进行分析计算时，需要考虑单元划分的有效性，保证所分析计算的结果与原物体的一致性，具体划分时应注意：

1）单元之间不能相互重叠，要与原物体的占有空间相容，即单元既不能落在原区域外，也不能使区域边界出现空洞。

2）单元应精确逼近原物体。所有原域的顶点都应取成单元的顶点。所有网格的表面顶点都应落在原域表面上。所有原域的边和面都被单元的边和面所逼近。

3）单元的形状合理。每个单元应尽量趋近于正多边形和正多面体，不能出现面积很小的二维尖角元或体积很小的三维薄元。

4）网格的密度分布合理。分析值变化梯度大的区域需要细化网格。

5）相邻单元的边界相容。不能从一个单元的边和面的内部产生另一单元的顶点。

6）分析对象的几何结构、载荷及支承情况均为对称时，可只取其中一个对称部分的结构进行分析计算。在位移受约束的节点上，应根据实际情况设置约束条件。当节点沿某一方向上不能位移时，则设置相应的连杆支座。当节点为某一固定点时，则设置铰链支座，如图5-3所示。

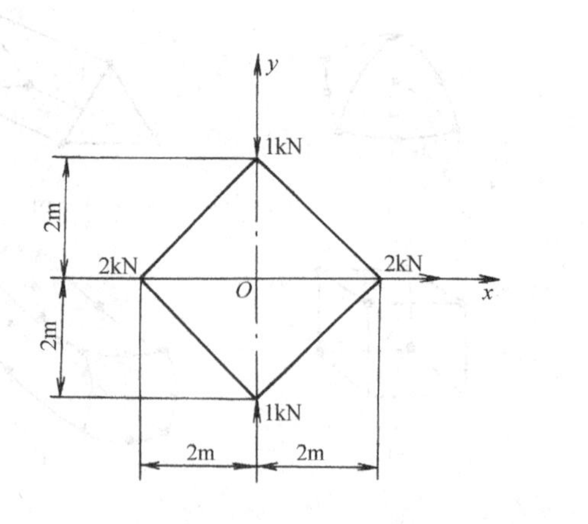

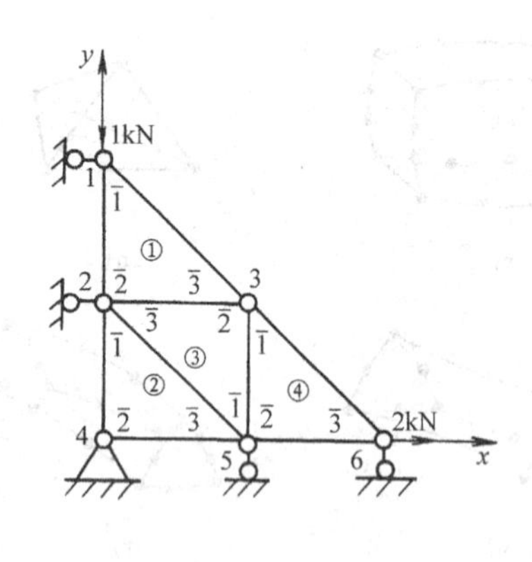

图5-3　对称结构的离散化

7）单元划分后，要对全部单元和节点进行编码。编码分为总体节点码和局部节点码，前者用于整体分析，如①、②、③、④四个单元的1、2、3、4、5和6。后者用于单元分析，如$\overline{1}$、$\overline{2}$、$\overline{3}$。对于三角形单元，局部码应按逆时针方向编排。

离散化的工作量较大，是一项要耐心细致对待的工作。在 CAD 环境下如何实现有限单元的自动划分和自动化编码是一个热门研究领域，现已取得了一系列进展。但由于离散化处理涉及的问题较复杂，在单元划分和节点编码方面，仍然不能完全脱离设计者的经验进行人为的判断与修改。

离散化的组合体与真实弹性体的区别在于：组合体中单元与单元之间的连接除了节点之外再无任何关联。但是这种连接要满足变形协调条件，既不能出现裂缝，也不允许发生重叠。显然，单元之间只能通过节点来传递内力。通过节点传递的内力称为节点力，作用在节点上的荷载称为节点荷载。当连续体受到外力作用发生变形时，组成它的各个单元也将发生变形，因而各个节点要产生不同程度的位移，这种位移称为节点位移。在有限元中，常以节点位移作为基本未知量。并对每个单元根据分块近似的思想，假设一个简单的函数近似地表示单元内位移的分布规律，再利用力学理论中的变分原理或其他方法，建立节点力与位移之间的力学特性关系，得到一组以节点位移为未知量的代数方程，从而求解节点的位移分量。然后利用插值函数确定单元集合体上的场函数。显然，如果单元满足问题的收敛性要求，那么随着单元尺寸的缩小，求解区域内单元数目的增加，解的近似程度将不断改进，近似解最终将收敛于精确解。

2. 有限元分析系统的结构与组成

CAE 软件的有限元分析程序系统主要由前置处理程序、主分析程序和后置处理以及用户界面、数据管理系统与数据库、共享的基础算法等部分组成，基本结构如图 5-4 所示。

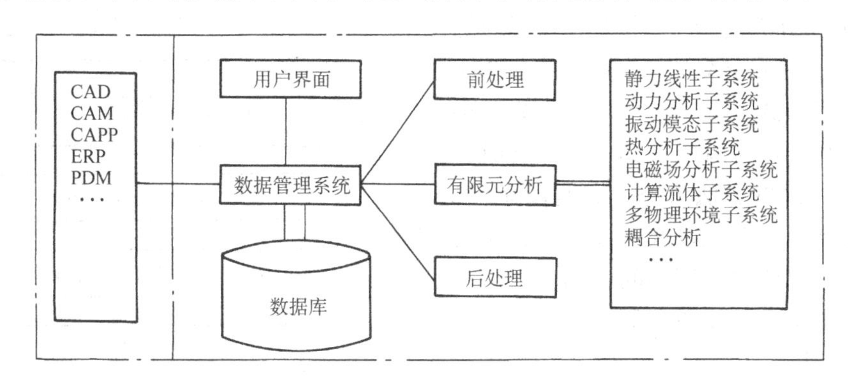

图 5-4　CAE 软件的基本结构

1）前置处理程序的基本任务是根据输入对象的几何信息进行有限元几何造型，按照用户拟定的计算机模型自动生成网格，以及进行不同密度网格间的转换和修补等。它具有实体建模与参数化建模、构件的布尔运算、单元自动划分、节点自动编号与节点参数自动生成、载荷及材料参数直接输入与公式参数化导入、节点载荷自动生成、有限元模型信息自动生成等功能。

2）主分析程序用于工程的有限元分析，它由若干个功能库和子库组成，这些库通过连接模块连成整体。一般的通用程序都有自成体系的数学库（包括执行矩阵运算、曲线拟合和函数插值等数学功能）、有限单元库、材料库及相关算法库（包括约束处理算法、有限元系统组装模块、静力、动力、振动、线性与非线性解法等）。大型通用 CAE 软件在实施有限元分析时，通常根据工程问题的物理、力学和数学特征分解成若干个子问题，由不同的有限元分析子系统完成。一般有如下子系统：线性静力分析子系统、动力分析子系统、振动模态分析子系统、热分析子系统等。

3）后置处理功能主要包括绘制应力、应变、位移、速度和加速度等空间和时间变化的曲线图。同时，还要求能对主分析程序的结果进行加工，如坐标变换、插值、曲线光顺、修订输出结果，以及有限元分析结果的数据平滑，各种物理量的加工与显示，针对工程或产品设计要求的数据检验与工程规范校核，设计优化与模型修改等。

4）用户界面模块中有弹出式下拉菜单、对话框、数据导入与导出宏命令，以及相关的GUI 图符。

5）不同的 CAE 软件所采用的数据管理技术差异较大，有文件管理系统、关系型数据库管理系统及面向对象的工程数据库管理系统。其数据库应该包括构件与模型的图形和特性数据库，标准规范及有关知识库等。

6）共享的基础算法，如图形算法、数据平滑算法等。

五、有限元法的基本解法

有限元问题最终可以归结为：在满足边界条件的情况下，求解基本方程。在实际求解时，先求出某些未知量，再由它们求解其他未知量。40 多年来，有限元的方法模式得到很大的发展，除经典的最小势能原理的位移有限元模式（位移法）外，还有基于余能原理的应力平衡模式（应力法），基于广义势能原理的位移杂交模式（位移杂交法），基于广义余能原理的应力杂交模式（应力杂交法），基于 H-W 混合变分原理的混合有限元模式等。同时，还发展了一些特殊的方法形态，如有限条带法、无限元、半解析有限元以及边界元等，从而大大提高了有限元法解决实际问题的能力。有限元法求解的具体步骤如图 5-5 所示。

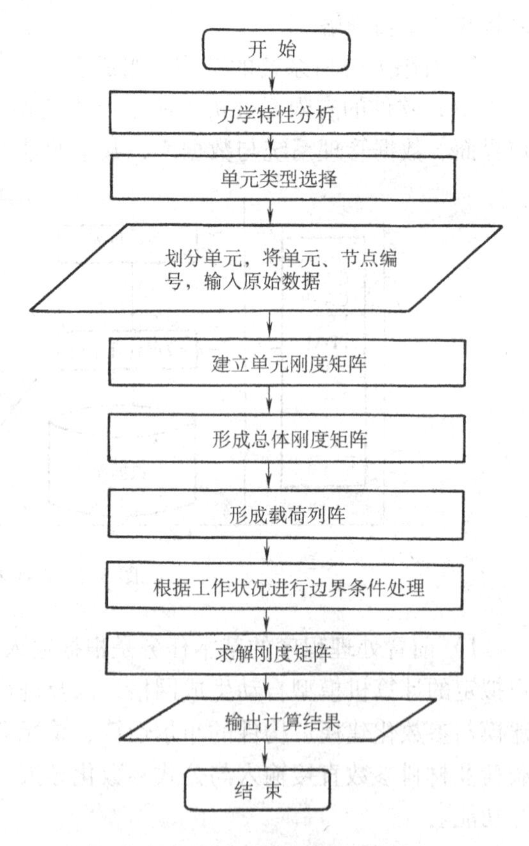

图 5-5　有限元法求解的具体步骤

1. 单元剖分

根据连续弹性体的形状，选择图 5-2 所示的单元类型，将该弹性体分割成许多个有限大小的单元，并为单元和节点编号。

2. 单元特征分析

以节点位移 $\{\delta\}^e$ 为基本未知量，选择一个单元位移函数后，进行以下工作：

1）用节点位移表示单元位移，即 $\{\mathbf{f}\}=[\mathbf{N}]\{\boldsymbol{\delta}\}^e$。

2）通过几何方程用节点位移表示单元应变，即 $\{\boldsymbol{\varepsilon}\}=[\mathbf{B}]\{\boldsymbol{\delta}\}^e$。

3）通过物理方程用节点位移表示单元应力，即 $\{\boldsymbol{\sigma}\}=[\mathbf{S}]\{\boldsymbol{\delta}\}^e$。

4）通过最小势能原理用节点位移表示节点力，即$\{\mathbf{R}\}^e=[\mathbf{K}]^e\{\boldsymbol{\delta}\}^e$。

3. 总体结构合成

1）分析整理各单元刚度矩阵，按照总体节点进行各单元刚度矩阵的迭加，形成总体刚度矩阵，并建立以总体刚度矩阵为系数的线性方程组$\{\mathbf{R}\}=[\mathbf{K}]\{\boldsymbol{\delta}\}$。

2）对线性方程组进行边界条件处理，及线性方程组的处理，求解处理后的方程组，求得节点位移，再由$\{\boldsymbol{\sigma}\}=[\mathbf{S}]\{\boldsymbol{\delta}\}^e$求得单元应力。

有限元法是先将连续体划分为由有限个单元组成的离散化模型，然后对该模型求出数值解答。它解决问题的途径是物理模型的近似，而在数学上则不作近似处理。有限元法物理概念清晰，通用性与灵活性兼备，能灵活妥善处理各种复杂的问题。

六、CAE 技术的发展趋势

CAE 软件是一种集多种科学与工程技术于一体的综合性、知识密集型产品，它们随着科学技术的迅速发展，互联网技术的普及和全球信息化的兴起，将有一个新的大发展。不仅 CAE 软件的功能会进一步扩充，其性能也会进一步提高，而且伴随网络化、智能化，特别是多媒体和虚拟现实技术的发展，用户界面将会有全新的变化。可从三方面预测 CAE 技术与软件的发展趋势。

1）功能、性能与软件技术采用最先进的优良技术，吸纳最新的科学知识和方法。扩充 CAE 软件的功能，提高其性能，仍然是 CAE 软件开发商的主攻目标，这是他们的产品持续占有市场、求得生存和发展的根本。主要的发展变化表现在真三维图形处理与虚拟现实，面向对象的工程数据库及其管理系统，多相多态介质耦合、多物理场耦合以及多尺度耦合分析，适应于超级并行计算机和机群的高性能 CAE 求解技术，集成化、属地化与专业化等。

2）多媒体用户界面与智能化。内容包括 GUI + 多媒体的用户界面、智能化用户界面等。

3）网络化与 CAD/CAE/CAM 网上专营店。CAE/CAM 的开发商和经销服务商将立足于全社会公用网络环境，建立专业化的虚拟网络服务平台，并开发适应于这类网络环境的 CAD/CAE/CAM 软件产品，创建 CAD/CAE/CAM 网上专营店，实施网上经销、网上培训与咨询服务，以及计算量大的软件网上运行，使开发商能够专心致志地扩充软件功能，提高其性能，使用户能够实现多专业、异地、协同、综合全面地设计与分析，实施工程与产品的创新。

现行 CAE 技术已经成熟，CAE 软件的可用性、可靠性和计算效率问题已经基本解决，在迅速普及的高性能计算机系统的支持下，CAE 软件应该成为工程技术人员实现其工程创新和产品创新的得力助手和有效工具。CAE 软件已经处在商品化时代，它们与 CAD/CAPP/CAM/PDM/ERP 等软件一起，已经成为支持工程行业和制造企业信息化的主要信息技术之一，并且已经形成一个包括研究、开发、营销、咨询、培训服务在内的应用软件产业，这是一个对工程和产品制造业的技术创新有重大影响的信息产业，它已经并会继续对国民经济的发展做出重要贡献。

第二节　典型的 CAE 软件功能简介

一、MSC /NASTRAN 软件分析功能简介

MSC 公司自 1963 年开始从事计算机辅助工程领域 CAE 产品的开发和研究，1969 年推出了其第一个 NASTRAN 版本。1971 年，MSC 公司对原始的 NASTRAN 做了大量改进，采用了新的单元库、增强了程序的功能、改进了用户界面、提高了运算精度和效率。该公司特别对矩阵运算方法做重大改进，推出了自己的专利版本：MSCN/ASTRAN。1989 年发布了改良的 MSC/NASTRAN 66 版本。该版本包含了新的执行系统、高效的数据库管理、自动重启动及更易理解的 DMAP 开发手段等新特点，使 MSC/NASTRAN 变得更加通用、更加易于使用。1993 年发布的 MSC/NASTRAN V68 版无论是在优化设计、热分析、非线性，还是在单元、单元库、数值计算方法及整体性能水平方面均较以往任何一个版本有了很大提高。当前版本为 MSC/NASTRAN V70.5，在非线性、梁单元库、h－p 单元混合自适应、优化设计、数值方法及整体性能水平方面又有了很大改进和增强。此外，MSC/PATRAN、MSC/NASTRAN 等 PC－NT 版的发布，以及以 MSC/NASTRAN for Windows、MSC/Working Model 等为代表的计算机中低端产品的不断扩大，将进一步满足日益增长的计算机用户需求。

(1) *静力分析* 包括具有惯性释放的静力分析和非线性静力分析功能。在静力分析中除线性外，MSC/NASTRAN 还可处理一系列具有非线性属性的静力问题，主要分为几何非线性、材料非线性及考虑接触状态的非线性、塑变、蠕变、大变形、大应变和接触问题等。

(2) *屈曲分析* 包括线性屈曲和非线性屈曲分析。线弹性失稳分析又称为特征值屈曲分析。非线性屈曲分析包括几何非线性失稳分析、弹塑性失稳分析、非线性后屈曲分析。

(3) *动力学分析* 功能包括正则模态及复特征值分析、频率及瞬响应分析、噪声分析等。

(4) *非线性分析* 包括几何非线性分析、材料非线性分析、非线性边界（接触问题）和非线性单元。此外，MSC/NASTRAN 还提供了具有非线性属性的各类分析单元，如非线性阻尼、弹簧、接触单位等。

(5) *热传导分析* MSC/NASTRAN 提供了广泛的与温度相关的热传导分析支持能力。基于一维、二维、三维热分析单元，MSC/NASTRAN 可以解决包括热传导、对流、辐射、相变、热控系统在内的所有热传导现象，并真实地仿真各类边界条件、构造各种复杂的材料和几何模型、模拟热控系统、进行热结构耦合分析。

(6) *空气动力弹性及颤振分析* 主要包括静态和动态气弹响应分析、颤振分析及气弹优化。

(7) *流—固耦合分析* 主要用于解决流体（含气体）与结构之间的相互作用效应。MSC/NASTRAN 中拥有多种方法求解完全的流—固耦合分析问题，包括流—固耦合法、水弹性流体单元法、虚质量法等。

(8) *多级超单元分析* 多级超单元分析是 MSC/NASTRAN 的主要强项之一，它适用于所有的分析类型。

(9) *高级对称分析* 针对结构的对称、反对称、轴对称或循环对称等不同特点，MSC/NASTRAN 提供了不同的算法，类似超单元分析、高级对称分析，可大大地压缩大型结构分析问题的规模，提高计算效率。

(10) *设计灵敏度及优化分析* MSC/NASTRAN 拥有强大、高效的设计优化能力，其优化过程由设计灵敏度分析及优化两大部分组成。

(11) *层次复合材料分析* 在 MSC/NASTRAN 中具有很强的复合材料分析功能，并有多种可应用的平面单元供用户选择，MSC/NASTRAN 的复合材料分析适用于所有的分析类别。

（12）平台支持　MSC/NASTRAN 具有广泛的平台适用性，可在个人计算机、工作站、主机、小巨型机等 50 种以上的通用和专用计算机不同的操作系统下高效运行。

（13）MSC/NASTRAN 相应产品与 CAD/CAM 软件的接口　MSC 的主要解算产品 MSC/NASTRAN 等采用统一的数据管理模式，其输入、输出格式及结果数据可作为中性文件被所有的 CAD/CAE/CAM 和相关软件快捷地移至不同平台上（从个人计算机、工作站到巨型机）任意读取不受所用软件的版本限制。可与 Autodesk MDT、Solidedge、Solidworks 等连接运行，同时通过专门接口访问 Pro/Engineer、CATIA 等其他 CAD/CAM 系统。

二、ANSYS 软件分析功能简介

ANSYS 是由美国 ANSYS 公司开发的，它能与多数 CAD 软件接口，可实现数据的共享和交换，它是经典的 CAE 工具，在现代产品设计中已广泛使用。

该软件主要包括前、后处理模块和分析计算模块三部分。前处理模块提供实体建模及网格划分工具，以便用户构造有限元模型；分析计算模块包括结构分析、流体动力学分析、电磁场分析、声场分析、压电分析以及多物理场的耦合分析，可模拟多种物理介质的相互作用，具有灵敏度分析及优化分析能力；后处理模块可将计算结果以彩色等值线等图形方式显示出来，也可将计算结果以图表、曲线形式显示或输出。

（1）前处理　ANSYS 提供了一个强大的实体几何建模及网格划分工具，用户可以方便地构造三维几何模型及有限元模型。几何建模采用了两种可交叉使用的实体建模方法，自顶向下或自底向上；采用基于 NURBS 的三维实体描述法，几十种图素库可以模拟任意复杂的几何形状，强大的布尔运算实现模型的精雕细刻，方便地拖拉、旋转、复制、缩放、倒角等，大大减少了建模时间。网格划分提供了多种方法，可实现对网格密度及形态的精确控制。其中，拉伸网格划分可以由二维单元直接拖拉成三维单元；智能自由网格划分可对复杂模型直接划分，而对单元的密度进行智能控制；映射网格划分可以生成整齐的四边形或六面体网格，而且单元尺寸及形状可以得到最精确的控制；自适应网格划分是指用户指定求解的精度，指导软件自动生成有限元网格，执行分析和计算网格的离散误差，返回来重新自动定义网格大小，进行分析和误差判定，直到达到要求为止。ANSYS 提供了参数化设计分析语言，可以将几何模型及有限元模型参数化，进行产品的系列设计与分析。

（2）结构分析　其功能包括了线性静力分析、结构非线性分析、结构动力学分析、线性及非线性屈曲分析、拓扑优化功能及断裂力学分析、复合材料分析、疲劳及寿命分析、压电分析等。

（3）热分析　可以进行传导、对流、辐射的稳态及瞬态热分析，还可以分析带相变、接触热阻、带内热源等问题。

（4）高度非线性结构动力分析　ANSYS 模块是一个通用显示非线性动力学分析模块，可以求解二维、三维非线性结构的高速碰撞、爆炸和金属成型等接触非线性、冲击载荷非线性和材料非线性问题。

（5）流体动力学分析　ANSYS 基于质量守恒、动量守恒和能量守恒，求解流场速度、压力、温度分布等参数。

（6）电磁场分析　可对静磁场、时变磁场及交流磁场、静电场及交流电场、电路、电路磁场耦合、高频磁场等进行分析。

（7）声学分析　可用于分析声波在容器内流体介质中传播、声波在固体介质中传播以及水下结构的动力分析等。

(8) *压电分析* 用于分析二维或三维结构与交流、直流和随时间任意变化的电流或载荷的响应。分析类型包括静态分析、模态分析、谐波响应分析、瞬态响应分析等。

(9) *后处理功能* ANSYS 提供了强大的后处理功能，使用户很方便地获得分析结果，包括彩色云图、等值线（面）、梯度、矢量、粒子流、切片、透明显示、变形及动画显示，图形的 BMP、PS、TIFF、HPGL、WMF 等格式的输出与转换，计算结果的排序、检索、列表及数学运算，管、肘形弯管、梁、板、磁源等单元的实际形状和横截面显示等。

三、I - DEAS 软件分析功能简介

I - DEAS 是美国 SDRC（Structural Dynamics Research Corporation）公司自 1993 年推出的新一代机械设计自动化软件，也是 SDRC 公司 CAD/CAE/CAM 领域的旗舰产品，并以其高度一体化、功能强大、易学易用等特点而著称。I - DEAS Master Series 5 于 2003 年 6 月 20 日在美国首次展示，其最大的突破在于 VGX 技术的面市，极大地改进了交互操作的直观性和可靠性。另外，该版本还增强了复杂零件设计、高级曲面造型以及有限元建模和耐用性分析等模块的功能。由于 SDRC 公司早期是以工程与结构分析为主逐步发展起来的，所以工程分析是该公司的特长。SDRC 公司近期还集中了优势力量大力加强数控加工功能的开发。下面对其功能作简要介绍。

(1) *仿真解算* 仿真解算模块包括仿真顾问、线性求解器、模态响应、优化等四部分。仿真顾问是内置的专家系统，用于指导用户完成有限元建模、模型求解、结果解释；线性求解器用于线性结构、热场和流场的分析，包括验证分析模型，对流、辐射、热生成等线性稳态传递分析，结构的静态及自由和约束模态分析；模态响应应用于结构的频率及瞬态响应分析、热能流分析、特征值屈曲分析、再起动分析；优化用于分析结果改进设计，包括设计目标优化、物理特性优化、材料特性优化及设计几何形状优化。

(2) *非线性求解器* 非线性求解器支持几何非线性、材料非线性，面面接触问题及它们组合的分析，支持加载自动步长控制和弯曲分析等复杂问题。

(3) *电子系统冷却仿真* 此模块是 I - DEAS 针对电子产品结构进行分析的一种专用模块，可以对小到单个元器件、芯片组、散热片、线路板，大到完整的电子系统进行分析。

(4) *复杂热交换仿真* 该模块是一个快速、精确地分析复杂热场问题的有力工具。用它可进行稳态和瞬态热分析。

(5) *注塑冷却仿真* 为解决模具设计中遇到的诸如浇注塑料的流动、冷却等问题而提供的分析模块，既可进行模具和环境的交互仿真，也可对浇注模具过程中塑料的流动、冷却进行分析。

(6) *产品寿命预测* 应用产品寿命预测模块可以根据力、转矩、加速度和位移评估产品的动态响应，根据各种载荷分析产品的强度安全系数和疲劳安全系数，进而评价产品寿命。

(7) *振动噪声仿真* 利用边界元、有限元和无限元分析耦合场噪声或非耦合场噪声，解决内部空腔和外部声介质的声场问题，从而预测声音对机械零件结构性能的影响及结构振动噪声的产生。

(8) *叠层复合材料* 通过软件计算或外部输入获得叠层复合材料性质，计算各种情况下的载荷。利用正交各向异性或各向异性壳单元和正交各向异性实体单元进行分析。用轮廓、准则、箭头方式分层显示应力、应变、失效系数和层内剪切应力。用 $x-y$ 曲线显示与厚度相关的应力、应变。

(9) 材料特性数据系统　I－DEAS 提供丰富的材料库，以供设计、分析和加工时确定，供修改和显示材料的机械、热、流动等特性信息时使用。

(10) 数据接口　目前分析的问题越来越复杂多样，分析软件不仅要加强仿真分析功能，而且要有良好的开放性。SDRC 公司一方面发展 I－ DEAS 软件本身以提高分析能力和扩大应用范围；另一方面开发了许多专业接口，同时与 20 多家专业分析公司建立了合作关系。

第三节　CAE 在工程中的应用

一、CAE 中的优化设计技术

1. 优化设计简介

优化设计是在计算机广泛应用的基础上发展起来的一项设计技术。优化设计提供了一种逻辑方法，它能在所有可行的设计方案中进行最优的选择，在规定条件下得到最佳设计效果。其原则是寻求最优设计，其手段是计算机和应用软件，其理论是数学规划法。目前，优化设计方法已广泛地应用于各个工程领域，如在机械零部件和产品的设计中，求满足使用性能基础上的最佳结构。实践证明，采用优化设计极大地提高了科研、生产的设计质量，缩短了设计周期，节约了人力、物力，具有显著的经济效益。优化设计作为一种先进的现代设计方法，已成为 CAE 技术的一个重要组成部分。优化设计一般包含三个要素，即优化设计的目标函数、设计变量和约束条件。

(1) 设计变量　在设计中，可以用一组对设计性能指标有影响的基本参数来表示某个设计方案。这些设计参数可划分为两类：一类可以根据客观规律或具体条件预先确定的参数，称为设计常量，如材料的力学性能，机器的工况系数等；另一类是在设计过程中不断变化，需要在设计过程中进行选择的基本参数，称为设计变量，如几何尺寸、速度、加速度、温度等。

(2) 目标函数　优化设计的目的，就是在多种因素下寻求一组最满意、最适宜的设计参数。目标函数是指根据特定目标建立起来的、以设计变量为自变量的一个可计算的数学函数。它是设计方案评价的标准。

优化设计的过程实际上是求目标函数极小值或极大值的过程，而求目标函数极大值的问题可转化为求目标函数极小值的问题。为了算法和程序的统一，优化设计数学模型中通常规定求目标函数的极小值。故目标函数可统一描述为

$$\min F(x)=F(x_1,\ x_2,\ \cdots,\ x_n)$$

如果优化问题只有一个目标函数，称为单目标优化，如果优化问题有几个目标函数，则称为多目标优化。

(3) 约束条件　在实际问题中，设计变量不能任意选择，必须满足某些规定功能和其他要求。为产生一个可接受的设计，设计变量本身或相互间应该遵循的限制条件，称为约束条件。约束条件一般可表示为设计变量的不等式约束函数形式和等式约束函数形式两种，如

$$f_i(x)=f_i(x_1,x_2,\cdots,x_m)\leqslant 0\ \text{或}\ f_i(x)=f_i(x_1,x_2,\cdots,x_m)\geqslant 0\qquad i=1,2,\cdots,m$$

$$g_j(x)=g_j(x_1,x_2,\cdots,x_l)=0 \quad j=1,2,\cdots,l$$

2. CAE 中的优化设计方法

在保证产品达到某些性能目标并满足一定约束条件的前提下，通过改变某些允许改变的设计变量，使产品的指标或性能达到最期望的目标，这就是优化方法。例如，在保证结构刚强度满足要求的前提下，通过改变某些设计变量，使结构的重量最轻，这不但使得结构耗材上得到了节省，在运输安装方面也提供了方便，降低运输成本。再如改变电器设备各发热部件的安装位置，使设备箱体内部温度峰值降到最低，这是一个典型的自然对流散热问题的优化实例。在实际设计与生产中，类似这样的实例不胜枚举。

优化作为一种数学方法，通常是利用对解析函数求极值的方法来达到寻求最优值的目的。基于数值分析技术的 CAE 方法，显然不可能对优化的目标得到一个解析函数，CAE 计算所求得的结果只是一个数值。然而，样条插值技术可使 CAE 中的优化成为可能，多个数值点可以利用插值技术形成一条连续的可用函数表达的曲线或曲面，如此便回到了数学意义上的极值优化技术上来。样条插值方法是一种近似方法，通常不可能得到目标函数的准确曲面，但利用上次计算的结果再次插值得到一个新的曲面，相邻两次得到的曲面的距离会越来越近，当它们的距离小到一定程度时，可以认为此时的曲面可以代表目标曲面。那么，该曲面的最小值，便可以认为是目标最优值。以上就是 CAE 方法中的优化处理过程。一个典型的 CAE 优化设计过程通常需要经过以下的步骤来完成：

（1）*设置分析环境* 包括选择解算器，指定分析类型是结构分析、热分析或是模态分析等情况。

（2）*参数化建模* 利用 CAE 软件的参数化建模功能把将要参与优化的数据（设计变量）定义为模型参数，为以后软件修正模型提供可能。

（3）*准备分析模型* 对结构的参数化模型进行加载、指定边界条件、划分网格、指定网格材料属性、检查分析模型等。

（4）*执行分析* 把状态变量（约束条件）和目标函数（优化目标）提取出来供解算器进行优化参数评价。优化处理器根据本次循环提供的优化参数（设计变量、状态变量及目标函数）与上次循环提供的优化参数做比较之后确定该次循环目标函数是否达到了最小，或者说结构是否达到了最优，如果最优，则完成迭代，退出优化循环；否则，进行下一步。

（5）*分析与查看结果* 解算器进行求解计算后，将计算结果传送到后置处理器中，显示各类分析结果。根据分析结果和已完成的优化循环及当前优化变量的状态修正设计变量，重新投入循环，或退出分析系统。

二、CAE 应用实例

1. 齿轮的计算机辅助分析

（1）*使用 Pro/Engineer* 对如图 5-6 所示的齿轮进行参数化建模。设置使用单位为 mm-N-s（millimeter-Newton-second），选择齿厚、压力角、齿顶圆直径、齿轮轴直径等为设计变量。在工具栏中，选择“ANSYS 12.1”→“Workbench”命令，将 Pro/Engineer 文件导入 ANSYS Workbench，如图 5-6 所示。

（2）*ANSYS Workbench 初始化和材料指定* 在左侧工具栏中选择 Analysis Systems 中的 Static Structural，将其拖动到中间 Project Schematic 栏中，与已有的 Geometry 相关联，如图 5-7 所示。双击 Engineering Data，设置材料为 Structural Steel，密度为 $7850kg/m^3$，屈服强度为 250MPa，

泊松比0.3。

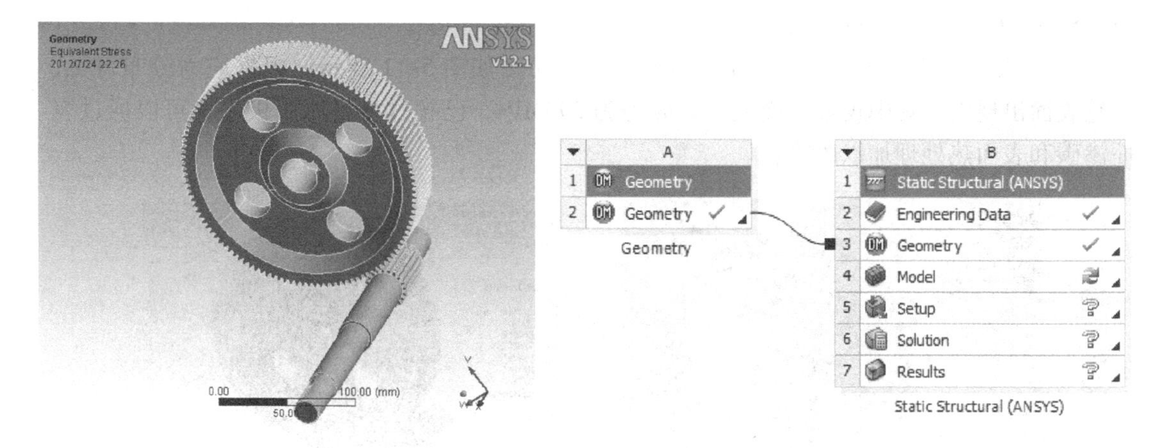

图5-6 齿轮几何模型　　　　图5-7 ANSYS Workbench初始界面

(3) ANSYS Workbench接触类型定义　两对齿（两组接触对）共有4个接触面，其接触方向应与齿轮运动方向相符，摩擦接触类型，摩擦系数为0.06，如图5-8所示。

(4) ANSYS Workbench网格定义　齿轮接触部分存在应力集中，该区域网格需要局部细化。在Project树上选择Mesh，选择“Insert”→“Contact Sizing”命令，Elements Sizing设置为1e-3m。定义好两组接触处的局部网格细化后，选择Mesh，然后选择“Generate Mesh”命令自动完成网格划分，如图5-9所示。

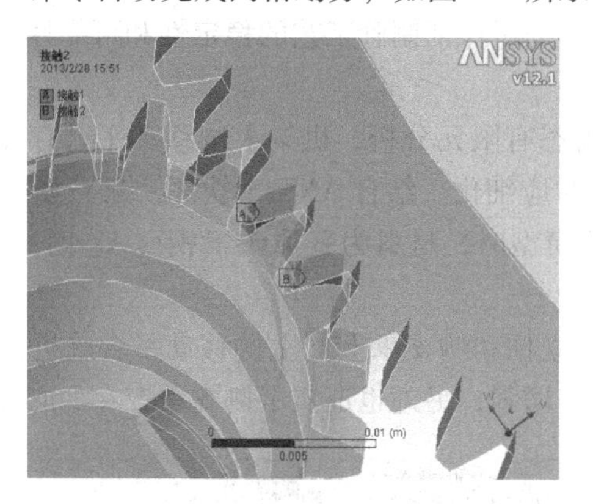

图5-8 接触类型定义

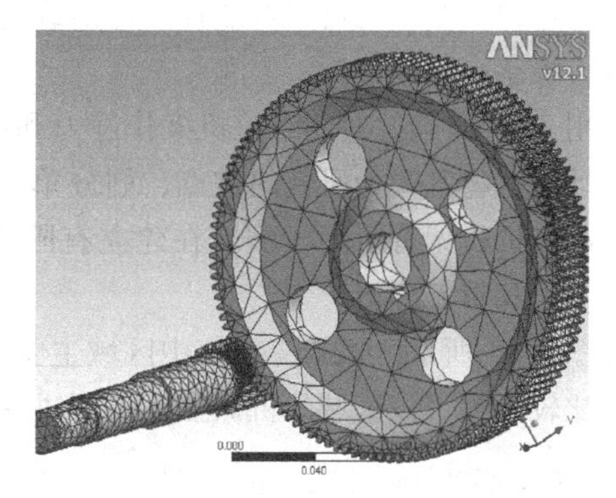

图5-9 划分网格

(5) 定义边界条件和载荷　大齿轮施加固定约束（Fixed Support），齿轮轴上施加圆柱约束（Cylindrical Support），即径向和轴向固定，切向具有自由度。在齿轮轴上有60N·m的转矩载荷。在Project树上选择Static Structural，选择“Insert”→“Fixed Support”命令，施加平面选择大齿轮内孔；选择“Insert”→“Cylindrical Support”命令，施加平面选择齿轮轴，Radial和Axial为fixed，Tangential为free；选择“Insert”→“Moment”命令，施加平面选择齿轮轴，大小为60N·m，注意施加载荷的方向和接触设置方向一致，如图5-10所示。

(6) 定义要计算的物理量　在Project树上选择Solution，选择“Insert”→“Stress”→

“Equivalent” 命令，同理选择 “Insert” → “Deformation” → “Total” 命令，选择 “Insert” → “Stress Tool” → “Max Equivalent” 命令。

（7）执行分析和查看结果　分析结果应力分布图如图 5-11 所示。根据应力分布可见，齿轮表面出现应力集中现象，最大等效应力为 299MPa，已超过材料屈服极限，可以通过表面渗碳和表面热处理加以改善。

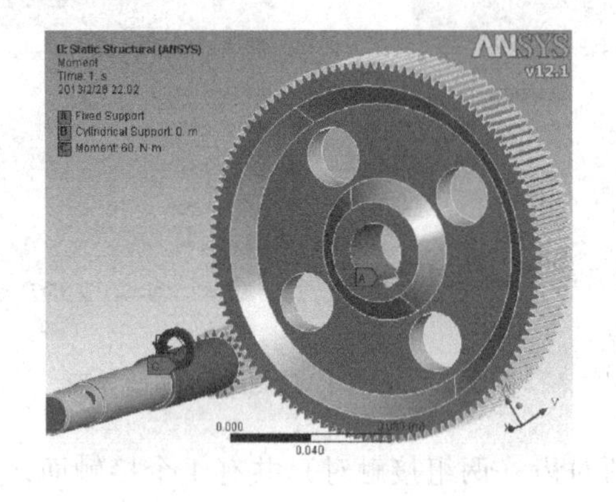

图 5-10　定义边界条件和载荷

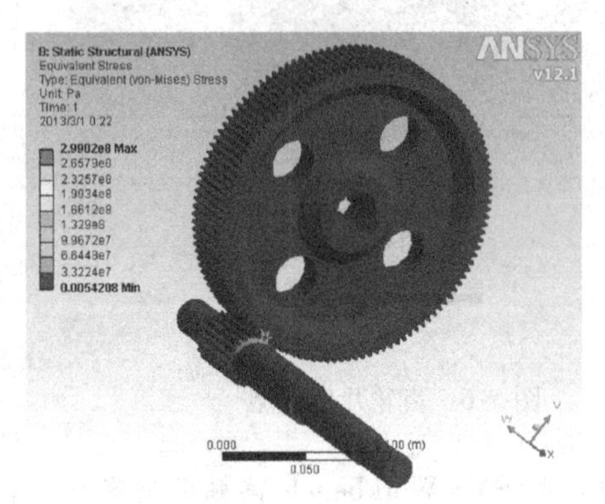

图 5-11　分析结果应力分布图

2. 径向挤压制管机机架的计算机辅助分析

径向挤压制管机适合于生产中小口径的混凝土排水管，生产的直径范围在 300 ~ 1200mm，通常可以生产的标准长度为 3.5m。某企业在该产品的研发过程中发现在径向挤压制管工艺过程中制管机机架可能存在冲击载荷，为了保证制管工艺的稳定性和可靠性，必须对其进行瞬态有限元分析。

采用 ANSYS 软件对制管机机架作静力和瞬态有限元分析，机架上侧移动平台存在电动机等振动源，将其视为研究的重点，划分单元时应细化。结合 ANSYS 软件，建立如图 5-12 所示的制管机机架有限元模型。在建立有限元模型时，材料为普通碳素钢（A2 钢），对模型进行静力和瞬态分析。

如图 5-13 所示，机架应力集中区域主要在立柱和侧支承上（上侧移动平台临近区域），和预期比较一致，该区域的机械强度需要进一步增强，另外也证实了侧支承存在的必要性。

图 5-12　制管机机架有限元模型

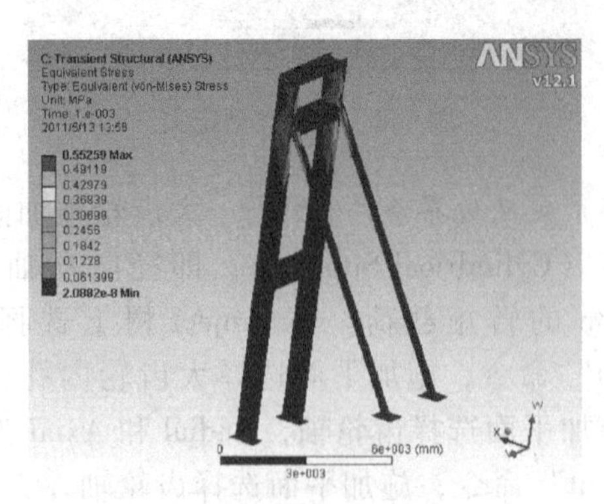

图 5-13　制管机机架有限元模型应力分布图

习题与思考题

1. 给出 CAE 的定义，叙述用 CAE 可解决哪些工程问题？
2. 有限元法解决工程问题时，单元的划分有哪些要求？
3. CAE 解决工程问题的基本过程分为哪几步？
4. 试述有限元法求解时，总体刚度矩阵组合的原理与过程。
5. CAE 的前置处理主要解决什么问题？
6. CAE 的后置处理的主要任务是什么？
7. 目前的商品化 CAE 软件中，主要有哪些功能？与 CAD/CAM 软件有何联系？
8. 优化设计的基本原理是什么？试举一工程实例加以说明。

第六章 计算机辅助工艺设计

计算机辅助工艺设计（Computer Aided Process Planning，CAPP）是制造业实现自动化的一个重要环节，它将产品数据转换成面向制造的指令性数据，起到了承上（产品设计）启下（零件加工）的作用，是连接 CAD 与 CAM 等应用系统的桥梁。本章从 CAPP 系统应用的角度，主要介绍 CAPP 的有关概念、CAPP 系统的信息输入、不同类型 CAPP 系统的原理与功能等。

第一节 CAPP 概述

CAPP 是以计算机为辅助手段，解决产品制造过程中存在的有关材料、工装、过程等工艺问题，它是 CAD 和 CAM 之间的过渡环节，具体描述了产品在整个生产过程中（包括零件加工、产品装配等）相关的条件和过程，是产品制造必不可少的重要组成部分。

一、CAPP 的分类与组成

CAPP 从其设计原理上可以分为派生式 CAPP 系统和创成式 CAPP 系统两大类。派生式 CAPP 系统利用零件结构的相似性，通过对系统中已有零件工艺规程的检索得到相似零件的工艺规程，并对此进行编辑修改。派生式系统是以企业现有的工艺规程为基础，同时让设计人员参与工艺的规划，充分发挥了人的主观能动性，是目前企业常用的系统。创成式 CAPP 系统是利用人工智能的方法，在知识库的基础上，通过相应的决策逻辑推理，创造性地解决工艺设计问题。创成式系统实现了工艺规程生成的自动化，减轻了工艺设计人员的工作量，但知识提取的困难、人工智能技术本身的不成熟和推理机构造的局限性，造成创成式 CAPP 系统远没有进入实用阶段。混合式 CAPP 系统是利用派生式系统的框架，在具体工艺设计的环节上采用创成式工艺生成的方法，充分利用工艺设计人员和计算机系统各自的优势，将派生式系统中的数据库检索、管理的优势，与创成式系统中针对某种特定零件工艺自动生成的优势集合在一起，在与企业制造资源联系比较紧密、计算机判断容易出错的地方，仍由设计人员进行交互处理，可以大大增加系统的运行效率。

无论何种 CAPP 系统，均由如图 6-1 所示的基本功能模块组成。

1. 零件信息的输入

零件信息可以分为文字信息和图形信息两种类型。文字信息的输入，一般采用直接从资源数据库中读取的方式，或采用人机交互方式进行输入和存储。图形信息的输入方式取决于 CAPP 与 CAD 系统的集成程度，采用计算机识别或人工识别的方法，将零件的图形输入到 CAPP 系统中来。目前常用的方法是零件图形的二次输入，即采用 OLE 技术，将 CAD 系统在 CAPP 工艺编辑窗口中定位激活，由工艺设计人员进行图形的绘制与编辑。

2. 系统的管理

系统的管理主要分为系统功能的管理和系统数据的管理。系统功能的管理包括用户权限与账号的管理、系统参数的设置、系统数据的备份等；系统数据的管理包括对各种制造资源数据和工艺知识进行维护与管理，如制造资源的添加、修改、删除、选择等，工艺知识的查询、添加、修改、存储等，为用户提供系统使用的方便。

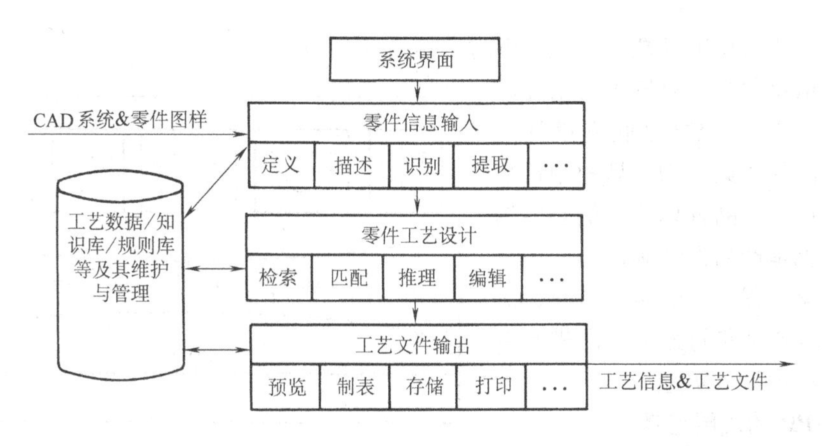

图6-1　CAPP系统组成

3. 零件工艺设计

工艺设计模块的主要功能是生成零件的工艺文件。一般分为两个层次，一是零件的主干工艺路线的生成，即确定零件加工的工艺规程；二是零件加工工序中工艺参数的制订，在零件工艺规程的基础上，具体确定每一道工序的切削参数、机床刀具、工装模具、管理参数等。工艺设计人员可以借助于系统提供的各种资源信息编制出与企业状态相符合的工艺文件。

4. 工艺文件输出

工艺文件的输出有两种形式，一种是采用纸介质文档的形式（包括机械加工及装配工艺路线卡、机械加工及装配工序卡、工艺简图等），按照标准格式进行预览并打印输出；另一种是采用电子文档的形式（包括工艺简图、数控加工程序等），直接作为机床的加工参数，输出到CAM系统中去。

5. 系统界面

系统界面是工艺设计人员的工作平台，系统主界面上一般有系统的各种下拉菜单，或其他形式的菜单，各种功能的实现均在菜单或对话框中进行，其中包括系统菜单、工艺设计界面、系统及数据库管理界面、工艺文件的预览界面等。系统界面是否友好，直接影响到系统的工作效率和企业的接受程度。

二、CAPP与制造业信息化

制造业信息化是从整个企业设计制造的全过程来规范和管理企业的设计、制造、管理、销售等各种信息，它的目标是实现制造业设计制造全过程的无纸化。在制造业信息化工程中，CAPP系统起着非常重要的作用，主要表现在：

（1）*建立产品和零件制造的工艺过程文件*　具体规定产品在形成过程中有关的条件、状态、过程等参数，描述零件的加工过程以及应达到的质量标准，使工艺文件规范化、标准化。

（2）*替代工艺设计人员的手工操作*　将其从繁杂的手工编写、查阅资料、绘制简图等工作中解脱出来，将精力放在工艺设计、工艺经验的积累、工艺知识的应用上，有效地提高企业的制造工艺水平。

（3）*规范产品制造工艺*　使工艺信息计算机化，为制造业信息化提供基础条件；同时可实现工艺参数等信息的数字化，提高工艺设计信息的共享与重用水平。

（4）*使各种优化决策方法的实现成为可能*　为工艺设计人员提供决策支持，包括工艺路线决策的优化、切削参数的优化及工时定额的确定等。

制造业信息化与 CAPP 的关系如图 6-2 所示，CAPP 系统既是联系设计阶段和制造阶段的桥梁，为产品的制造装配、成本核算、产品管理等提供必要的基础数据，也是产品设计制造阶段以及制造业信息化工程实施的瓶颈所在，需要加大对 CAPP 研究的力度，促进制造业信息化工程的早日实施。

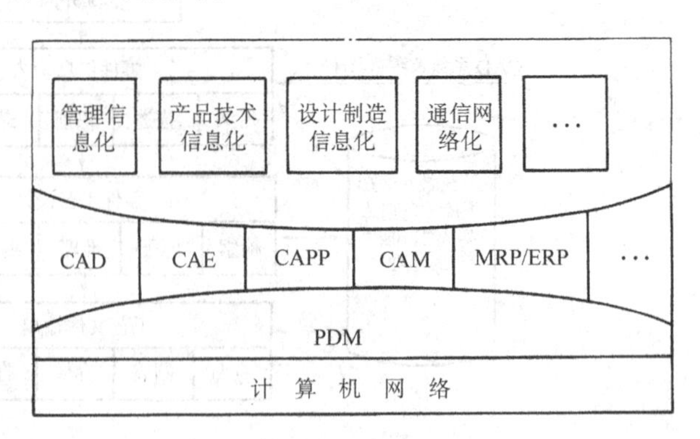

图 6-2　制造业信息化与 CAPP

三、CAPP 的发展趋势

CAPP 技术作为制造业信息化的重要组成部分，是产品制造信息的集成地，也是先进制造系统的重要支撑技术之一。CAPP 系统作为产品设计/制造一体化的桥梁，是 CAD/CAM 系统与 PDM、MRP、ERP 等其他企业管理软件实现集成的关键，是企业管理信息化的基础。近年来，随着计算机集成制造系统（CIMS）、并行工程（CE）、智能制造系统（IMS）、虚拟制造系统（VMS）、敏捷制造（AM）等先进制造系统的发展，对 CAPP 技术从应用的广度与深度上，都提出了更高、更新的要求。

1. 集成化

由于 CAPP 是 CIMS 各子系统信息汇集处，是实现 CAD/CAM 真正集成的关键环节，所以集成 CAPP 系统是发展的必然趋势。CAPP 集成化的基础是 CAPP 的信息集成，开放式结构、分布式网络和数据库系统是 CAPP 集成化应用的支撑环境。

2. 智能化

CAPP 的智能化，指的是人工智能技术（AI）和专家系统技术（ES）在 CAPP 中的应用。工艺设计是一个典型的复杂工程问题，在很大程度上依赖于具体制造资源和设计者的经验和技巧。专家系统技术可以灵活和有效地处理工艺决策和领域专家知识。模糊理论和人工神经网络技术与专家系统有机结合，使得 CAPP 系统更具柔性，能处理更为复杂的工艺过程设计问题。

3. 并行化

并行 CAPP 是以并行设计理论为指导、在集成化和智能化的基础之上进一步发展起来。并行设计是并行工程（CE）的核心内容。在并行设计模式中，工艺设计的各个子过程是并行工作的，它强调在产品设计的同时，考虑与制造相关的各种因素，尽早发现设计中存在的与制造相关的问题，一旦发现问题及时反馈，以保证产品的可制造性。

4. 网络化

网络化 CAPP 着重强调的是数据交换和资源共享。随着计算机集成制造系统、敏捷制造和虚拟制造等新模式的出现，现代企业已越来越趋向于群体化、协作化和国际化。因此，建立在开放式、分布式的 CAPP 系统体系结构、支持动态工艺设计的数据模型、支持开发工具的功能抽象方法和信息抽象方法、统一数据结构以及协同决策机制和评价体系、规范、方法等方面的研究已成为 CAPP 技术发展的主要趋势。

5. 人机一体化

人机一体化就是在人与计算机组成的系统中，采取以人为中心、人机一体的技术路线，人与计算机平等合作，各自完成自己最擅长的工作。人类智能与人工智能相互补充，以合理的代价实现较高的智能，进而达到甚至超过人的能力乃至智能的水平。人机一体化 CAPP 系统就是基于“以人为中心的人机一体化”的思想，将人工智能和人类智能结合起来，由此开发 CAPP 系统。

纵观 CAPP 发展的历程，可以看到 CAPP 的研究和应用始终围绕着两方面的需要而展开：一是不断完善自身在应用中出现的不足；二是不断满足新的技术、制造模式对其提出的新的要求。因此，未来 CAPP 的发展，将在应用的范围、应用的深度和水平等方面进行拓展。

第二节　CAPP 系统中零件信息的描述与输入

CAPP 系统中的信息描述主要是指：当 CAPP 系统进行工艺设计时，需要被设计零件的各种信息，无论这些零件信息的初始状态如何，均需要计算机进行标识与存储。针对 CAD 系统的应用现状，通过人机交互输入零件信息的方式已成定局，研究出一种工艺设计人员可以接受的、快捷合理的信息描述与输入模式，是 CAPP 系统能否推广应用的关键所在。

CAD 系统提供的信息有两种类型：一种是采用文字方式表达的技术及管理信息；另一种是采用图形和数字表达的零件几何信息。前者是显式的，可以直接存储在系统的基础信息库中，并能在 CAPP 系统需要时提取。后者是作为 CAPP 系统功能的操作对象出现的，需要经过语义转换才能进行存储。

一、CAPP 系统零件信息的描述

零件信息包括总体信息（如零件名称、图号、材料等）、几何信息（如结构形状）和工艺信息（尺寸、公差、表面粗糙度、热处理及其他技术要求）等。CAPP 系统零件信息的描述就是如何对产品或零件进行表达，让计算机能够“读懂”零件图，即在计算机中必须有一个合理的数据结构或零件模型来对零件信息进行描述。

从一般意义上讲，零件信息的描述方法是：采用数字、文字或图形对零件的信息进行定义，这种定义实质上是对 CAPP 系统中的零件进行标识，然后采用链式或树式迭加方法将标识信息组合起来，形成 CAPP 系统识别的零件信息。其主要方法有：数字编码描述法、语言文字描述法和几何特征图形描述法等。

1. 数字编码描述法

数字编码描述法是在成组技术（Group Technology，GT）的基础上，采用数字对零件各有关特征进行描述和识别，并建立一套特定的规则和依据组成的分类编码系统的方法，按照该分类编码系统的规则描述零件的过程就是对零件进行编码。零件编码的目的是将零件图上的信息代码化，使计算机易于识别和处理。比较著名的编码系统有德国 Aachen 大学的 OPITZ 系统和我国的 JLBM－1 系统等。

JLBM－1 系统是原机械工业部颁发的机械零件分类编码系统（JB/Z251—1985），它是由零件名称类别码、形状及加工码、辅助码所组成的 15 位分类编码系统，每一码位用 0～9 十个数字表示不同的特征项。图 6-3 所示为 JLBM－1 编码系统的基本结构。图 6-4 所示为采用该编码系统对零件的编码。

采用编码对零件的信息进行描述，只能描述到零件的类型，不能描述到零件的具体信息（如零件上具体结构的位置、零件的几何尺寸、零件的精度信息等），同时由于编码比较长，工艺设计人员很难记住编码的定义，需要借助于计算机的编码词典。该方法一般用于大批

量、系列产品的企业。

2. 语言文字描述法

语言文字描述法是采用语言对零件各有关特征进行描述和识别，并建立一套特定的规则组成的语言描述系统的方法。该方法的关键是开发一种计算机能识别的语言（类似于C语言、AutoLISP语言等）来对零件信息进行描述，或者是建立一个语言描述表，用户采用这种语言规定的词汇、语句和语法对零件信息进行描述，然后由计算机编译系统对描述结果进行编译，形成计算机能够识别的零件信息代码。

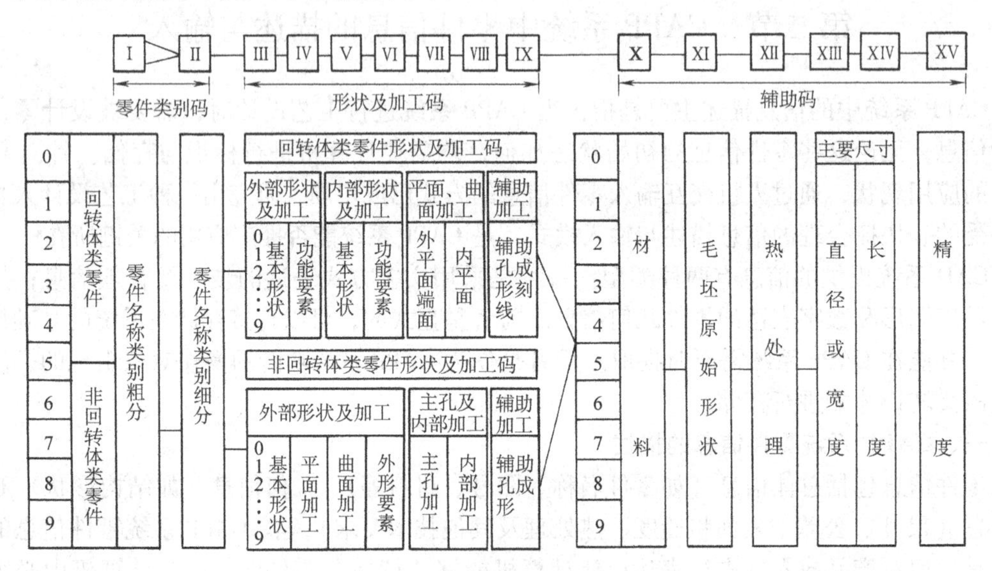

图6-3　JLBM-1编码系统的基本结构

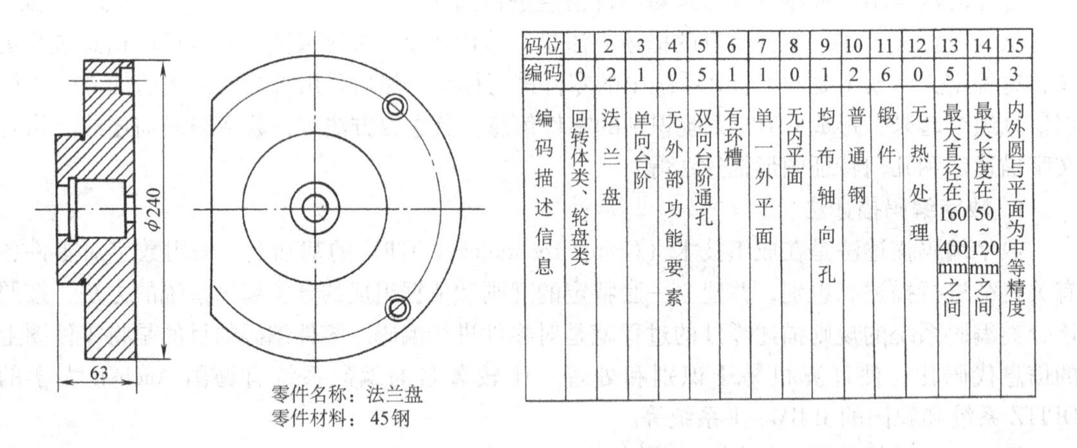

码位	1	2	3	4	5	6	7	8	9	10	11	12	13	14	15
编码	0	2	1	0	5	1	1	0	1	2	6	0	5	1	3
编码描述信息	回转体类、轮盘类	法兰盘	单向台阶	无外部功能要素	双向台阶通孔	有环槽	单一外平面	无内平面	均布轴向孔	普通钢	锻件	无热处理	最大直径在160~400mm之间	最大长度在50~120mm之间	内外圆与平面为中等精度

图6-4　示例零件及其编码

采用语言文字对零件的信息进行描述，与分类编码描述方法类似，它是一种间接的描述方法，对几何信息的描述只停留在特征的层面上，同时需要工艺设计人员学习并掌握一门专用语言。因此，这种方法逐步被其他方法淘汰。

3. 特征信息描述法

特征信息描述法是采用经过定义的特征（包括几何特征、技术特征等）对零件进行描述，并建立一套主要由图形迭加规则组成的特征描述系统的方法。这种方法的基本思想是按照零件加工过程中所形成的零件型面来定义零件的几何特征，并在这些型面特征中关联相应的工艺信息（包括零件的精度、材料、热处理等技术要求）作为技术特征，以几何特征信息集的形式对零件进行描述。采用特征信息描述零件最主要的环节是让工艺设计人员理解特征（尤其是几何特征）的建立规则和特征信息的迭加方法。

几何特征是零件几何要素的组合，具有相对独立性。零件的加工过程实际上是各种几何面的成形过程，各种面的大小决定了零件的几何尺寸，它们之间的相对位置则决定了零件的形状要求。目前常用的特征分类方法是将零件按照几何面分解，进而采用它们加工的最小单元组合作为特征，这种分类方法比较容易实现特征级的工艺生成，却大大提升了零件及工艺生成的难度，且不利于输入过程中几何特征的识别与提取。

在传统的零件分类方法的基础上，以特征输入、特征及零件工艺生成难度最小作为目标，将决定零件加工主干工艺路线、描述零件主要轮廓的部分确定为基本特征，零件的基本特征是加工中首先成形的形状。将描述零件细节结构的部分确定为附加特征，零件的附加特征一般需要增加工序或至少是增加工步才能形成，即零件需要重新装夹或重新换刀才可加工。零件的基本特征分为回转件的轴类和盘类、非回转件的箱体类、支架类、块类、板类和杆类计七大类，如图6-5所示。

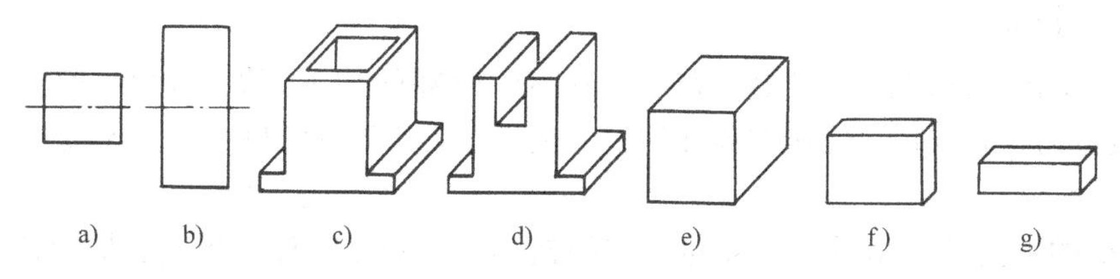

图6-5　主特征示意图

零件的附加特征由基准线（面）和要素面两部分组成。基准线（面）的形成是工艺规程中首先考虑的工序，要素面的相对位置以基准线（面）为参照系。附加特征有齿、孔、键、螺纹、槽、筋、倒角、滚花、型腔、平面等十大类组成，如图6-6所示。附加特征的基准线（面）是制订工序的重要依据之一。

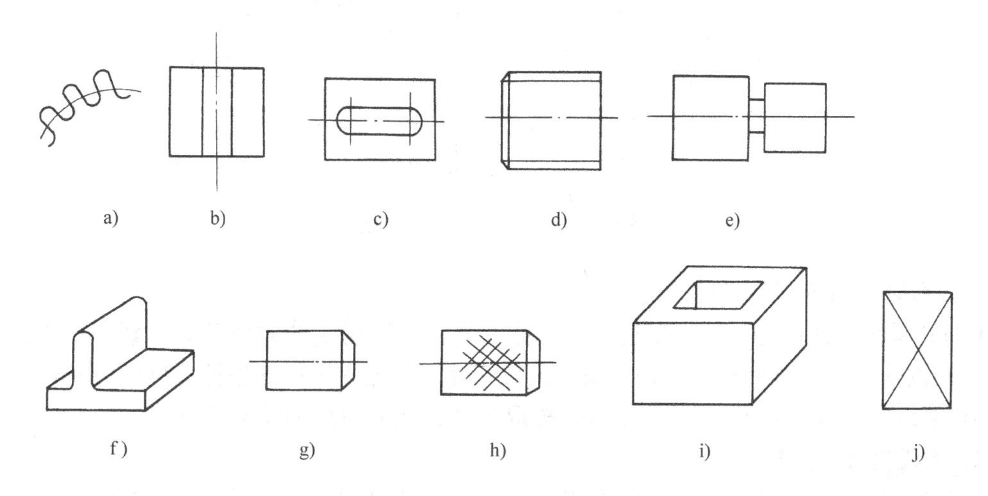

图6-6　附加特征示意图

根据上述分类原理，零件的几何特征组成可以表示成为 BAS（one Base feature and Affixation featureS）模型，则任何零件均由一个基本特征和若干个附加特征组合而成，即

$$T = Tb_i + \sum_{j=1}^{10} (1 - \lambda_j) Ta_j \qquad (i = 1, \cdots, 7)$$

式中，T 为零件的几何形状；Tb_i 为基本特征；Ta_j 则附加特征；λ_j 则根据零件中附加特征选取，当零件中存在某一种附加特征时，$\lambda_j = 0$；当零件中不存在某一种附加特征时，$\lambda_j = 1$。

（1）特征之间的关系　从工艺生成的角度看，特征之间的关系主要有：

1）包容关系：指某一特征是其他特征的载体，如基本特征与附加特征的关系，附加特征之间也可存在包容关系。

2）阵列关系：指同种类特征之间、相同基准的相互位置关系，这种关系一般对工艺生成不产生影响。

3）并列关系：指不同种类特征之间相同基准的位置关系，它影响到工序内工步的设计。

（2）“BAS”特征模型具有的特点

1）以基本特征为主体的特征分类方法，排除了主干工艺路线的多义性，它将零件工艺生成问题转换为特征工艺生成，并经过简单的迭加即可形成的工艺组合问题，降低了主干工艺路线决策的难度。

2）继承了传统的零件工艺生成方法，从零件轮廓的加工开始，逐步细化到具体的结构，可以很容易将企业现存的典型零件的工艺规程作为系统的实例，工艺人员易于掌握，并易于操作。

3）特征的工艺具有相对独立性和工艺的迭加性，对于存储、识别、提取均比较方便，有利于实现与其他应用系统的集成。

采用特征信息描述法对图 6-4 所示零件描述的结果如图 6-7 所示。

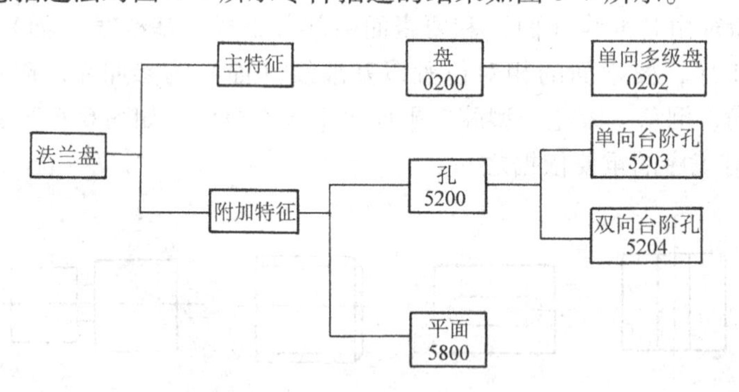

图 6-7　法兰盘特征信息描述

二、CAPP 系统零件信息的输入

CAPP 系统零件信息的输入是指采用何种方式将所描述零件的信息输入到 CAPP 系统中去。常用的输入方式有两种：一种是采用人机交互方式输入零件的各种信息；另一种是通过与 CAD 系统的集成，从 CAD 系统中直接提取零件的几何信息和技术信息。

1. 人机交互信息输入

人机交互信息输入是指采用上述的描述方法，由工艺设计人员通过计算机键盘等输入设

备，从系统的输入界面窗口中进行零件信息输入的一种方式。目前商品化 CAPP 系统对 CAD 系统零件的信息处理方式有：不保留 CAD 系统的零件信息，只是一次性利用该信息；部分保留 CAD 系统的零件信息，对一些具有明显加工特征的几何图形进行提取和应用；采用零件信息编码系统对输入零件进行编码输入等方法。这些方法不是缺少完整的零件工艺信息而无法实现工艺的创成，就是信息输入的过程十分复杂，输入方法不实用，而使工艺人员难以接受。

现介绍一种以特征技术为基础，概念提取为操作手段，PDM 资源数据库为信息支持的人机交互输入方法，如图 6-8 所示。其原理是保留工艺设计人员长期形成的对零件的分类规范，将零件的几何特征按照这种规范进行分类，在此基础上，建立以几何特征为信息柄的工艺信息集，存放于 PDM 系统的基础资源数据库中。当信息输入时，工艺设计人员从零件图中提取有限的几何特征作为工艺特征信息柄，即可完成 CAD/CAPP 系统间通过概念进行的信息迁移与转换。

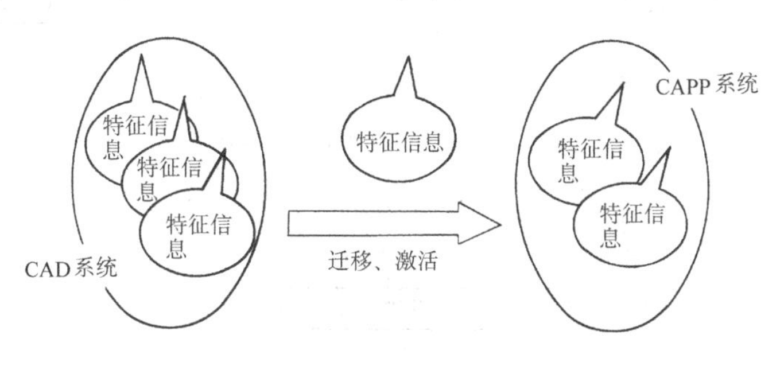

图 6-8　概念化特征输入

从人的记忆规律分析，将工艺设计人员熟悉的几何特征制成相关工艺信息集的信息柄，进行概念化零件图工艺信息的识别与提取，使得 CAPP 系统的信息输入具有下列特点：

1）从特征的概念入手，将围绕几何特征展开的工艺信息打包处理，并制作成信息柄，采用信息柄进行信息的激活与传递，提高了 CAPP 系统信息输入的准确性。

2）CAD/CAPP 系统之间信息传递的主要手段是信息柄的迁移，这种迁移是以人为的概念约定以及 CAPP 系统的信息预制为基础，同时受到 PDM 资源数据库的支持，便于进行信息输入的扩充。

3）工艺特征信息柄继承了传统的零件分类方法，它是工艺设计人员长期工作中形成的概念，比较容易接受，也便于工艺设计。

4）仅经过有限的几次信息提取，即可完整输入零件特征的全部信息，不仅输入的效率高，还适用于创成式工艺生成，以及基于内容的工艺匹配与查询。

概念化特征输入的实现过程如图 6-9 所示。CAPP 系统预置了表达各种几何特征的名称、尺寸、精度、基准等相关信息集，待工艺设计人员输入时在屏幕上点选，CAPP 系统将输入的信息存入数据库中。零件信息输入的数据流程如图 6-10 所示。

2. 从 CAD 系统中直接提取信息

从 CAD 系统中直接提取信息是指利用 CAD 系统中已有的信息，并直接提取到 CAPP 系统中来。这种提取一般在 PDM 系统平台上实现，需要 CAD 系统的输出接口。PDM 系统对文字信息的提取已经做了大量的工作，目前已能将 CAD 系统中零件图标题栏和装配图明细表中的信息统一存放在系统的资源信息库中，形成产品的设计 BOM。CAPP 系统只需要与 PDM 共用数据库，即可方便地从 BOM 中提取 CAD 系统的有关信息。

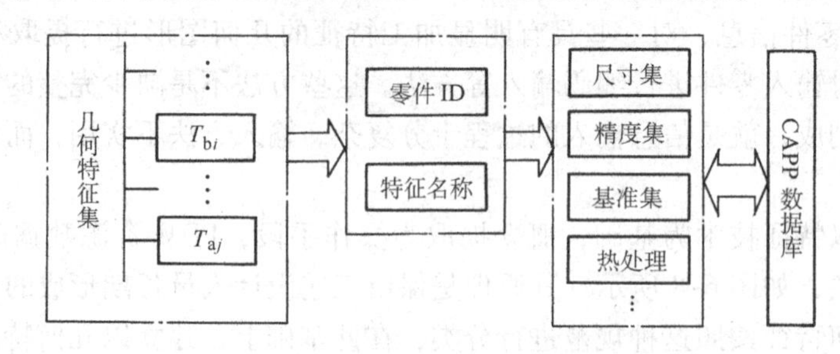

图 6-9　概念化特征输入的实现

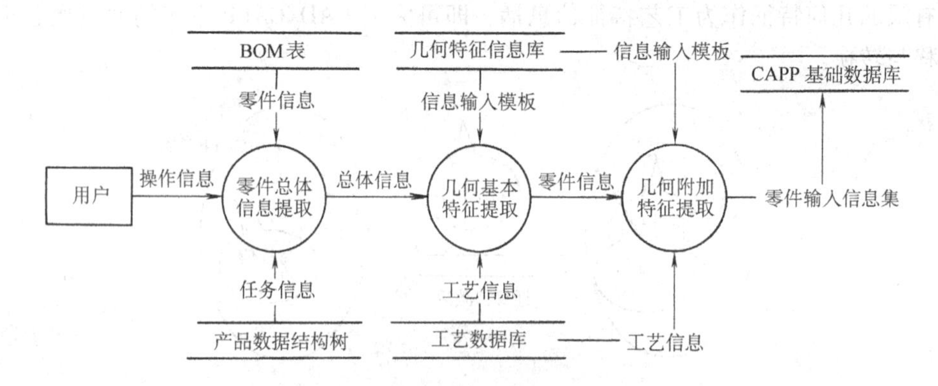

图 6-10　零件特征信息提取数据流图

图形表达的零件几何信息的提取涉及对 CAD 系统中几何图形的识别，即对 CAD 系统的输出图形进行分析，按一定的算法识别、抽取出零件的几何及工艺信息。这显然是一种理想方法，它无疑可以克服上述手工输入零件信息的种种弊端，实现零件信息向 CAPP、CAM 等系统的自动转换。由于目前采用的 CAD 系统中数据结构各异，既有二维图形，又有三维图形，要实现图形信息的有效提取非常困难。迄今为止，只在比较简单零件的识别上取得一些进展，在对复杂机器零件的自动识别上则一筹莫展，其主要原因是存在以下几个难点：

1）一般 CAD 系统都是以解析几何作为其绘图基础的，绘图的基本单元是点、线、面等要素，其输出的结果一般是点、线、面以及它们之间的拓扑关系等底层的信息。要从这些底层信息中抽取加工表面特征这样一些高层次的工艺信息非常困难。

2）在 CAD 的图形文件中，没有诸如公差、粗糙度、表面热处理等工艺信息，即使这些信息进行了标注，也很难将这些信息提取出来或找到这些信息与几何信息的内在联系。

3）CAD 系统种类繁多，其输出格式不但与绘图方式有关，更重要的是与 CAD 系统内部对产品或零件的描述与表达方式，即数据结构有关，即使 CAPP 系统能接收一种 CAD 系统输出的零件信息，也不一定能接收其他 CAD 系统输出的零件信息。

3. 基于产品数据交换规范（STEP 等）的产品建模与信息输入

实现 CAD/CAPP/CAM 的无缝集成，最理想的方法是为产品建立一个完整的、语义一致的产品信息模型，以满足产品生命周期各阶段（产品需求分析、工程设计、产品设计、加工、装配、测试、销售和售后服务）对产品信息的不同需求和保证对产品信息理解的一致性，使得各应用领域（如 CAD、CAPP、CAM、CNC、MIS 等）可以直接从该模型抽取所需信息。这个模型是采用通用的数据结构规范实现的。显然，只要各 CAD 系统对产品或零件的描述符合这个数据规范，其输出的信息既包含了点、线、面以及它们之间的拓扑关系等底层的信息，又包含了几何形状特征以及加工和管理等方面高层信息，那么 CAD 系统的输出结果就能被其下游工程（如 CAPP、CAM 等）系统接收。目前较为流行的是美国的 PDES 以及 ISO 的 STEP 产品定义数据交换标准，另外还有法国的 SET、美国的 IGES、德国的 VDAFS、英国的 MEDVSA 和日本的 TIPS 等。目前 STEP 还在不断发展与完善之中。

第三节　派生式 CAPP 系统

派生式 CAPP 系统的主要特征是检索预置的零件工艺规程，实现零件工艺设计的借鉴与编辑。根据零件工艺规程预置的方式不同，可以分为基于 GT 技术的 CAPP 系统和基于特征技术的 CAPP 系统两种主要形式，其他形式的系统是这两种形式的延伸。派生式 CAPP 系统的工作原理如图 6-11 所示。

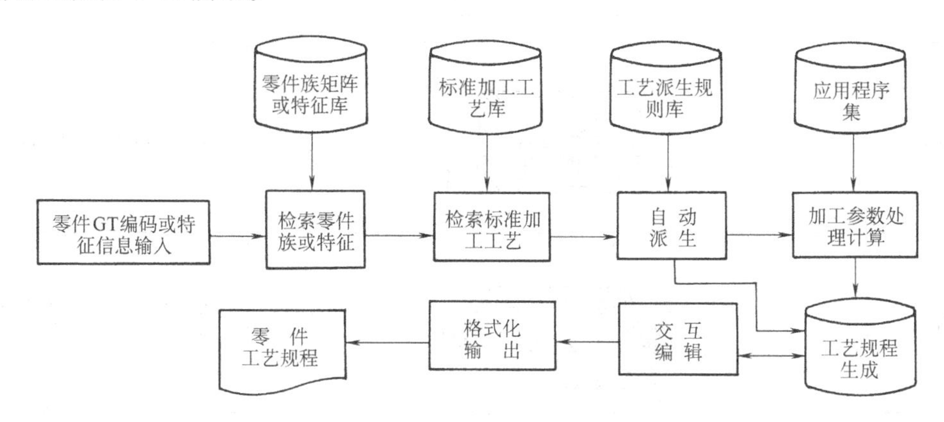

图 6-11　派生式 CAPP 系统的工作原理

一、基于 GT 的工艺生成

基于 GT 的工艺生成是在成组技术的基础上，按照零件结构、尺寸和工艺的相似性，把零件划分为若干零件组，并将一个零件组中的各个零件所具有的型面特征合成为主样件，根据主样件制定出其典型工艺过程。主样件和典型工艺是开发基于 GT 的 CAPP 系统的关键。

1. 主样件的设计

一个零件组通常包含若干个零件，把这些零件的所有型面特征“复合”在一起的零件称为复合零件，也称为主样件。复合零件是组内有代表性、最复杂的零件，它可能是实际存在的某个零件，但更多的是组内零件所有特征合理组合而成的假想零件。主样件的设计步骤是：先将产品的所有零件分为若干零件组，在每个零件组中挑选一个型面特征最多、工艺过程最复杂的零件作为参考零件；再分析其他零件，找出参考零件中没有的型面特征，逐个加到参考零件上，最后形成该零件组的主样件。

2. 主样件工艺过程设计

主样件工艺过程设计的合理性直接影响到基于 GT 的 CAPP 系统运行的质量。主样件的工艺过程至少应符合以下两个原则：

（1）*工艺的覆盖性*　主样件工艺过程应能满足零件组内所有零件的加工，即零件组内任一零件全部加工工艺过程的工序和工步都应包括在典型工艺过程中。在设计该组中某个零件的工艺规程时，CAPP 系统只需根据该零件的信息，对典型工艺过程的工序或工步作删减，就能设计出该零件的工艺规程。

（2）*工艺的合理性*　主样件工艺过程应符合企业特定的生产条件和工艺设计人员的设计规范，能反映先进制造工艺与技术，以保证优质、高效和低成本的生产。

根据上述原则设计的主样件及其工艺过程如表 6-1 所示。

表 6-1　套类零件组主样件及其工艺过程

零　件	典型零件简图	工 艺 过 程
Ⅰ	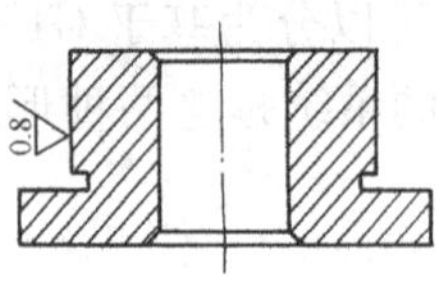	车—磨外圆
Ⅱ	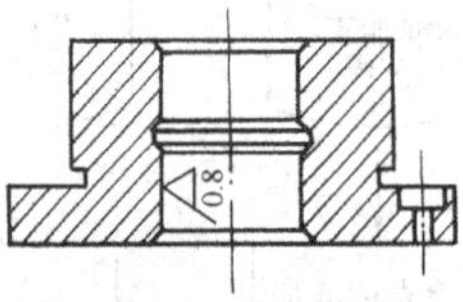	车—钻模钻孔—磨内孔
Ⅲ	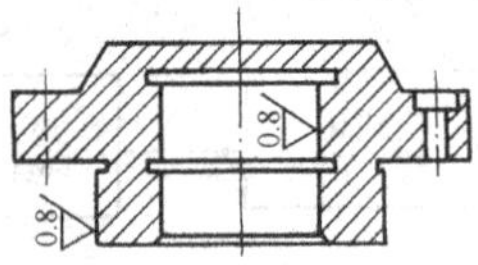	车—钻模钻孔—磨内孔—磨外圆
Ⅳ	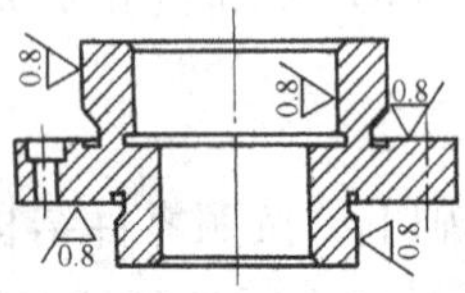	锻—车—钻模钻孔—磨内孔—磨平面—磨外圆
主样件	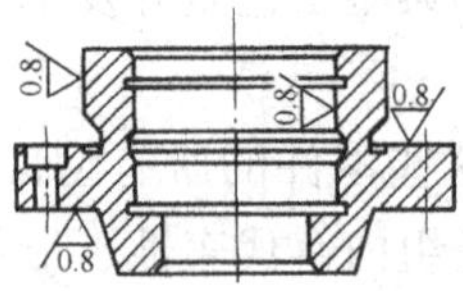	锻—车—钻模钻孔—磨内孔—磨平面—磨外圆

二、基于特征的工艺生成

基于特征的工艺生成是在特征分类的基础上，设计每一个特征的工艺规程和特征工艺规程的迭加规则，根据输入特征自动匹配出零件的工艺规程。这种方法将以零件为基础的工艺规程基本存储单位从零件级降到组成零件的特征级，并在特征的基础上构建零件组成的特征链作为存储与检索的中间环节，不仅能将派生出的工艺规程准确到零件的基本结构，减少系统的存储量，还可以通过编辑中间环节模块，改变系统工艺规程预置的内容，使标准零件工艺库在不改变存储结构的前提下，具有较大的柔性。

1. 基于特征的标准工艺库设计

基于特征的标准工艺规程库的构成如图 6-12 所示。它是一种单元组合型的工艺生成方式，即根据特征——零件——工序的相对独立性和可组合性，分别独立设计各数据库结构，采用链式关联方法，建立相互间的组成关系。图 6-12 中各种数据库表的结构如表 6-2 ~ 表 6-4 所示。

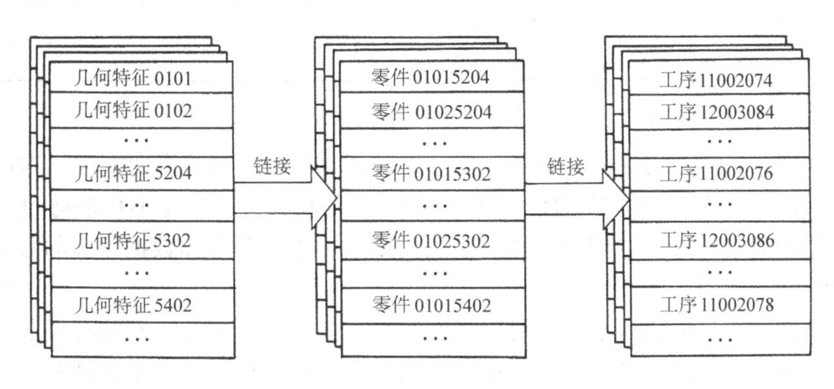

图 6-12　标准工艺规程库结构

标准工艺规程库根据几何特征的分类特点分为七大类，即七类几何基本特征与几何附加特征组合分别构成标准工艺规程库。也可以将一个基于 GT 编码的标准零件族根据特征分类的方法分解为一组不同类型、经过有限组合即可标识的各种零件，在此基础上，根据特征的不同组合，按照工序来分解工艺规程，将工序内容进行规范化描述后存放到数据库中，人为地进行工序及其顺序的预置。

表 6-2　基本特征系列库（表名：feature _ table）

属性名称	属性名称	数据类型	备　注
特征大类	Featurerough	Char	
特征细分	Featuredetail	Char	
特征代码	Featurecode	Char	
…	…	…	

表 6-3　零件组成库（表名：parts _ table）

属性名称	属性名称	数据类型	备　注
零件名称	Partname	Char	
零件图号	Partdrawingnum	Char	
零件数量	Partquantity	Int	
材料名称	Materialname	Char	
标准代号	Standardcode	Char	
特征组合代码	Featurecombinum	Char	
…	…	…	

表 6-4 工艺规程库（表名：procedure _ table）

属性名称	属性名称	数据类型	备注
工序名称	Workingprocedurename	Char	
工序代号	Workingprocedurecode	Char	
作业内容	Taskcontent	Char	
作业要求	Taskdemand	Char	
加工机床	Machinetool	Char	
加工刀具	Processtool	Char	
…	…	…	

2. 基于特征的工艺检索

派生式 CAPP 系统工艺规程的检索，是一种组合条件的数据库查询方式，即以零件的输入信息作为条件，对工艺规程库的信息进行查询与提取。它与基于 GT 编码的工艺查询相比，在提高工艺规程准确性的同时，增加了工艺规程检索的环节和数据库表的数量，亦即增加了系统检索的工作量。

采用特征作为零件的输入手段，可以使系统输入的信息单元化，在特征提取过程中，相关的尺寸已全部定位，以特征作为检索条件，检索到某个特征组合的工艺规程后，可以将尺寸信息替换到相应的工艺条件中去。

CAPP 是在企业范围内采用网络数据库模式的应用系统，系统的查询速度成为衡量数据库及其应用的关键指标。在提高数据库查询速度上，除遵循常规的数据库系统设计的一般原则外，还需要采取下列措施：

1）尽量减少数据库表的数量和属性，如图 6-12 所示的系列表中，可以采用一个表顺序存放的方式，用特征代码作为主键标，同样能实现系列参数的连接与提取。

2）系统设计时，尽量调用存储过程（Stored Procedure）来实现网络数据库的应用。存储过程是一组被编译的且已在 DBMS 中建立了查询计划并经优化的 SQL 语句，当 Client 调用存储过程时，通过网络发送的数据只有调用命令和参数值，它不仅为数据库上处理 SQL 事务提供了一种快捷的途径，同时也降低了网络的传输量。

3）系统运行过程中，要减少对数据库服务器的访问次数。当应用程序需要反复操作相同或类似的数据（如静态工艺数据、数据字典等）时，可利用数据共享技术，将数据从数据库中提取后，存储在本地机的缓存中，待一系列操作完成后再对缓存进行释放。

3. 工艺编辑环境

从生产管理流程分析，无论采用推理方法还是检索的方法来生成零件工艺规程，工艺编辑这一人工介入环节都是必不可少的，同时还要历经校对、审核、批准等程序。因此，在提高工艺检索准确率的前提下，提供满足工艺设计人员规范的，方便工艺规程修改的，以及能够随时查阅各种工艺知识和工艺数据的工艺编辑环境是必要的。

工艺编辑环境是在 PDM 数据管理功能的基础上，以工艺编辑为核心的工艺集成环境。在此环境下，工艺设计人员针对本企业或车间的制造资源状况，对各个实体类型的具体数据项和实体类型下的具体实例进行审核，并对它们的工序顺序和过程计算的结果进行校对，需要在工艺编辑过程中反复查询各类工艺数据和相关的制造资源信息。与此同时，工艺设计人员还需要浏览零件图，并通过修改零件图达到绘制工艺简图的目的。

CAPP 工艺集成环境是一个面向工艺人员的设计系统，它为工艺设计人员提供一系列操作界面和相应的操作功能，改善了工艺设计人员传统的工作方式。实际使用中，工艺设计人员定义产品的工艺数据，由系统自动生成工艺规程文件，使得工艺设计人员能把精力集中于工艺内容的构思上，而不是放在工艺文件的填写等繁琐的事务性劳动上，这样就大大提高了工艺设计人员的工作效率，并能实现工艺规程的规范化和标准化。

工艺编辑环境由各类资源支撑下的以下两个窗口组成：工艺规程编辑窗口主要完成系统提交编辑的工艺文件的修改与审核，完善工艺计算等工艺规程中的细节，需要系统配备专门的编辑器；工艺简图编辑窗口则完成工艺规程所需的工艺简图的绘制与编辑，系统通过 OLE 方式调用 CAD 系统的功能。工艺编辑环境基本框架如图 6-13 所示。

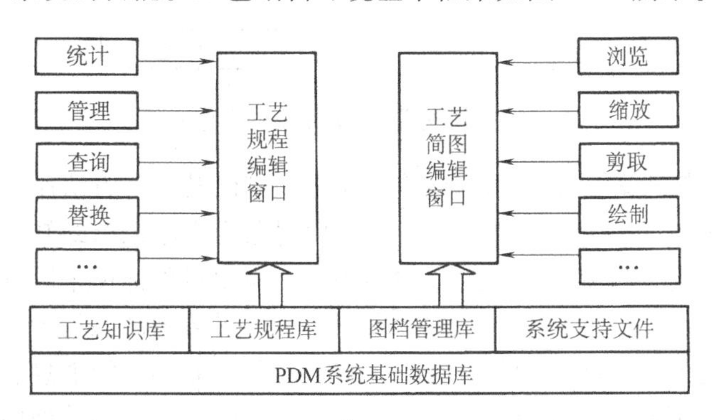

图 6-13　工艺编辑环境基本框架

第四节　创成式 CAPP 系统

创成式 CAPP 系统可以定义为一个能综合加工信息，自动为一个新零件制定出工艺规程的系统。依据输入零件的有关信息，系统可以模仿工艺专家，应用各种工艺决策规则，在没有人工干预的条件下，从无到有，自动生成该零件的工艺规程。创成式 CAPP 系统的核心是工艺决策的推理机和知识库。

一、创成式 CAPP 系统的工作原理

创成式 CAPP 系统主要解决两个方面的问题，即零件工艺路线的确定（或称为工艺决策）与工序设计。前者的目的是生成工艺规程主干，即确定零件加工顺序（包括工序与工步的确定）以及各工序的定位与装夹基准；后者主要包括工序尺寸的计算、设备与工装的选择、切削用量的确定、工时定额的计算以及工序图的生成等内容。前者是后者的基础，后者是对前者的补充。创成式 CAPP 系统的工作原理如图 6-14 所示。

二、面向对象的工艺知识表达

工艺知识是指支持 CAPP 系统工艺决策所需要的规则。根据知识的使用性可以分为选择性规则和决策性规则两大类。选择性规则属于静态规则，它是在有限的方案中选择其中的一种，作为系统中各种工艺参数和加工方法选择的依据，如加工方法选择规则、基准选择规则、设备与工装选择规则、切削用量选择规则、加工余量选择规则、毛坯选择规则等。决策性规则属于动态规则，它是随着操作对象的变化而改变的，如工艺生成规则、工艺排序规则（包括工序排序和工步排序）、实例匹配规则等。

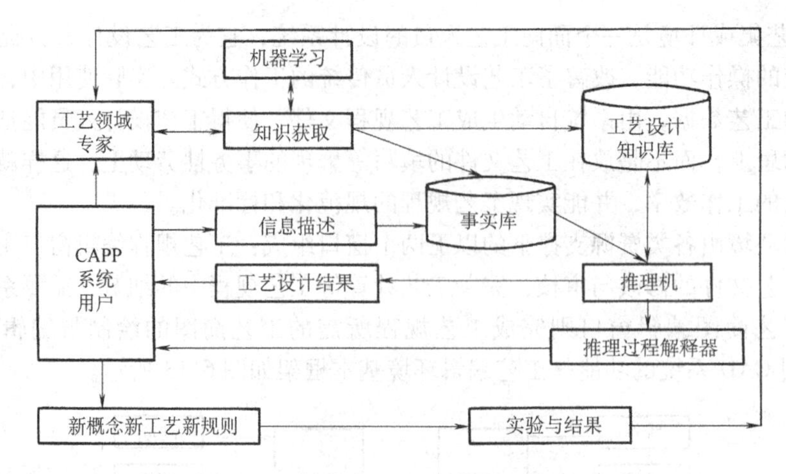

图 6-14　创成式 CAPP 系统的工作原理

面向对象的工艺知识表示不是简单地将事实、规则以及一些方法用类封装，它是工艺设计领域对象的知识表示，它采用的基本方法是，以对象为中心来组织知识库的结构，将对象的属性、知识及知识处理过程统一在对象的结构中。应用对象标识来区分不同的对象类，用对象属性表示对象的静态属性，用知识处理方法来表示对象的动态行为。这种对象是以整体形式出现的，从它的外形只能看到外部特征，即该对象所能接收的消息、所具备的知识处理能力等。在对象外部不能直接修改对象内部状态，也不能直接调用其他内部的知识处理，对象内部的知识调度和推理进程由对象内的规则控制。

产生式规则表达工艺知识的一般形式为

Rule #：IF Conditions THEN Conclusion

它表示当 Conditions 为真时，Conclusion 为可成立的结论或可进行的操作。Rule 为规则号，规则库中的单条产生式规则作为最小的知识单元，它们同推理相对独立，可方便地在规则库中增加、删除和修改。

产生式规则具有统一的 IF—THEN 结构，易于设计简单高效的存取和控制程序，便于实现规则库中的正确性和一致性检查。采用数据库来构造知识库，可以用树状层次结构，即对象组织工艺知识的层次结构。对象的独立性、知识重用性以及对象类之间的分解、派生关系，使知识库的增量式开发较为方便（子类知识加入不影响整个系统）。知识库系统模型如图 6-15 所示。

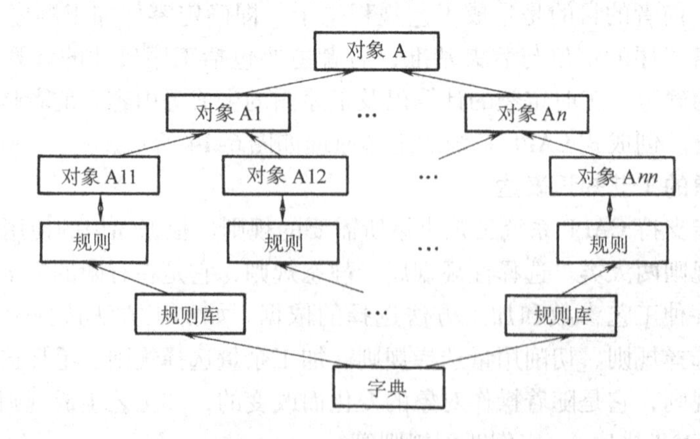

图 6-15　知识库系统模型

工艺知识库的构造包括工艺决策规则、工序排序规则的结构设计与表达等，如表6-5和表6-6所示。

表6-5　工艺决策规则表

特征代号	表面粗糙度	精度等级	材料类型	尺寸范围	毛坯形式	生产批量	加工方法	工序链编号	备注
0100	≤0.012	≤2	黑色金属	无关	型材	无关	粗车—半精车—粗磨—精磨—超精磨	11000074	
0200	≥50	≥12	全	无关	无关	无关	粗车	12000001	
…	…	…	…	…	…	…	…	…	

表6-6　工序排序规则表

序　号	特征代号	精度区间	工　序	备　注
6	0100	粗	粗车	槽
21	0100	精	精车	倒角
…	…	…	…	…

三、面向对象的特征推理机制

对象描述将知识和处理的方法封装在一起，其本身可以描述和求解一个独立的领域子问题。对象内部的推理可以采用产生式或系统中使用的链接原理与方法进行。一般产生式系统的规则匹配中，冲突消除转换为面向对象的事实与规则相匹配。匹配过程中，若发现某规则与本对象表示的事实（包括继承事实）不相符，则放弃该规则，如此反复，直到问题解决。

对象与对象之间的推理是通过对象间的消息通信来实现的。向对象发送消息，其本质是一个间接的处理过程调用，即驱动与接收者中的消息选择符所指明的操作相对应的知识处理过程，接受者在执行与消息相应的处理过程时，若需要，则可以通过发送消息给其他对象，使其完成某部分处理工作并返回结果。

同一消息对不同的接收者来说可以有不同的解释是对象的多态性表示，需要有不同的知识处理过程、不同的返回结果与之相对应。例如，在特征超类中定义了有关加工方法选择的虚拟方法，当不同的特征对象接收到选择加工方法消息时，根据各自的特征定义和工艺信息，自动选择各自的特征加工方法，并创建自己的加工链。把一个对象可以响应的消息集合称为该对象同系统其他对象的消息接口，它是对象之间进行相互作用的唯一接口，每个消息所对应的处理内容是由对象内部所定义的消息方法来决定的。

加工方法选择的过程如图6-16所示。图中的左半部分为零件、特征、加工链对象之间的消息通信（对象间推理），右半部分为特征对象的内部推理。由此可见，对象内部的推理机具有通用性，它并不关心具体的工艺对象，而是通过规则匹配器与工艺决策对象间建立了通用的消息通信接口，通过黑板与工艺决策对象实现数据共享与交换。

加工方法的推理过程如下：

```
Class Reasoning Machine                                    // 推理机构类
    {
 public:
      Reasoning Machine( );
      ~Reasoning Machine( );
      BOOL   init_BB( );                                    // 初始化黑板信息
```

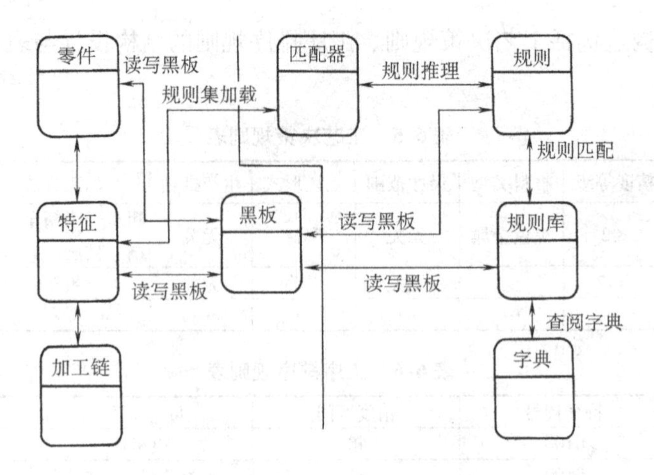

图 6-16　加工方法选择的过程

```
Protected:
    BOOL  Load_control_information( );                  // 装入决策控制信息
    BOOL  Load_decision( );                              // 装入决策结果信息
    BOOL  Load_KB( );                                    // 装入知识库信息
    Void do_reasoning( );                                // 推理决策函数
    Control_info * inference_meta_object( );             // 子任务推理
    Rule_set * Load_rule_set(object_class. method);      // 调入规则集
    Void  sort_rule(rule_set *);                         // 规则集排序
    Void  instance_object(object *);                     // 调入对象类信息，实例化
    BOOL  match_rule(rule *);                            // 规则匹配函数
    Void  execute_rule(rule *);                          // 规则执行函数
    Void  free_rule_set( );                              // 释放规则集
    Void  free_KB( );                                    // 释放知识库
    Void  free_product_information( );                   // 释放产品信息
    Void  free_status( );                                // 释放状态信息
    Void  save_decision( );                              // 存储决策信息
    Void  save_control_information( );                   // 存储控制信息
  };

Void Reasoning Machine :: do_reasoning( )
   {
 control_infor * current_con_information;
 object_class current_object_class;
 rule_set * current_rule_set;
 object * current_object;
 rule * current_rule;
```

```
  init _ BB(   );
  load _ control _ information(   );
  load _ decision(   );
  load _ KB(   );
while(1)                                                        // 开始推理
  {
  current _ control _ information  =  inference _ meta _ object(   );
  if (current _ control _ information  = =NULL) break;          // 任务完成
  current _ object _ class  =  current _ control _ information  —> object _ class;
  current _ rule _ set  =  load _ rule _ set (current _ object _ class. method);
  if (current _ rule _ set  = =  NULL) break;                   // 规则调用结束
  sort _ rule (current _ rule _ set);                           // 排序
  while(1)
  {
  instance _ object(current _ object);                          // 完成实例化
  if (cuurent _ object  = =  NULL) break;
  current _ rule  =  current _ rule _ set —> head;              // 规则集头部匹配
while(1)
  {
  if (current _ rule  = =  NULL) break;
  if (match _ rule (current _ rule)) execute _ rule(current _ rule); // 匹配成功→执行
  else {
      current _ rule  =  current _ rule —> next;                // 提取下一条规则
      continue;
  }
  if (match _ mode  = =  MULTIPLE)
        current _ rule  =  current _ rule —> next;
    }
  }
  free _ rule _ set(   );
}
free _ KB(   );
free _ product _ information(   );
free _ status(   );
save _ decision(   );
save _ control _ information(   );
}
```

四、规则库的存储与扩充

规则的集合形成规则库，它是知识库的核心，它反映了机械加工工艺选择的基本规律。

采用产生式规则表示，规则中允许与（AND）、或（OR）、非（NOT）等布尔型操作的任意连接形式，对不精确规则可采用可信度描述。

规则库存储方式有两种。

1. 采用文件的存储格式

用 IF—THEN 方式进行条件的匹配，当系统不能提供满足的条件时，选择默认标识为 FALSE 的框架，从中得到结论以作为推理时让步的条件。这种结构化的文件方式，能满足工艺推理的要求，但规则添加时，需要重新编译程序，不利于规则的修改与扩充。

2. 采用数据库方式的存储

对应于条件的匹配，系统采取数据库系统的查询方式，即采用关键字进行已知条件的查询，并提取查询到的相应记录作为推理结果。这种方式使系统的查询、匹配变得更加简单，还可利用数据库系统本身提供的控制机制来保证数据的完整性和统一性，使各分布子系统均能同时对同一数据库进行操作。此外，规则的扩充也比较容易，能实现即改即用。

各种规则尤其是决策性规则，与企业的产品对象、制造资源和工艺设计人员的工艺规范的关联性很大，需要随时进行扩充与更新。系统提供了数据库支持的工艺规则扩充方法，可以在系统运行过程中随时进行，不需要经历程序的更改与编译过程。具体操作时，系统给出产生式规则与数据库结构的一一对应关系，同时提供各种数据字典与标准工艺语句库支持，避免规则的二义性以及减少工艺人员的键盘操作量。

第五节　开目 CAPP 及典型工艺编制

一、开目 CAPP 简介

开目 CAPP 是由武汉开目信息技术责任有限公司开发的工具化、集成化、参数化的工艺设计与工艺管理一体化系统。1997 年推出第一个正式的商品化版本，是国内最早的商品化 CAPP 软件之一。经过十几年不断地开发和市场推广，开目 CAPP 在技术上不断地推陈出新，已推出九个大的软件版本，并已经在汽车、机车、航天、电子等行业得到了广泛的应用。

该软件是一种基于派生式工作原理的 CAPP 系统，其总体设计思想是“人为主，机为辅”，即让计算机承担工艺设计过程中大量的重复劳动和简单劳动，省下宝贵的时间让设计者从事创造性的劳动，其最终目的是辅助工艺人员去设计产品的工艺，而非完全替代人工工艺设计。

开目 CAPP 软件具有以下特点：

1）能满足不同企业的需求，兼顾了工艺设计的共性和个性。该软件提供表格定义和工艺规程管理工具可任意设计各种类型的工艺；提供工艺资源管理器和公式编辑器可任意创建工艺资源和公式；可任意创建自己的零件分类规则，每一分类都可建立相应的典型工艺，供设计时参考。

2）简单易学方便易用。开目 CAPP 软件是典型的 Windows 界面风格，“所见即所得”；软件内置《机械加工工艺手册》上的机床技术参数及切削用量，大量丰富、实用、符合国标的工艺资源数据库，以及大量的材料定额和工时定额计算公式，真正实现了“甩手册”。

3）开目 CAPP 软件集成了开目 CAD 的功能，并自动获取零件的基本信息。该软件能与其他 CAD、PDM 等应用系统集成，提供相关接口；可与多种数据库接口，实现文件格式互换。

4）可实现网络化工艺设计。工艺设计的结果实时刷新，通过网络供不同部门的人员共享。工艺资源数据库基于网络数据库环境，工艺设计资源共享，确保数据的一致和安全。

二、开目 CAPP 的主要功能

遵循工具化、平台化、参数化的设计指导思想，KMCAPP 系统包括以工艺知识应用为核心的七大功能模块，分别是工艺编辑模块、CAPP 系统定义模块定制工具、CAPP 系统辅助工具、二次开发接口模块、工艺文件输出、输入接口、扩展功能等。

1. 工艺编辑模块

工艺编辑模块是进行工艺规程设计的工作平台，如图 6-17 所示。它主要提供工艺卡片编辑、典型工艺查询、工艺资源管理查询、公式计算、工艺简图绘制等功能，实现各种规程文件的设计、打印输出。

图、文、表一体化编辑平台，符合工艺人员习惯的工作方式，能有效提高工艺编辑的效率，推进工艺设计的优化、标准化、智能化。

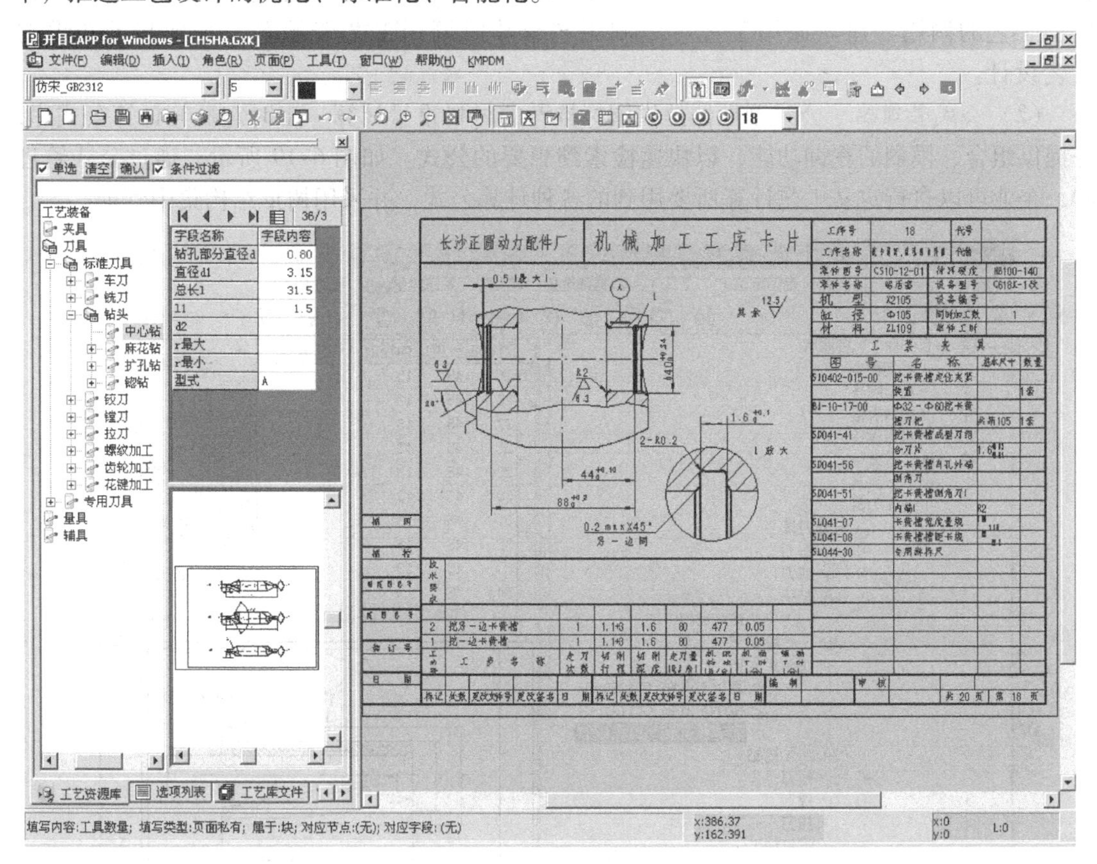

图 6-17　工艺编辑模块界面

2. CAPP 系统定义模块定制工具（客户化工具）

开目 CAPP 提供的客户化工具主要包括表格绘制与定义、工艺资源管理等。利用客户化工具，可以快速搭建适合企业需求的 CAPP 平台。

通过表格绘制与定义工具，企业可以自己绘制并定义工艺文件的样式、填写样式，形成企业的工艺文件标准。

企业有多年积累下来的工艺数据和工艺资源，包括零件工序、工步、加工所用到机床、刀具、夹具、切削参数、材料等，系统可将其分为：工艺信息模型、工艺数据、工艺决策知识和决策过程控制知识，并采用面向对象技术建立工艺信息模型，把所有对象共有的属性和方法定义为一个基础模型，在此之上，利用对象的派生、继承等特点，对动态工艺知识进行管理。

通过工艺规程类型管理工具，可以定义企业有哪些工艺规程，每种工艺规程包括哪些工艺卡片。

3. CAPP 系统辅助工具

（1）企业资源管理　企业资源管理用于集中统一的管理企业的各种工艺资源，包括机床设备、工艺装备、毛坯种类、材料牌号、切削用量、加工余量、经济加工精度、企业常用工艺术语等。如图 6-18 所示，在知识库的基础之上，通过对知识的使用，如典型工艺的调用、建立通用工艺、编制工艺卡片时调用工艺资源等，实现基于知识的工艺设计。

（2）公式管理器　公式管理器提供国标推荐的材料重量计算、工时定额等计算公式库，并提供组合、模糊的查询功能，以快速检索到想要的公式。如图 6-19 所示，通过公式管理器，企业可以自行定义工艺计算所要用到的各种计算公式，并采用树形结构集中管理。

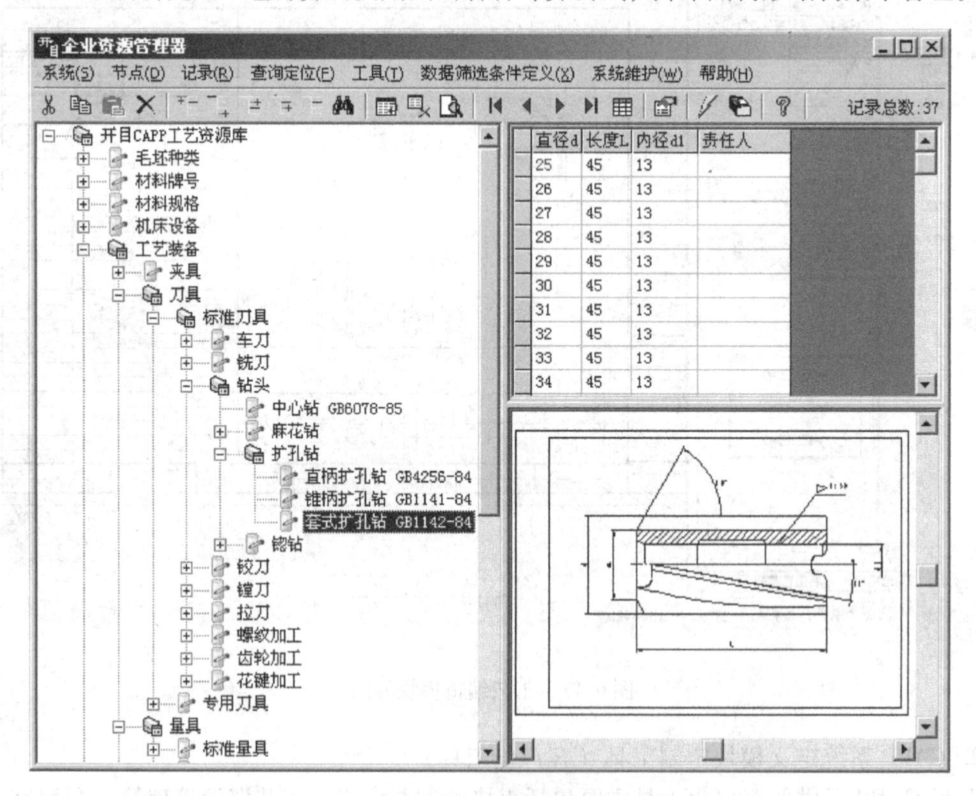

图 6-18　企业资源管理

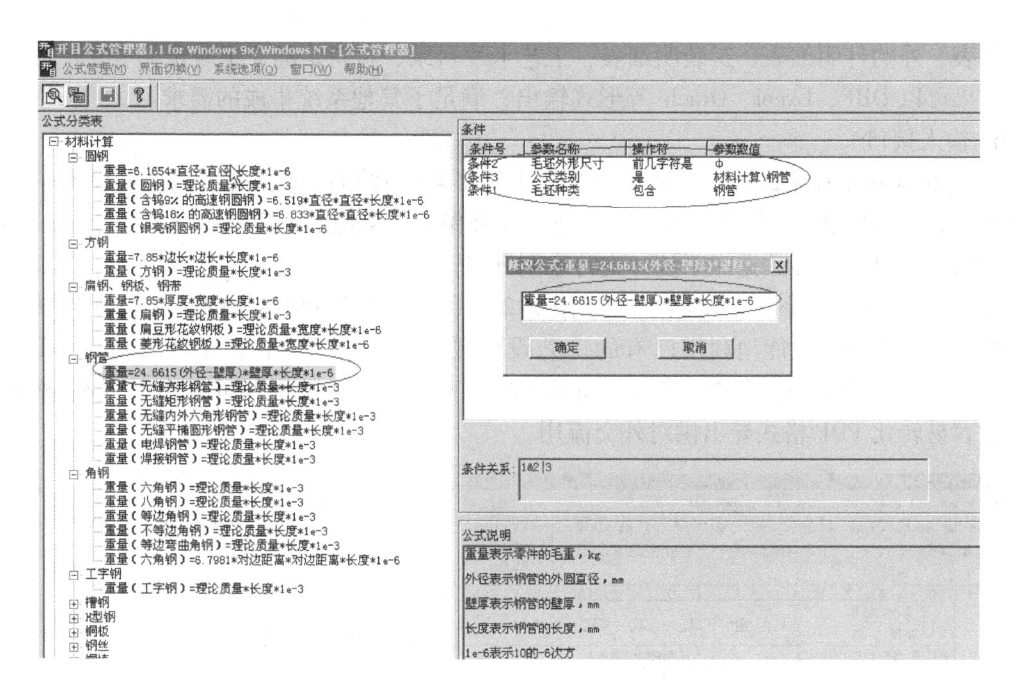

图 6-19　公式管理器

4. 二次开发接口模块

开目 CAPP 不仅提供了功能完善的功能组件，构成了完整的 CAPP 工具系统框架，而且提供了丰富的二次开发接口。利用这些开发接口，用户无须了解开目 CAPP 数据结构的细节，就可以很方便地获得所需的工艺信息。

利用开目工艺管理系统所提供的二次开发接口，用户可以实现以下的功能：

1）提取零部件的工艺属性信息。如零件的材料牌号、材料名称、毛坯种类、毛坯规格、零件重量等信息。

2）获取零部件的工艺路线信息。如零件的工序数目，零件的指定工序的工序名称、设备、工时等详细的信息。

3）获取零部件的工序内容信息。如零件指定工序的工艺装备、工序内容、车间、工步工时切削用量等信息。

4）在工艺卡片中方便地自定义自动计算、自动填写等功能，在界面上灵活地添加自定义的菜单、工具条和视图。

5）直接在用户的应用程序内浏览开目 CAPP 的工艺文档。放大、缩小、移动、翻页等，用户无须了解工艺数据细节，简单地将工艺控件插入到应用系统里即可。

5. 工艺文件输出

（1）*工艺浏览*　系统提供工艺浏览的功能，帮助供应、设备、工装、生产等部门查看除了需要汇总的工艺数据之外的原始的工艺信息。

（2）*打印中心*　打印中心用于实现图纸的集中拼图输出。可以将设计图样、工艺文件、统计汇总文件等一起在 A0 或 A1 的图纸上输出。

（3）*工艺统计汇总*　系统提供了一个专业的 BOM 工具，可以汇总标准件明细表、自制件明细表、外购件明细表、工装明细表、工艺卡片目录、材料定额、工时定额等。产品数据汇总结果可以DBF、Excel、Oracle等形式输出，满足了其他系统集成的需求。

6. 输入接口

（1）数据库导入导出接口　KMCAPP提供标准数据接口技术，可以把企业已有的工艺资源导入到CAPP中统一管理；无须重新建立，确保工艺资源的一致性。支持VFP、Access、SQL　Server、Oracle等数据库系统，支持定制开发。

（2）Word/Excel导入导出接口　如图6-20所示，KMCAPP系统提供工艺文件转换工具，可以帮助企业尽可能地利用已有的工艺设计成果。工艺文件转换工具支持Word、Excel、Auto CAD应用程序及文件格式。而且CAPP系统的所有数据都可以作为XML格式导出，很容易转化PDF格式导出供对外交流用。

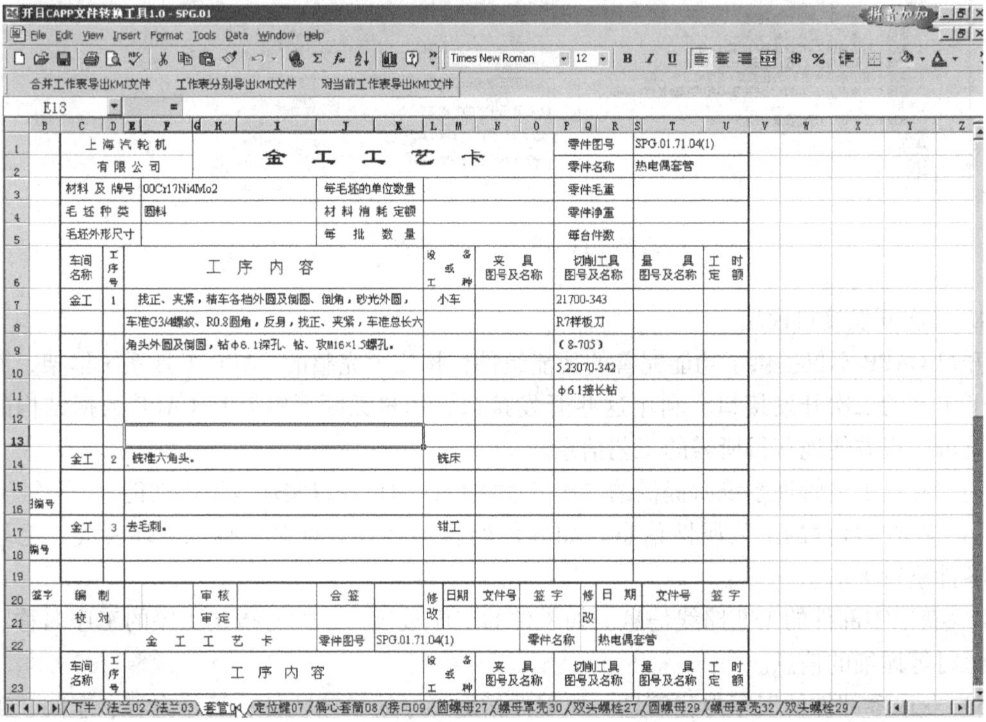

开目CAPP文件转换工具1.0 - SPG.01
File Edit View Insert Format Tools Data Window Help
Times New Roman 12
合并工作表导出KMI文件　工作表分别导出KMI文件　对当前工作表导出KMI文件
E13

上海汽轮机有限公司		金　工　工　艺　卡				零件图号	SPG.01.71.04(1)	
						零件名称	热电偶套管	
材料及牌号	00Cr17Ni4Mo2		每毛坯的单位数量			零件毛重		
毛坯种类	圆料		材料消耗定额			零件净重		
毛坯外形尺寸			每批数量			每台件数		
车间名称	工序号	工序内容	设备或工种	夹具图号及名称	切削工具图号及名称	量具图号及名称	工时定额	
金工	1	找正、夹紧，精车各档外圆及倒圆、倒角，砂光外圆，	小车		21700-343			
		车准G3/4螺纹、R0.8圆角，反身，找正、夹紧，车准总长六			R7样板刀			
		角头外圆及倒圆，钻φ6.1深孔、钻、攻M16×1.5螺孔。			（8-705）			
					5.23070-342			
					φ6.1接长钻			
金工	2	铣准六角头。	铣床					
金工	3	去毛刺。	钳工					

编制		审核		会签		修改	日期	文件号	签字	修改	日期	文件号	签字
校对		审定											
金工工艺卡				零件图号	SPG.01.71.04(1)			零件名称	热电偶套管				

下半　法兰02　法兰03　套管04　定位键07　偏心套筒08　接口09　圆螺母27　螺母罩壳30　双头螺栓27　圆螺母29　螺母罩壳32　双头螺栓29

图6-20　历史数据导入

（3）汇总数据接口　BOM汇总出来的数据可以实现企业整体信息集成的纽带，可将CAD、CAPP系统生成的信息进行汇总、转换、生成数据库的形式，传递给ERP系统。

7. 扩展功能

（1）装配工艺编辑工具　编制装配工艺时，通过与PDM的集成，设计人员可以在开目CAPP界面中查询到部件产品对应的产品结构信息，并以表格的形式显示出待装入件的BOM清单。清单的显示格式和显示内容由用户根据需要进行配置。

（2）装配工艺与装配物料清单一致性维护　PDM系统中提供装配物料清单与EBOM比较的功能，设计人员可以通过对设计BOM和装配BOM的清单分别进行汇总和比较，来判断是否所有零部件全部被使用，实现装配物料清单与EBOM一致性的维护。

（3）支持变型工艺的快速编制　开目 CAPP 通过装配物料清单与产品 BOM 比较功能，实现变型工艺的快速编制。当产品经过变型设计后，装配 BOM 随之改变。比较原产品的装配工艺文中的装配物料清单与新变型产品的 EBOM，用不同的颜色标识出元器件差异。

三、开目 CAPP 典型工艺编制举例

以图 6-21 所示的花键轴为例说明其工艺编制过程。

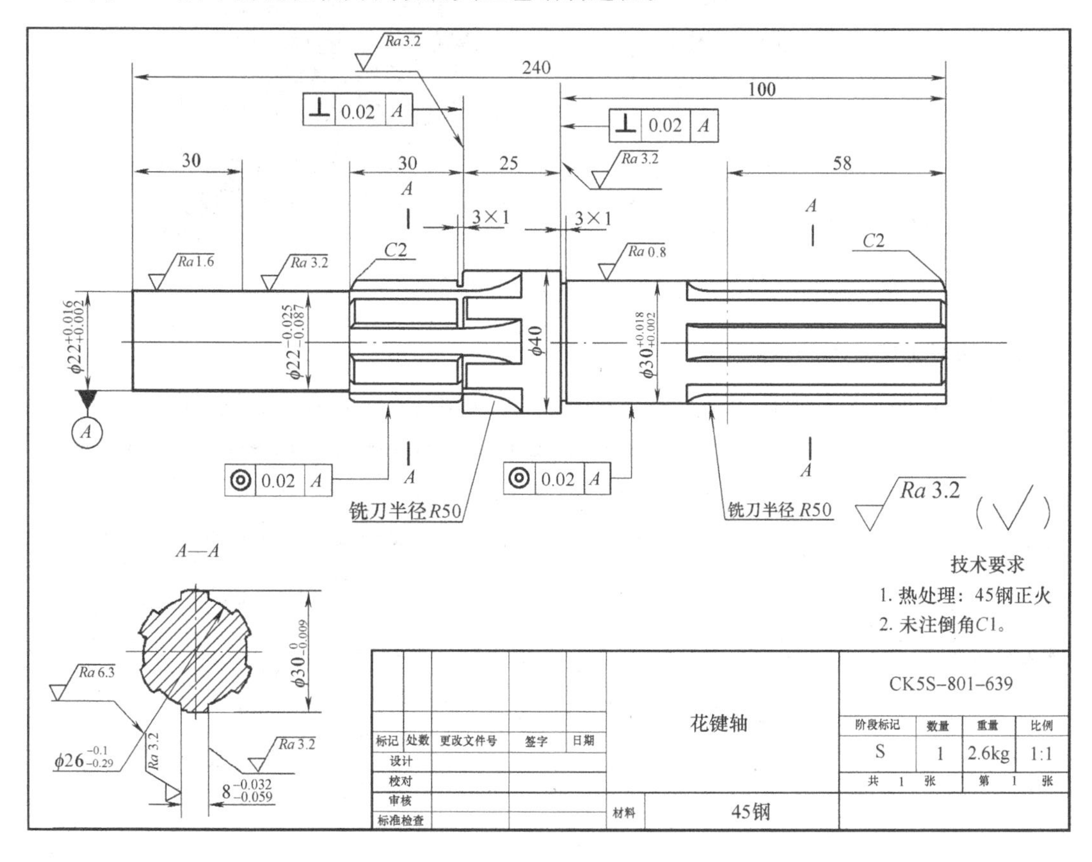

图 6-21　花键轴

进入 CAPP 系统工艺文件编制模块后，有以下三种方法来新建工艺文件：

1）打开一张已经绘制好的零件图来编制工艺。

2）直接新建。

3）修改已有的典型工艺文件。

本例中以第一种方式新建工艺，其过程如下：

（1）打开一张拟编工艺的零件图　选择“文件”的“打开”命令或单击按钮，在出现的对话框中双击该文件；选择设计模版：在出现的“选择设计模版”对话框中单击“确定”按钮；选择工艺规程：在弹出“选择工艺规程类型”对话框中双击拟编制的工艺规程，如选机加工工艺规程。如图 6-22 所示的工艺文件封面，系统自动提取零件相关信息，填写到工艺文件相关位置。

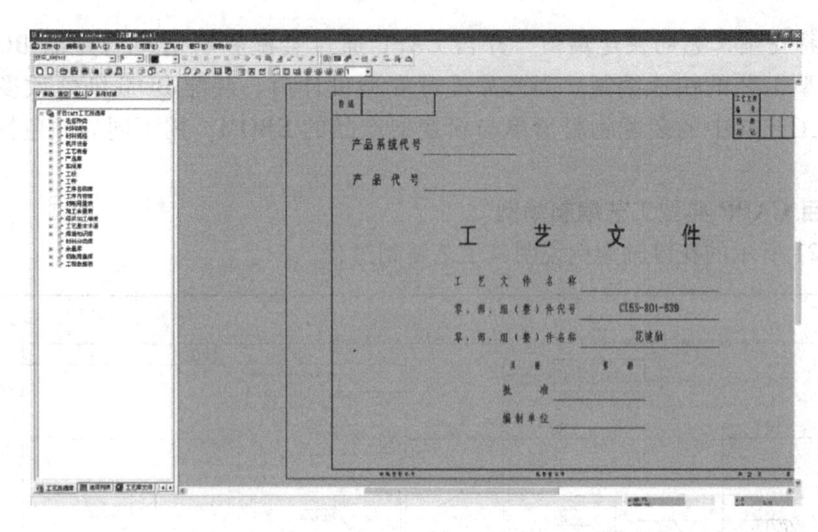

图 6-22　工艺文件封面

（2）编写工艺过程卡

1）单击切换至过程卡按钮，进入到图 6-23 所示的工艺过程卡编制界面。

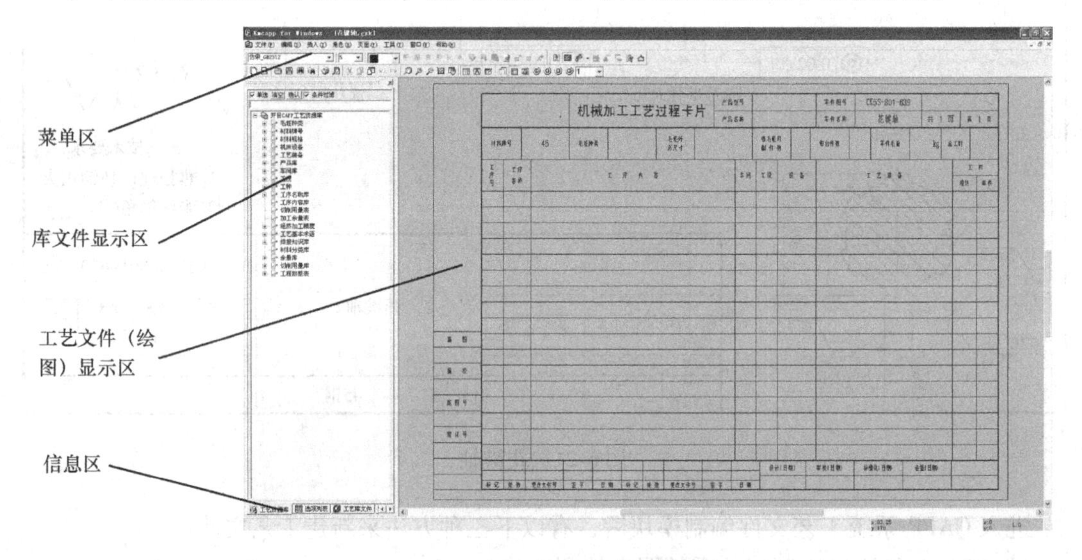

图 6-23　工艺过程卡编制界面

该零件的有关信息已自动进入过程卡表头区，如零件图号、零件名称、材料牌号……

2）单击编辑表中区按钮，进入到工艺表区内容填写。可运用库文件资源（可运用的资源有工艺资源库、工艺数据库和工艺参数库）填写工艺表。

系统提供包括符号国标的粗糙度、形位基准、形位公差等特殊工程符号库及特殊字符库共用户调用。系统还提供国标基孔制、基轴制公差带和常用公差配合，可自动查询填写上下偏差值，也可预先浏览国标常用公差带和公差配合，然后选择公差等级。

3）系统支持对典型工艺调用。选择“工具”中的“典型工艺库”的“检索典型工艺”命令，可对典型工艺进行调用。图 6-24 所示为完成的工艺过程卡界面。

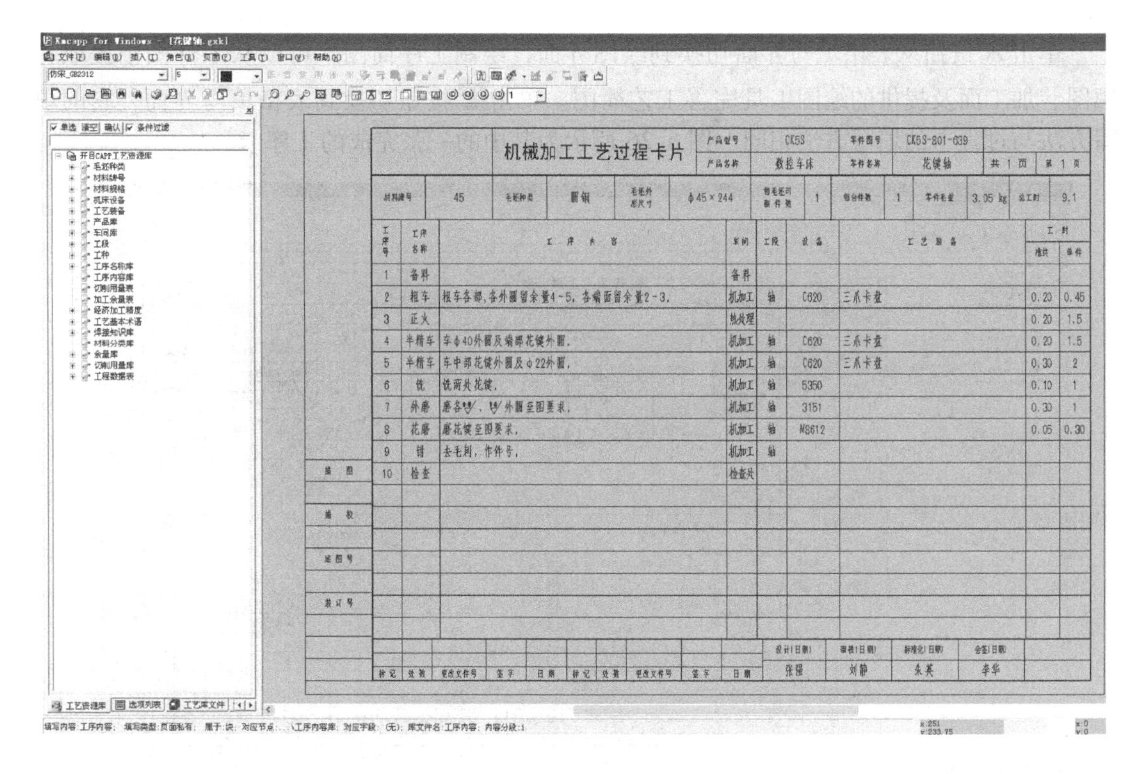

机械加工工艺过程卡片		产品型号	CK5S	零件图号	CK5S-801-639		
		产品名称	数控车床	零件名称	花键轴	共 1 页	第 1 页

材料牌号	45	毛坯种类	圆钢	毛坯外形尺寸	φ45×244	每毛坯可制件数	1	每台件数	1	零件毛重	3.05 kg	总工时	9.1

工序号	工序名称	工序内容	车间	工段	设备	工艺装备	工时 准终	工时 单件
1	备料		备料					
2	粗车	粗车各部，各外圆留余量4~5，各端面留余量2~3，	机加工	轴	C620	三爪卡盘	0.20	0.45
3	正火		热处理				0.20	1.5
4	半精车	车φ40外圆及端部花键外圆，	机加工	轴	C620	三爪卡盘	0.20	1.5
5	半精车	车中部花键外圆及φ22外圆，	机加工	轴	C620	三爪卡盘	0.30	2
6	铣	铣两处花键，	机加工	轴	5350		0.10	1
7	外磨	磨各 、 外圆至图要求，	机加工	轴	3151		0.30	1
8	花磨	磨花键至图要求，	机加工	轴	M8612		0.05	0.30
9	钳	去毛刺，作件号，	机加工	轴				
10	检查		检查处					

设计（日期）	审核（日期）	标准化（日期）	会签（日期）
张强	刘静	朱英	李华

图 6-24　完成的工艺过程卡界面

（3）编写工序卡　打开的零件图存放在工序卡的“0”页面，单击按钮可切换至工序卡编制界面，如图 6-25 所示。

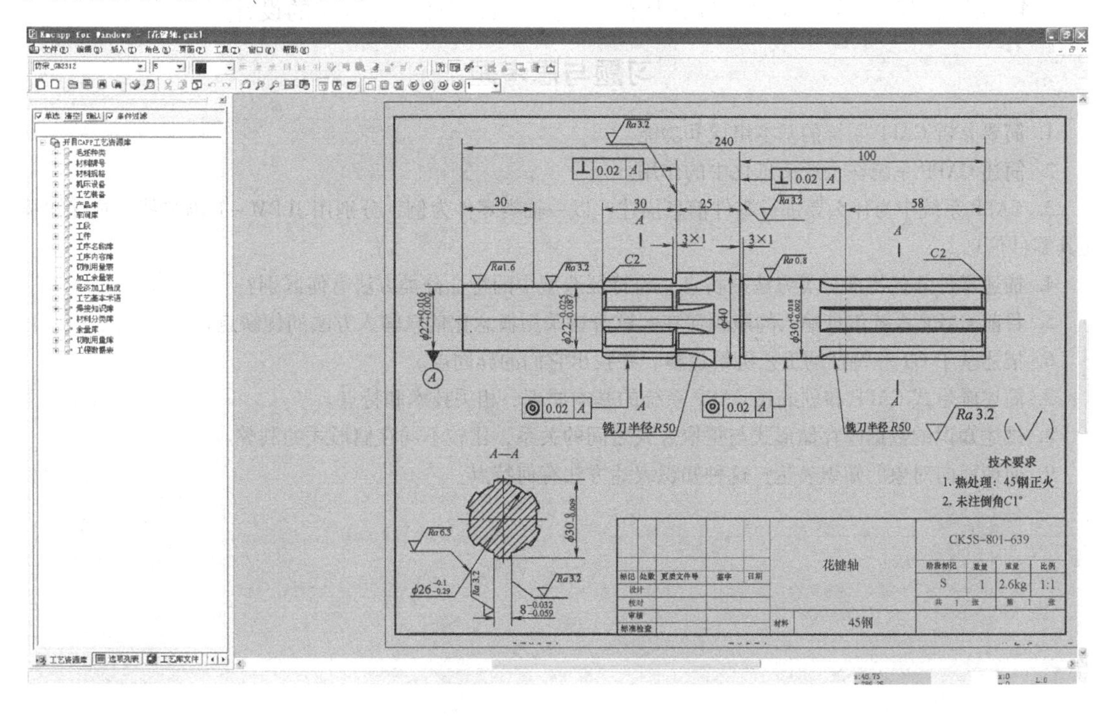

图 6-25　工序卡编制界面

单击按钮从表格填写界面切换到绘图界面，绘制工序简图。可以从零件图中提取轮廓图、加工面及提供的绘图工具完善工艺简图。单击按钮切换到表格填写界面，它的填写方法与过程卡的填写方法相同。图 6-26 所示为其中的一张完成的工序卡。

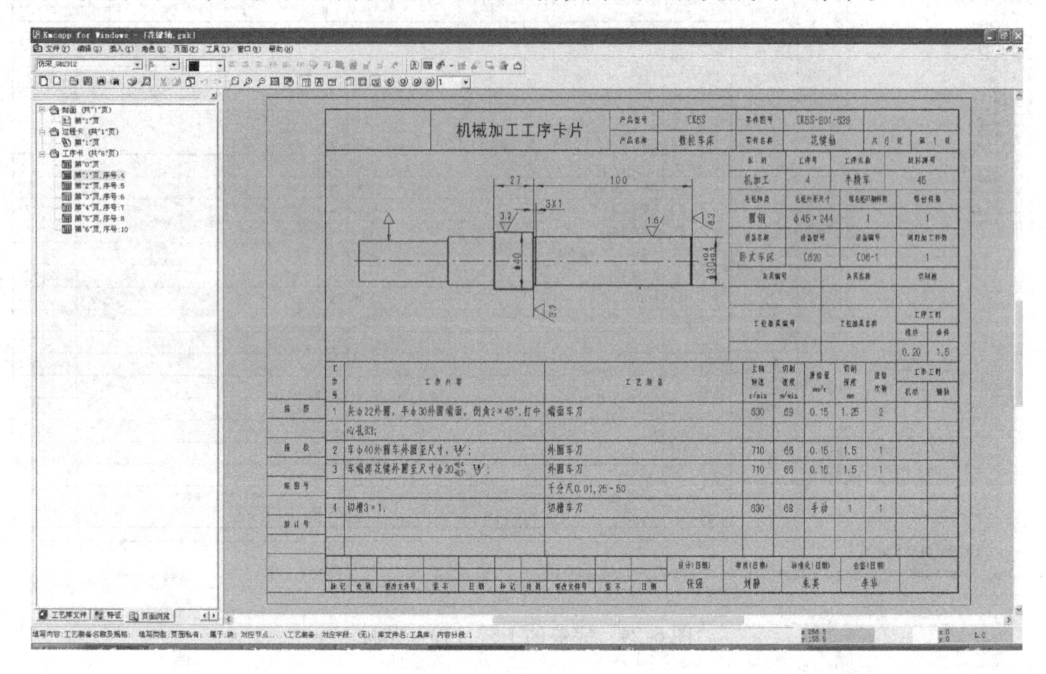

图 6-26　完成的工序卡之一

（4）确认修改完成后保存文件，从而完成花键轴零件工艺规程的设计。

习题与思考题

1. 简要分析 CAPP 系统的基本组成和功能。
2. 简述 CAPP 系统在企业信息化中的作用。
3. CAPP 系统中为什么要进行零件信息描述？以一轴类零件为例，分别用 JLBM－1 码和特征描述法描述其零件信息。
4. 描述零件几何特征分类方法的特点，与特征造型中的特征分类方法有何区别？
5. 目前 CAPP 系统信息输入的瓶颈何在？试分析采用概念化信息输入方法的优缺点。
6. 描述基于 GT 和特征的工艺决策过程，并找出它们的异同点。
7. 简述派生式 CAPP 和创成式 CAPP 系统的基本原理、相关技术和特点。
8. 试述知识的数据库存储形式与提取方式之间的关系，比较不同存储形式的利弊。
9. 何谓面向对象的知识表达？这种知识表达方法有何特点？

第七章　计算机辅助数控加工编程

零件数控加工程序的编制是数控加工的基础，也是CAD/CAM系统的重要模块之一。计算机辅助数控加工编程技术的应用和发展，降低了数控加工编程的工作难度，提高了编程效率，能减少和避免数控加工程序的错误，该技术已成为数控机床应用中不可缺少的工具。本章主要围绕自动编程技术，叙述相关的知识和应用方法。

第一节　数控编程基础

数控加工过程是用数控装置或计算机代替人工操纵机床进行自动化加工的过程。如图7-1所示，在数控机床上加工零件时，预先根据零件加工图样的要求确定零件加工的工艺过程、工艺参数（如主轴转速、进给速度等）和进给运动数据，然后编制加工程序清单，传输给数控系统，在数控装置内部控制软件的支持下，经处理与计算，发出相应的进给运动指令信号，通过伺服系统使机床按预定的轨迹控制机床的运动与辅助动作，完成零件的加工。

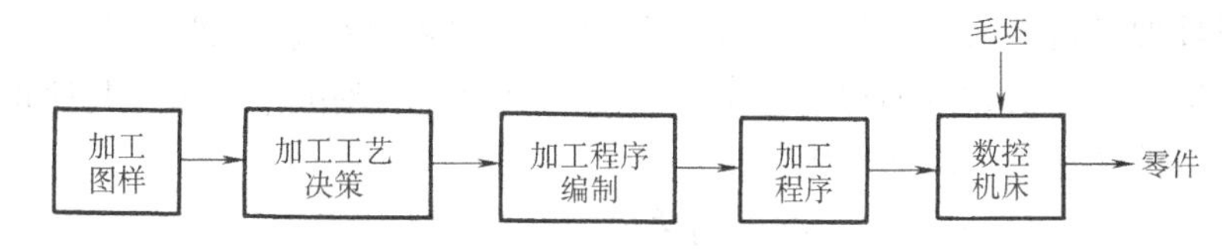

图7-1　数控加工过程

根据被加工零件的图样及技术要求、工艺要求等切削加工的必要信息，按数控系统所规定的指令和格式编制成加工程序文件，这个过程称为零件数控加工程序编制，简称为数控编程。简单地说，数控编程就是生成用数控机床进行零件加工的数控程序的过程。

一、数控编程的内容与步骤

数控加工程序的编制过程是一个比较复杂的工艺决策过程。一般来说，数控编程过程主要包括：分析零件图样、工艺处理、数学处理、编写程序单、数控程序输入及程序检验。典型的数控编程过程如图7-2所示。

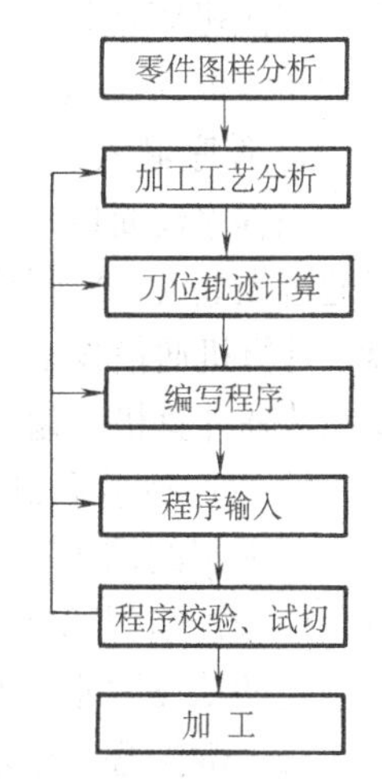

图7-2　数控编程过程

1. 加工工艺分析

正确的加工程序不仅应保证加工出符合图样要求的合格工件，同时还能使数控机床的功能得到合理的应用与充分的发挥，使数控机床能安全、可靠、高效地工作。编程前，编程员应了解所用数控机床的规格、性能、数控系统所具备的功能及编程指令格式等。根据零件形状尺寸及其技术要求，分析零件的加工工艺，选定合适的机床、刀具与夹具，确定合理的零件加工工艺路线、工步顺序以及切削用量等工艺参数。

在制定加工策略时，需要确定如下问题：

（1）*确定加工方案* 应考虑数控机床使用的合理性及经济性，并充分发挥数控机床的功能。

（2）*工夹具的设计和选择* 应考虑使用组合夹具，能快速完成工件的定位和夹紧，可以减少辅助时间，缩短生产准备周期，提高生产效率。夹具的零部件最好可以反复使用，提高其经济性。同时，所用夹具应便于安装，便于协调工件和机床坐标系之间的尺寸关系。

（3）*合理选择进给路线* 这对数控加工很重要，如尽量缩短进给路线，减少空进给行程等。应选取合理的起刀点、切入点和切入方式，保证切入过程平稳，没有冲击；应保证加工零件的精度和表面粗糙度的要求；应保证加工过程的安全性，避免刀具与非加工面的干涉；应有利于简化数值计算，减少程序段数目和编制程序工作量。

（4）*合理选择刀具* 根据工件材料的性能、加工工序的类型、机床的加工能力、切削用量以及其他与加工有关的因素来选择刀具，包括刀具的结构类型、几何参数、材料牌号等。

（5）*确定合理的切削用量* 在工艺处理中必须正确确定切削用量。

2. 刀位轨迹计算

根据零件形状尺寸、加工工艺路线的要求，在适当的工件坐标系上计算零件与刀具相对运动的轨迹的坐标值，以获得刀位数据，诸如几何元素的起点、终点、圆弧的圆心、几何元素的交点或切点等坐标值，有时还需要根据这些数据计算刀具中心轨迹的坐标值，并按数控系统最小设定单位（如0.001mm）将上述坐标值转换成相应的数字量，作为编程的参数。

在计算刀具加工轨迹前，正确地选择编程原点及编程坐标系（即工件坐标系）是非常重要的。工件坐标系是指数控编程过程中，在工件上确定的基准坐标系，其原点也是数控加工的对刀点。工件坐标系的选择原则如下：

1）所选的工件坐标系应使程序编制简单。

2）工件坐标系原点应选在容易找正、并在加工过程中便于检查的位置。

3）引起的加工误差要小。

3. 编制加工程序

根据制定的加工路线、刀具运动轨迹、切削用量、刀具号码、刀具补偿要求及辅助动作，按照机床数控系统使用的指令代码及程序格式要求，编写或生成零件加工程序清单，并进行初步的人工检查与修改。

4. 程序输入

当程序较简单时，可以由人工通过键盘直接输入到数控系统中。对于大型的加工程序，可以通过光电读带机制作加工程序纸带，作为控制信息介质。近年来，许多数控机床都采用磁盘、计算机通信技术等各种与计算机通用的程序输入方式，实现加工程序的输入，因此，只需要在普通计算机上输入编辑好的加工程序，就可以直接传送到数控机床的数控系统中去。

5. 程序校验和试切

所编制的加工程序一般必须经过进一步的校验和试切削才能用于正式加工。当发现错误时，应分析错误的性质及其产生的原因，或修改程序单，或调整刀具补偿尺寸，直到符合图样规定的精度要求为止。

二、数控程序编制的方法

根据零件几何形状的复杂程度、数值计算的难易程度以及现有编程条件等因素，数控加工程序可采用不同的编制方法。数控程序编制方法可以分为手工编程和自动编程两类。

1. 手工编程

手工编程也称为人工编程，是指编制零件数控加工程序的各个步骤，即从零件图样分析、确定加工路线和工艺参数、计算刀位轨迹坐标数据、编写零件的数控加工程序单直至程序的检验，整个过程与环节均由人工来完成。

对于点位加工或几何形状不太复杂的轮廓加工，几何计算较简单，程序段不多，手工编程即可实现。如简单阶梯轴的车削加工、平面轮廓铣削加工、孔加工等，一般不需要复杂的坐标计算，往往由数控机床操作人员根据工序图样数据，直接编写数控加工程序。但对轮廓形状不是由简单的直线、圆弧组成的复杂零件，特别是具有空间复杂曲面的零件，数值计算则相当烦琐，工作量大，容易出错，且很难校对，采用手工编程是难以完成的。

2. 自动编程

自动编程是基于计算机辅助数控编程技术实现的，需要一套专门的数控编程软件。现代数控编程软件主要分为语言程序编程系统和交互式 CAD/CAM 集成化编程系统两种类型。

在语言程序编程系统中，APT（Automatically Programmed Tools）是一种最具有代表性的自动编程系统，该系统采用一种接近于英语的符号语言对工件、刀具的几何形状及刀具相对于工件的运动进行定义。编程人员依据零件图样，以 APT 语言的形式表达出加工的全部内容，再把加工程序输入计算机，经 APT 语言编程系统编译产生刀位文件，通过后置处理后，生成数控系统能接受的零件数控加工程序。采用 APT 语言自动编程时，计算机（或编程机）代替程序编制人员完成了烦琐的数值计算工作，并省去了编写程序单的工作量，因而可将编程效率提高数倍到数十倍，同时解决了手工编程中无法解决的许多复杂零件的编程难题。

图形交互式 CAD/CAM 集成化自动编程方法是现代 CAD/CAM 集成系统中常用的方法，其主要特点是零件的几何形状可在零件设计阶段采用 CAD/CAM 集成系统的几何造型模块在图形交互方式下进行定义、显示和修改，最终得到零件的几何模型。编程操作都是在屏幕菜单及命令驱动等交互方式下完成的，具有形象、直观和高效等特点。在编程过程中，编程人员利用计算机辅助设计（CAD）或自动编程软件构建的零件几何模型，对零件进行工艺分析，确定加工方案，并利用软件的计算机辅助制造（CAM）功能，完成工艺方案的制订、切削用量的选择、刀具及其参数的设定，自动计算并生成刀位轨迹文件，并通过系统的后置处理功能生成指定数控系统用的加工程序。

三、数控加工程序的编制

1. 数控程序编制的标准

经过多年的不断实践与发展，数控加工程序中所用的各种代码如坐标值、坐标系命名、数控准备功能指令、辅助动作指令、主运动和进给速度指令、刀具指令以及程序和程序段格式等都已制订了一系列的国际标准，我国也参照相关国际标准制订了相应的国家标准，极大地方便了数控系统的研制、数控机床的设计、使用和推广。但在一些编程的细节上，各厂家生产的数控机床并不完全相同，因此，编程时还应按照具体机床的编程手册中的有关规定来进行，这样编出的程序才能为机床的数控系统所接受。

早期的数控加工程序采用数控穿孔纸带作为加工程序信息输入介质，常用的标准纸带有五单位和八单位两种，数控机床多用八单位纸带。目前绝大多数数控系统采用通用计算机编码，并提供与通用计算机完全相同的文件格式保存、传送数控加工程序，因此，现在纸带已不采用，但纸带上表示信息的八单位二进制代码标准仍然使用。数控代码（编码）标准有

EIA（美国电子工业协会）制订的 EIA　RS—244 和 ISO（国际标准化组织）制订的 ISO RS840 两种标准。国际上大都采用 ISO 代码，由于 EIA 代码发展较早，已有的数控机床中，有一些是应用 EIA 代码的，现在我国规定新产品一律采用 ISO 代码。也有一些机床，具有两套译码系统，既可采用 ISO 代码也可采用 EIA 代码。

除了字符编码标准外，更重要的是加工程序指令的标准化，主要包括准备功能 G 代码、辅助功能 M 代码及其他指令代码。我国原机械工业部制订了有关 G 代码和 M 代码的 JB/T3208—1999标准，它与国际上使用的 ISO1056—1975E 标准基本一致。

2. 数控机床的坐标轴命名

数控机床通过各个移动件的运动产生刀具与工件之间的相对运动来实现切削加工。为表示各移动件的移动方位和方向（机床坐标轴），在 ISO 标准中统一规定采用右手笛卡儿坐标系对机床的坐标系进行命名，在这个坐标系下定义刀具位置及其运动轨迹。

机床坐标轴的命名方法如图 7-3 所示，右手的拇指、食指和中指相互垂直，三个手指所指的方向分别为 x 轴、y 轴和 z 轴的正方向。此外，当存在以 x、y、z 的坐标轴线或与 x、y、z 的轴线相平行的直线为轴的旋转运动时，则用字母 A、B、C 分别表示绕 x、y、z 轴的转动坐标轴，其转动的正方向用右手螺旋定则确定。

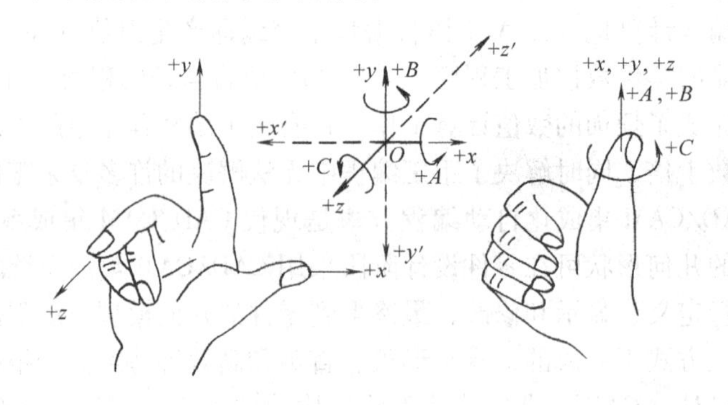

图 7-3　数控机床坐标轴命名

在坐标轴命名或编程时，加工中无论是刀具移动，还是被加工工件移动，都一律假定工件相对静止而刀具在移动，并同时规定刀具远离工件的方向为坐标轴的正方向。在坐标轴命名中，如果把刀具看做相对静止，工件移动，则在坐标轴的符号上加注标记（′），如 x'、y'、z'等。

确定机床坐标轴时，一般是先确定 z 轴，再确定 x 轴和 y 轴。对于有主轴的机床，如车床、铣床等则以机床主轴轴线方向作为 z 轴方向。对于没有主轴的机床，如刨床，则以与装夹工件的工作台相垂直的直线作为 z 轴方向。如果机床有几个主轴，则选择其中一个与机床工作台面相垂直的主轴为主要主轴，并以它来确定 z 轴方向。图 7-4 和图 7-5 分别表示数控车床和多坐标数控铣床的基本坐标系。

x 轴一般位于与工件安装面相平行的水平面内。对于机床主轴带动工件旋转的机床，如车床、磨床等，则在水平面内选定垂直于工件旋转轴线的方向为 x 轴，且刀具远离主轴轴线方向为 x 轴的正方向。对于机床主轴带动刀具旋转的机床，当主轴是水平的，如卧式铣床、卧式镗床等，则规定人面对主轴，选定主轴左侧方向为 x 轴正方向；当主轴是竖直时，如立式铣床、立式钻床等，则规定人面对主轴，选定主轴右侧方向为 x 轴正方向。对于无主轴的机床，如刨床，则选定切削方向为 x 轴正方向。

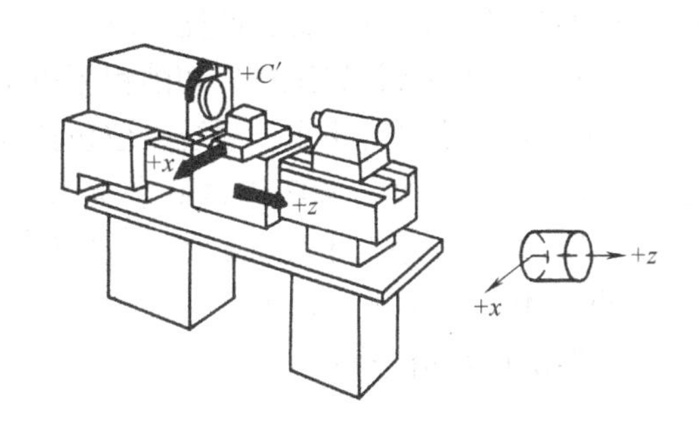

图 7-4　数控车床的基本坐标系

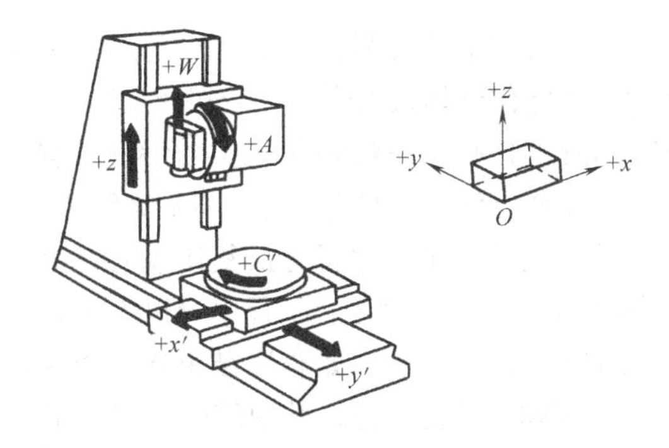

图 7-5　多坐标数控铣床的基本坐标系

y 轴方向可以根据已选定的 *z*、*x* 轴方向，按右手直角坐标系来确定。

如果机床除有 *x*、*y*、*z* 主要直线运动之外，还有平行于它们的坐标运动，则应分别命名为 *U*、*V*、*W*。如果还有第三组运动，则应分别命名为 *P*、*Q*、*R*。

如果在第一组回转运动 *A*、*B* 和 *C* 的同时，还有第二组回转运动，则可命名为 *D* 或 *E* 等。

3. 程序段格式

数控加工程序是由许多按规定格式书写的程序段组成的。每个程序段对应着零件的一段加工过程，它包含各种指令和数据。常见的程序段格式有固定顺序格式、分隔符顺序格式及字地址格式三种。目前常用的是字地址格式，典型的字地址格式如图 7-6 所示。

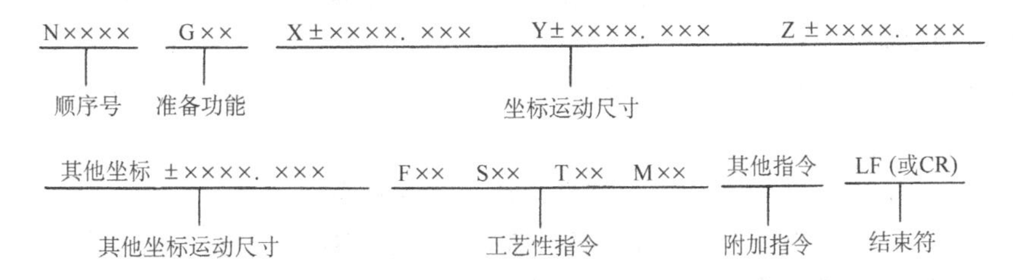

图 7-6　数控加工程序的字地址程序段格式

每个程序段都以程序段的序号开头，用字母 N 和四位数字表示；接着是准备功能指令，由字母 G 和两位数字组成，这是基本的数控指令；然后是机床运动的目标坐标值，如用 X、Y、Z 等指定运动坐标值；在工艺性指令中，F 代码为进给速度指令，S 代码为主轴转速指令，T 代码为刀具号指令，M 代码为辅助功能指令。LF 代码为 ISO 标准中的程序段结束符号（在 EIA 标准中为 CR，在某些数控系统中，程序段结束符用符号“ * ”或“;”表示）。

因此，程序段由若干个部分组成，各部分称为程序字，每一个程序字均由一个英文字母和后面的数字串组成。英文字母称为地址码，其后的数字串称为数据，所以这种形式的程序段称为字地址格式。

字地址格式用地址码来表明指令数据的意义，程序段中的程序字数目是可变的，程序段的长度也是可变的，因此，字地址格式也称为可变程序段格式。字地址格式的优点是程序段中所包含的信息可读性好，便于人工编辑修改，是目前使用最广泛的一种格式。

4. 数控加工程序的结构

数控加工程序由主程序和可被主程序调用的子程序组成，子程序可以有多级嵌套。无论是主程序还是子程序，都是由若干个按规定格式书写的“程序段”组成。其中，程序号程序段一般用O来设置程序号；设定工件坐标系程序段一般用G92指令；加工前准备程序段将完成刀具快速定位到切入点附近、冷却液泵启动、主轴转速设定与启动等设置工作；切削程序段是加工程序的核心，一般包括刀具半径补偿设置、插补、进给速度设置等指令；系统复位包括加工程序中所有设置的状态复位、机械系统复位等工作；程序结束一般由M02或M30来实现。

当某一固定的程序部分反复出现时，则可以把它们作为子程序，事先储存在存储器中，这样可以简化加工程序。子程序可以由主程序调用，也可由其他子程序调用。子程序结构与一般加工程序相似，只是程序结束指令用M99代替。利用M98指令调用子程序，其程序段格式为M98 P□□□□，其中□□□□是子程序号。

5. 数控程序指令

数控程序指令包括准备功能G指令、辅助功能M指令和工艺指令（F、S、T），其中准备功能G指令用来规定刀具和工件的相对运动轨迹（即指定插补功能）、机床坐标系、坐标平面、刀具补偿等多种加工操作。常用的G指令有：

（1）G00——快速定位指令　使刀具以点位控制方式快速移动到下一个目标位。

（2）G01——直线插补指令　使机床进行两坐标（或三坐标）联动的运动，在各个平面内切削出任意斜率的直线。

（3）G02、G03——顺圆、逆圆插补指令　使用圆弧插补指令之前须应用平面选择指令，指定圆弧插补的平面。

（4）G17、G18、G19——坐标平面选择指令　指定零件进行*XY*、*YZ*、*ZX*平面上的加工，刀具补偿时必须使用。

（5）G40、G41、G42——刀具半径补偿指令　G41、G42分别为左、右刀具半径补偿指令，G40为撤消刀具半径补偿指令。

（6）G90、G91——绝对坐标和增量坐标尺寸编程指令。

辅助功能M指令的作用是实现机床各种辅助动作的控制，包括主轴起停、润滑油泵起停、冷却液起停、加工程序结束等控制；F指令用来设定进给速度；S指令用来指定主轴的转速；T指令用来设定加工所用的刀具。鉴于有关数控技术的书中已详细介绍各指令的意义和使用方法，本书不再赘述。

四、数控铣削编程实例

图7-7所示是一个二维外形轮廓零件，现用手工编程方法采用数控铣床进行外轮廓铣削加工。已知零件毛坯为20mm厚的板材，工件材料为铝。

1. 根据图样要求确定工艺方案及加工路线

以底面为定位基准，工步顺序按*ABCDEFA*线路铣削轮廓，计算*A*、*B*、*C*、*D*、*E*、*F*等点的坐标。

2. 选择刀具

选择$\phi10$的平底立铣刀，定义为T01，并把该刀具的直径输入刀具参数表中。

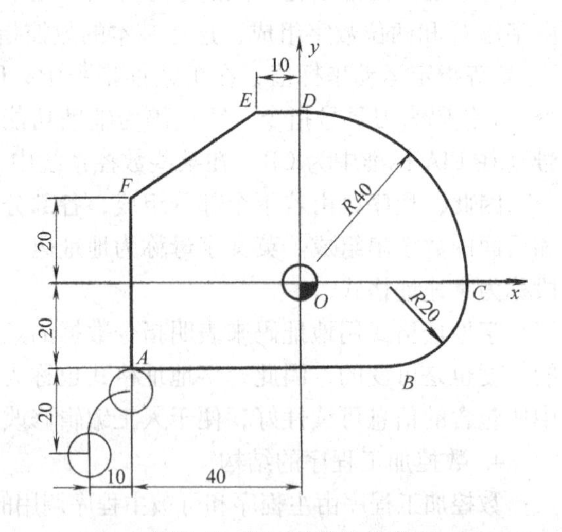

图7-7　铣削零件外轮廓

3. 确定切削用量

切削用量的具体数值应根据机床性能、相关的手册并结合实际经验确定，详见加工程序。

4. 确定工件坐标系和对刀点

在 xOy 平面内确定以 O 点为工件原点，z 方向以工件上表面为工件原点，建立工件坐标系，如图 7-7 所示。采用手动方式，将对刀点置于（0，0，0）位置处。

5. 编写程序

O0012；	第 0012 号程序，铣削外形轮廓
N10 G54 G90 G0 X0. Y0. ；	建立工件坐标系，并快速运动到程序原点上方
N20 Z30. ；	快速运动到安全面高度
N30 X －50. Y －40. S500 M3 M08；	刀具移动到工件外，启动主轴，切削液打开
N35 G1 Z －21. F20；	G01 下刀，伸出去 1mm
N40 G42 D1 Y －30. F100；	刀具半径右补偿，运动到 Y －30 的位置
N50 G2 X －40. Y －20. I10. J0. ；	顺时针圆弧插补，切线方向进刀
N60 G1 X20. ；	直线插补 A 至 B
N70 G3 X40. Y0. I0. J20. ；	逆时针圆弧插补 B 至 C
N80 X0. Y40. I －40. J0. ；	逆时针圆弧插补 C 至 D
N85 G1 X －10. ；	直线插补 D 至 E
N90 X －40. Y20. ；	直线插补 E 至 F
N100 Y －20. ；	直线插补 F 至 A
N110 Y －30. ；	直线退刀
N120 G40 Y －40. ；	取消刀具半径补偿，退刀至 Y －40
N130 G0 Z10. ；	抬刀至安全面高度
N140 X0. Y0. ；	回程序原点
N150 M2；	程序结束

第二节　自动编程技术

在数控加工程序编制中，对于简单平面零件可以根据图样用手工直接编写数控加工程序。对于复杂平面零件，特别是三维零件加工程序的编制，需要大量复杂的计算工作，程序段的数量也非常多，若采用手工编程既烦琐又枯燥，而且在许多情况下几乎是不可能的。因此，在 NC 机床出现不久，人们就开始了对自动编程方法的研究。随着计算机技术和算法语言的发展，首先提出了用“语言程序”的方法实现自动编程，经过不断的发展，已出现了多种成熟的图形交互自动编程系统。

自动编程具有编程速度快、周期短、质量高、使用方便等一系列优点。与手工编程相比，可提高编程效率数倍至数十倍。零件越是复杂，其技术经济效果越是显著，特别是能编制出手工编程无法完成的程序。

一、语言程序编程系统概述

所谓“语言程序”就是用专用的语言和符号来描述零件图样上的几何形状及刀具相对

零件运动的轨迹、顺序和其他工艺参数等，这个程序称为零件的源程序。零件源程序编好后，输入给计算机。为了使计算机能够识别和处理零件源程序，事先必须针对一定的加工对象，将编好的一套编译程序存放在计算机内，这个程序通常称为数控程序系统。该系统分两步对零件源程序进行处理。第一步是计算刀具中心相对于零件运动的轨迹，这部分处理不涉及具体 NC 机床的指令格式和辅助功能，具有通用性；第二步是后置处理，针对具体 NC 机床的功能产生控制指令，后置处理是不通用的。因此，经过数控程序系统处理后输出的程序才是控制 NC 机床的零件加工程序。整个 NC 自动编程的过程如图 7-8 所示。

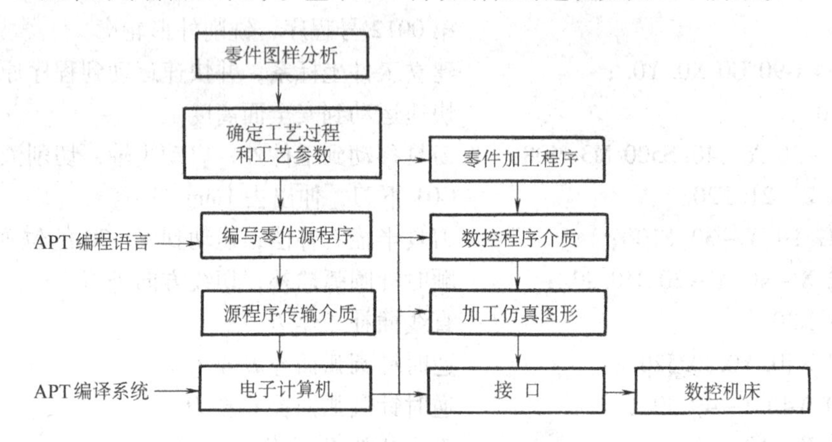

图 7-8　数控自动编程的过程

在语言编程系统中，流传最广、影响最深、最具有代表性的是美国 MIT 研制的 APT 系统。APT 是 1955 年推出的，1958 年完成适用于曲线编程的 APTⅡ，1961 年提出了 APTⅢ，适用于 3～5 坐标立体曲面自动编程，20 世纪 70 年代又推出了 APTⅣ，适用于自由曲面自动编程。由于 APT 系统语言丰富、定义的几何元素类型多，并配有多种后置处理程序，通用性好，所以在世界范围内广泛应用。在 APT 的基础上，世界各工业国家也发展了各具特色的数控语言系统，如德国的 EXAPT、日本的 FAPT 和 HAPT、法国的 IFAPT、我国的 SKC、ECX 等。我国原机械工业部 1982 年发布的 NC 机床自动编程语言标准（JB3112-82）采用了 APT 的词汇语法；1985 年 ISO 公布的 NC 机床自动编程语言（ISO 4342—1985）也是以 APT 语言为基础的。

二、APT 语言编程简介

1. APT 语言编程步骤

用 APT 语言编制零件源程序应遵循如下步骤：

（1）*分析零件图*　在编制零件源程序前，详细分析零件图，明确构成零件加工轮廓的几何元素，确定图样给出的几何元素的主要参数及各个几何元素之间的几何关系。

（2）*选择坐标系*　确定坐标系原点位置及坐标轴方向的原则是使编程简便、几何元素的参数换算方便，确保所有的几何元素都能够简洁地在所选定的坐标系中定义。

（3）*确定几何元素标识符*　实际上这是建立起抽象的零件加工轮廓描述模型，为在后续编程中定义几何表面和编写刀具运动语句提供便利。

（4）*进行工艺分析*　这一过程与手工编程相似，要依据加工轮廓、工件材料、加工精度、切削余量等条件，选择加工起刀点、加工路线，并选择工装夹具等。

（5）*确定对刀方法和对刀点*　对刀点要根据刀具类型和加工路线等因素合理选择。对刀方法是关系到重复加工精度的重要环节，批量加工时可以在夹具上设置专门的对刀装置。走刀路线的确定原则是保证加工要求，路线简捷、合理、便于编程，并依据机床、工件及刀具的类型及特点，与对刀点和起刀点一起综合考虑。

（6）选择容差、刀具等工艺参数　容差和刀具要依据工件的加工要求和机床的加工能力来选择，定义语句如下：

INTOL/0.01　　（内容差为 0.01mm）

OUTTOL/0.01　　（外容差为 0.01mm）

CUTTER/12　　（铣刀直径为 ϕ12mm）

其他工艺参数和特有指令要根据特定的数控机床而定，具体语句示例如下：

FEDRAT/50　　（进给速度为 50mm/min）

SPINDL/900，CLW　　（主轴转速为 900r/s，顺时针转）

（7）编写几何定义语句　根据加工轮廓几何元素之间的几何关系编写几何定义语句。

（8）编写刀具运动定义语句　根据走刀路线，编写刀具运动定义语句。

（9）插入其他语句　这类语句主要包括后置处理指令及程序结束指令。

（10）检验零件源程序　常见错误包括功能和语法错误，功能错误主要有定义错误等，所有错误尽可能在上机前改正，以提高上机效率。

（11）填写源程序清单。

2. APT 自动编程举例

这里结合一具体实例，简要介绍 APT 语言源程序结构和编程方法。图 7-9 所示是由直线和圆弧组成的平板零件，加工该零件的 APT 语言源程序如下：

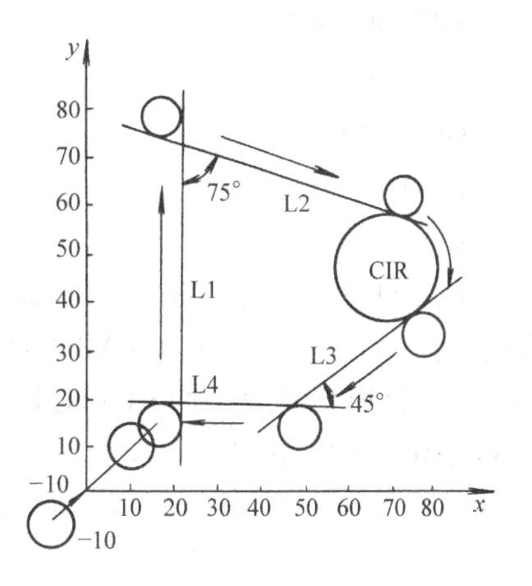

图 7-9　APT 语言编程实例

PARTNO/SAMPLE　　初始语句，SAMPLE 为程序名称

MACHINE/FANUC，6M　　后置处理程序的调出

CLPRNT　　打印刀具轨迹数据

OUTTOL/0.002　　外轮廓逼近容差指定

INTOL/0.002　　内轮廓逼近容差指定

CUTTER/10　　平头立铣刀，直径为 10mm

L1 = LINE/20，20，20，70　　定义直线 L1

L2 = LINE/（POINT/20，70）ATANGL，75，L1　　定义直线 L2

L4 = LINE/20，20，46，20　　定义直线 L4

L3 = LINE/（POINT/46，20），ATANGL，45，L4　　定义直线 L3

C1 = CIRCLE/YSMALL，L2，YLARGE，L3，RADIUS，10

定义圆弧 C1

XYPL = PLANE/0，0，1，0　　定义平面 XYPL

SETPT = POINT/ -10， -10，10

FROM/SETPT　　指定起刀点

FEDRAT/2400	快速进给
GODLTA/20，20，-5	增量进给
SPINDL/ON	主轴旋转起动
COOLNT/ON	冷却液开
FEDRAT/100	指定切削速度
GO/TO，L1，TO，XYPL，TO，L4	初始运动指定
TLLFT，GOLFT/L1，PAST L2	沿直线 L1 左边切削直至超过直线 L2
GORGT/L2，TANTO，C1	右转切削 L2 直至切于圆 C1
GOFWD/C1，PAST，L3	沿圆 C1 切削直至超过 L3
GOFWD/L3，PAST，L4	沿直线 L3 切削直至超过 L4
GORGT/L4，PAST，L1	右转切削 L4 直至超过 L1
GODLTA/0，0，10	增量进给
SPINDL/OFF	主轴旋转停止
FEDRAT/2400	快速进给
GOTO/SETPT	返回起刀点
END	机床停止
FINI	零件源程序结束

从上述 APT 语言源程序可概略地看出，整个源程序是由各种不同的语句组成，它包括如下内容：初始语句（如 PARTNO）、几何定义语句（如 POINT、LINE、CIRCLE、PLANE 等）、刀具形状描述（如 CUTTER）、容许误差的指定（如 OUTTOL、INTOL）、刀具起始位置的指定（如 FROM）、初始运动语句（如 GO）、刀具运动语句（如 GOLFT、GORGT、GO-FWD 等）、后置处理语句（如 MACHINE、SPINDL、COOLNT、END 等）以及 CLPRNT 打印语句和结束语句 FINI 等。

有关 APT 语言的源程序的编制方法及相关规定请参阅有关资料，在此不再详述。

三、图形交互式自动编程原理和功能

数控语言自动编程存在的主要问题是缺少图形的支持，除了编程过程不直观之外，被加工零件轮廓是通过几何定义语句一条条进行描述的，编程工作量大。随着 CAD/CAM 技术的成熟和计算机图形处理能力的提高，直接利用 CAD 模块生成几何图形，采用人机交互的实时对话方式，在计算机屏幕上指定被加工部位，输入相应的加工参数，计算机便可自动进行必要的数学处理并编制出数控加工程序，同时在计算机屏幕上动态地显示出刀具的加工轨迹。这种利用 CAD/CAM 软件系统进行图形交互式数控加工编程方法与数控语言自动编程相比，具有速度快、精度高、直观性好、使用简便、便于检查等优点，已成为当前数控加工自动编程的主要手段。

图形交互式自动编程系统通常有两种类型的结构：一种是 CAM 系统中内嵌三维造型功能；另一种是独立的 CAD 系统与独立的 CAM 系统的结构以集成方式构成数控编程系统。

目前，市场上较为著名的工作站型 CAD/CAM 软件系统，如 IDEAS、Pro/Engineer、UGⅡ、CATIA 等都有较强的数控加工编程功能。这些软件系统除了具有通常的交互定义、编辑修改功能之外，还能够处理各种不同复杂程度的三维型面的加工。近年来，原有的工作站型 CAD/CAM 软件系统纷纷推出了微机版，系统价格大幅度下降，应用普及程度有了较大的提高。一些软件公司为了满足中小企业的需要，相继开发了微机型 CAD/CAM 系统，如美国的 SURFTCAM、MASTERCAM、TECKSURFT，英国的 DELCAM，以色列的 CIMATRON 等。这些系统功能完善，具有较强的后置处理环境，有些系统功能已接近于工作站型 CAD/CAM 软件功能。

CAD/CAM 软件系统中的 CAM 部分，有不同的功能模块可供选用，如二维平面加工、三轴至五轴联动的曲面加工、车削加工、电火花加工（EDM）、板金加工（Fabrication）、切割加工（包括等离子、激光切割加工）等，用户可根据企业的实际应用需要选用相应的功能模块。对于通常的切削加工数控编程，CAM 系统一般均具有刀具工艺参数的设定、刀具轨迹自动生成、刀具轨迹编辑、刀位验证、后置处理、动态仿真等基本功能。

四、图形交互式自动编程的基本步骤和特点

1. 图形交互式自动编程的基本步骤

国内外图形交互式自动编程软件的种类很多，不同的 CAD/CAM 系统，其功能指令、用户界面各不相同，编程的具体过程也不尽相同。但从总体上讲，编程的基本原理及基本步骤是一致的。归纳起来可分为如图 7-10 所示的几个基本步骤。

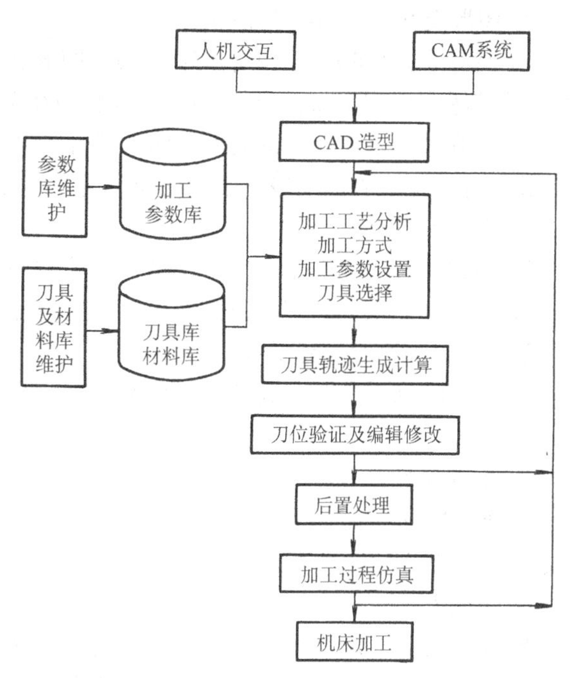

图 7-10　CAD/CAM 系统数控编程原理

（1）*几何造型*　就是利用 CAD 模块的图形构造、编辑修改、曲面和实体特征造型功能，通过人机交互方法建立被加工零件三维几何模型，也可通过三坐标测量仪或扫描仪测量被加工零件复杂的形体表面，经计算机整理后送 CAD 造型系统进行三维曲面造型。三维几何模型建立之后，以相应的图形数据文件进行存储，供后继的 CAM 编程处理调用。

（2）*加工工艺分析*　这是数控编程的基础，选择合理的加工方案以及工艺参数是准确、高效加工工件的前提。主要内容有：分析零件的加工部位，确定工件的装夹位置，指定工件坐标系、选定刀具类型及其几何参数，输入切削加工工艺参数等。

CAM 系统中的加工阶段分为粗加工、半精加工、精加工阶段。粗加工一般称为区域清除。在此加工阶段中，应该在公差允许范围内尽可能多地切除材料。对于复杂的曲面加工，可以把加工阶段进一步划分成半精加工和精加工阶段，也可只划分为一个精加工阶段。精加工阶段的主要任务是满足加工精度、表面粗糙度要求，而加工余量是非常小的。切削加工方式一般可分为点位加工、平面轮廓加工、型腔加工、曲面加工四种情况。

（3）*刀具轨迹的计算及生成*　刀具轨迹的生成是面向屏幕上的图形交互进行的，用户可根据屏幕提示，用光标选择相应的图形目标，确定待加工的零件表面及限制边界，用光标或命令输入切削加工的对刀点，交互选择切入方式和进给方式，然后软件系统将自动地从图形文件中提取所需的几何信息，进行分析判断，计算节点数据，自动生成进给路线，并将其转换为刀具位置数据，存入指定的刀位文件。

(4) *刀位验证及刀具轨迹的编辑* 对所生成的刀位文件进行加工过程仿真，检查验证进给路线是否正确合理，有否碰撞干涉或过切现象，可对已生成的刀具轨迹进行编辑修改、优化处理，以得到正确的进给轨迹。若生成的刀具轨迹经验证产生严重干涉，或不能使用户满意，用户可修改工艺方案，重新进行刀具轨迹计算。

(5) *后置处理* 后置处理的目的是形成数控加工文件。由于各种机床使用的数控系统不同，所用的数控加工程序的指令代码及格式也不尽相同，为此，必须通过后置处理将刀位文件转换成具体数控机床所需的数控加工程序。

(6) *数控程序的输出（加工过程仿真）* 生成的数控加工程序可通过打印机输出，也可将数控程序写在磁带或磁盘上，直接提供给有磁带或磁盘驱动器的机床控制系统使用。对于有标准通用接口的机床控制系统，可以直接由计算机将加工程序送给机床控制系统进行数控加工。

2. 图形交互式自动编程的特点

1）将零件加工的几何造型、刀位计算、图形显示和后置处理等作业过程结合在一起，有效地解决了编程的数据来源、图形显示、进给模拟和交互修改问题，弥补了数控语言编程的不足。

2）编程过程是在计算机上直接面向零件的几何图形交互进行的，不需要用户编制零件加工源程序，用户界面友好、使用简便、直观、准确、便于检查；同时，不需要专用的编程机，便于普及推广。

3）不仅能够实现产品设计（CAD）与数控加工编程（NCP）的集成，还便于与工艺过程设计（CAPP）、刀夹量具设计等其他生产过程的集成。

五、图形交互式编程举例

以图 7-11 所示的零件为例，采用基于微机平台的 UG 系统，介绍图形交互式数控编程方法。

1. 几何造型

选择“拉伸”命令创建直径为 50mm 的圆柱体，并用拉伸剪切出图 7-11 所示的零件。

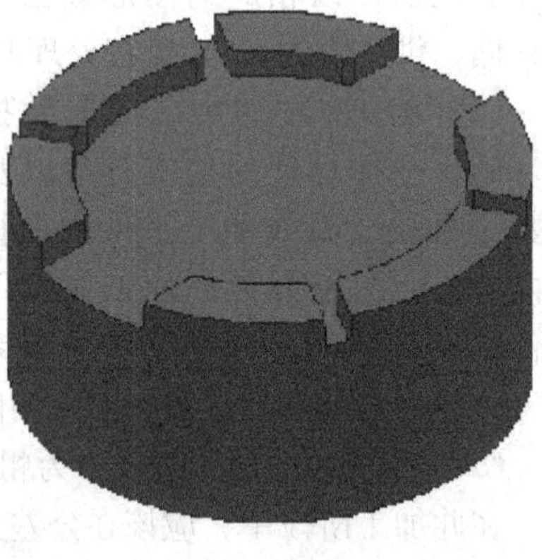

2. 生成刀具路径

首先选择粗加工中的偏置方式，新建直径为 8mm 平底铣刀，设置加工参数，生成粗加工刀具路径（见图 7-12a）；选择直径为 2mm 平底铣刀进行等高加工精加工，生成垂直精加工刀具路径（见图 7-12b）；最后用平行平坦面方式精加工平面，产生平面精加工刀具路径（见图 7-12c）。

图 7-11 零件图

3. 加工仿真

刀具路径设置完成，可以在 UG 系统中检查路径的正确性。单击“检验”按钮，进行加工过程动态仿真，如图 7-13 所示。

4. 后置处理

将所生成的刀位文件通过专用后置处理模块来处理，生成可供数控机床加工的数控程序。

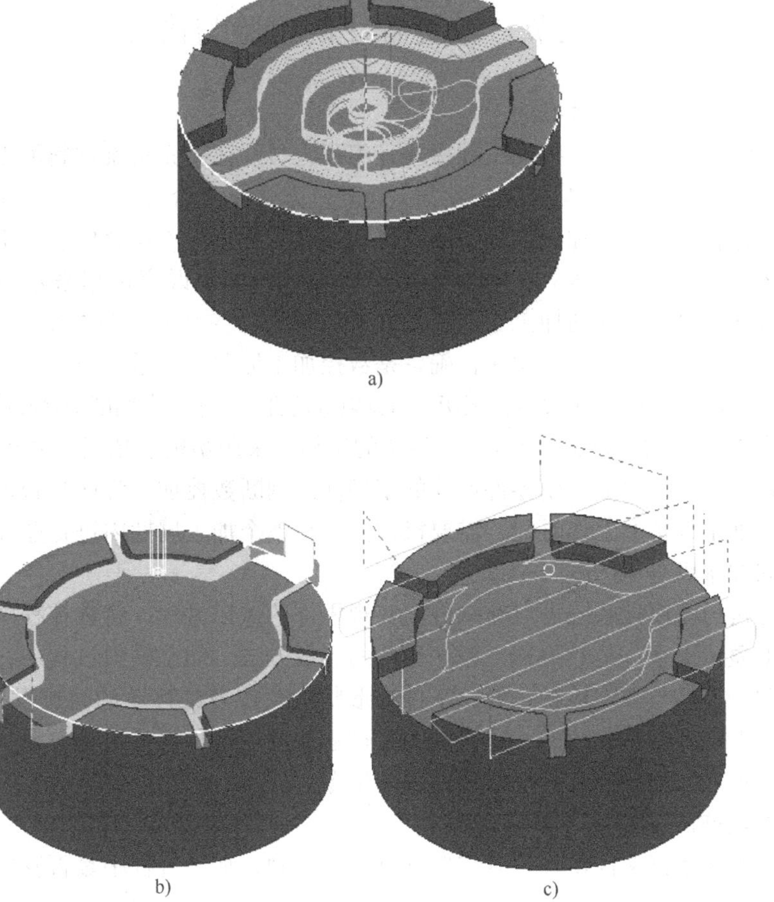

图 7-12　刀具路径图

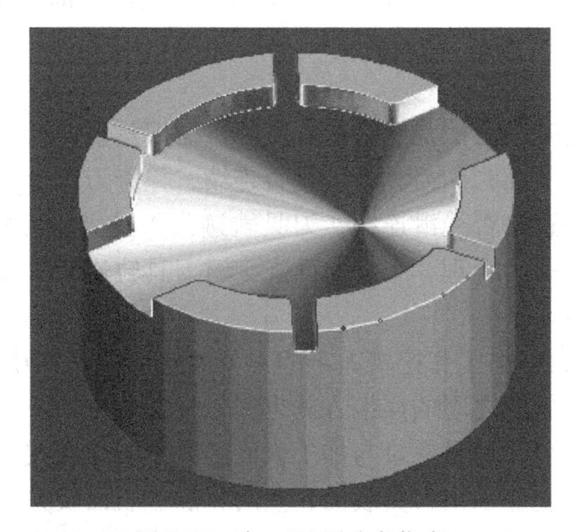

图 7-13　加工过程动态仿真

第三节　数控程序的检验与仿真

一、数控程序检验与仿真概述

采用自动编程方法生成数控加工程序时，编程人员往往事先很难预料加工过程中是否发生过切、少切，所选择的刀具、进给路线、进退刀方式是否合理，零件与刀具、刀具与夹具、刀具与工作台是否干涉和碰撞等，结果可能导致工件形状不符合要求，出现废品，有时还会损坏机床、刀具。随着 NC 编程的复杂化，NC 代码的错误率也越来越高。因此，零件的数控加工程序在投入实际的加工之前，采取有效方法检验和验证数控加工程序的正确性，以确保投入实际应用的数据加工程序正确，是数控加工编程中的重要环节。

目前数控程序检验的方法主要有：试切、刀具轨迹仿真、三维动态切削仿真和虚拟加工仿真等。

试切法是 NC 程序检验的有效方法。传统的试切是采用塑模、蜡模或木模在专用设备上进行的，通过塑模、蜡模或木模零件尺寸的正确性来判断数控加工程序是否正确。但试切过程不仅占用了加工设备的工作时间，需要操作人员在整个加工周期内进行监控，而且加工中的各种危险同样难以避免。

通过计算机仿真模拟系统可以在软件上实现零件的试切过程，将数控程序的执行过程在计算机屏幕上显示出来，是数控加工程序检验的有效方法。动态模拟过程中，刀具可以实时在屏幕上移动，刀具与工件接触之处，工件的形状就会按刀具移动的轨迹发生相应的变化。观察者在屏幕上看到的是连续的、逼真的加工过程。利用这种视觉检验效果，就可以很容易发现刀具和工件之间的碰撞及其他错误的程序指令。

二、刀位轨迹仿真法

通过读取刀位数据文件检查刀具位置计算是否正确，加工过程中是否发生过切，所选刀具、进给路线、进退刀方式是否合理，刀位轨迹是否正确，刀具与约束面是否发生干涉与碰撞等情况。这种仿真一般采用动画显示的方法，效果逼真，通常在后置处理之前进行。由于该方法是在后置处理之前进行刀位轨迹仿真，它可以脱离具体的数控系统环境进行。刀位轨迹仿真法是目前比较成熟有效的仿真方法，应用比较普遍。目前主要有刀具轨迹显示验证、截面法验证和数值验证三种方式。

1. 刀具轨迹显示验证

刀具轨迹显示验证的基本方法是：当待加工零件的刀具轨迹计算完成后，将刀具轨迹在图形显示器上显示出来，从而判断刀具轨迹是否连续，检查刀位计算是否正确。判断的依据和原则主要包括：刀具轨迹是否光滑连续、刀具轨迹是否交叉、刀轴矢量是否有突变现象、凹凸点处的刀具轨迹连接是否合理、组合曲面加工时刀具轨迹的拼接是否合理、走刀方向是否符合曲面的造型原则等。

图 7-12 所示为曲面放射加工和挖槽加工的刀具轨迹图，从图中可以看出每条刀具轨迹是光滑连接的，各条刀具轨迹之间的连接方式也非常合理。

刀具轨迹显示验证还可将刀具轨迹与加工表面的线框图组合在一起，显示在图形显示器上，或在待验证的刀位点上显示出刀具表面，然后将加工表面及其约束面组合在一起进行消隐显示，根据刀具轨迹与加工表面的相对位置是否合理、刀具轨迹的偏置方向是否符合实际要求、分析进退刀位置是否合理等，更加直观地分析刀具与加工表面是否有干涉，从而判断刀具轨迹是否正确，进给路线和进退刀方式是否合理。

2. 刀具轨迹截面法验证

截面法是先构造一个截面，然后求该截面与待验证的刀位点上的刀具外形表面、加工表面及其约束面的交线，构成一幅截面图显示在屏幕上，从而判断所选择的刀具是否合理，检查刀具与约束面是否发生干涉与碰撞，加工过程是否存在过切等。

截面法主要应用于侧铣加工、型腔加工及通道加工的刀具轨迹验证。截面形式有横截面、纵截面及曲截面等三种方法。

采用横截面方式时，构造一个与进给路线上刀具的刀轴方向大致垂直的平面，然后用该平面去剖截待验证的刀位点上的刀具表面、加工表面及其约束面，从而得到一张所选刀位点上刀具与加工表面及其约束面的截面图。该截面图能反映出加工过程中刀杆与加工表面及其约束面的接触情况。图 7-14 所示是采用二坐标侧铣加工轮廓及二坐标端铣加工型腔时的横截面验证图。

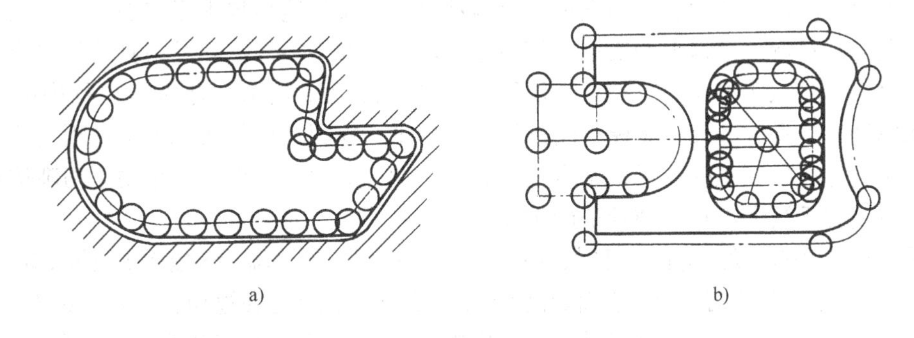

图 7-14　横截面验证图

a）加工轮廓的横截面验证图　b）加工型腔的横截面验证图

纵截面验证是用一张通过刀轴轴心线的平面（纵截面）去剖截待验证的刀位点上的刀具表面、加工表面及其约束面，从而得到一张截面图。在该截面图的显示过程中，规定刀具始终摆正放置，即刀杆向上、刀尖向下。可选取刀平面做为纵截面，或将刀平面绕刀轴转动一定的角度而生成纵截面。纵截面验证不仅可以得到一张反映刀杆与加工表面、刀尖与导动面的接触情况的定性验证图，还可以得到一个定量的干涉分析结果表。

如图 7-15 所示，在用球形刀加工自由曲面时，若选择的刀具半径大于曲面的最小曲率半径，则可能出现过切干涉或加工不到位现象。

曲截面验证是用一指定的曲面去剖截待验证的刀位点上的刀具表面、加工表面及其约束面，从而得到一张反映刀杆与加工表面及其约束面的接触情况的曲截面验证图。主要应用于整体叶轮的五坐标数控加工的检验。

3. 刀具轨迹数值验证

刀具轨迹数值验证也称为距离验证，是一种刀具轨迹的定量验证方法。它通过计算各刀位点上刀具表面与加工表面之间的距离进行判断，若此距离为正，表示刀具离开加工表面一定距离；若距离为负，表示刀具与加工表面发生过切。

如图 7-16 所示，选取加工过程中某刀位点上的刀心，然后计算刀心到所加工表面的距离，则刀具表面到加工表面的距离为刀心到加工表面的距离减去球形刀具的半径。设 C 表示加工刀具的刀心，d 是刀心到加工表面的距离，R 表示刀具半径，则刀具表面到加工表面的距离为 $\delta = d - R$。

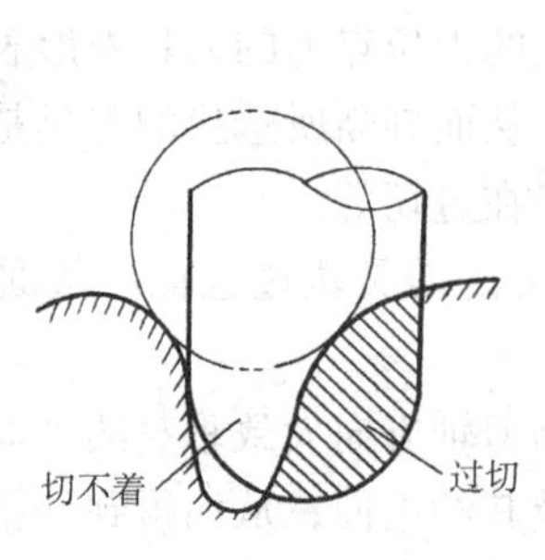

图 7-15　刀具的过切干涉

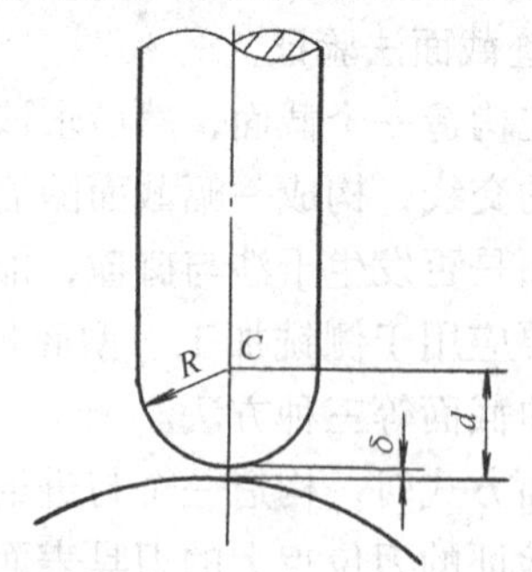

图 7-16　球形刀加工的数值验证

三、三维动态切削仿真法

在自动编程中，三维动态切削图形仿真验证是采用实体造型技术建立加工零件毛坯、机床、夹具及刀具在加工过程中的实体几何模型，然后将加工零件毛坯及刀具的几何模型进行快速布尔运算（一般为减运算），最后采用真实感图形显示技术，把加工过程中的零件模型、机床模型、夹具模型及刀具模型动态地显示出来，模拟零件的实际加工过程。这种方法的特点是仿真过程的真实感较强，基本上具有试切加工的验证效果。三维动态切削仿真已成为图形数控编程系统中刀具轨迹验证的重要手段。

在进行加工过程的动态仿真验证时，通常将加工过程中不同的显示对象采用不同的颜色来表示。已切削加工表面与待切削加工表面颜色不同；已加工表面上存在过切、干涉之处又采用另一种不同的颜色。同时可对仿真过程的速度进行控制，从而使编程人员清楚地看到零件的整个加工过程，刀具是否啃切加工表面以及在何处啃切加工表面，刀具是否与约束面发生干涉与碰撞等。

现代数控加工过程的动态仿真验证有两种典型的方法：一种是只显示刀具模型和零件模型的加工过程动态仿真，图 7-15 是采用刀具模型和零件模型实现十字形水管接头的加工过程的动态仿真；另一种是同时动态显示刀具模型、零件模型、夹具模型和机床模型的机床仿真系统。从仿真检验的内容看，可以仿真刀位文件，也可仿真 NC 代码。

四、虚拟加工仿真法

虚拟加工仿真方法是应用虚拟现实技术实现加工过程的仿真技术。这种加工仿真方法主要解决加工过程中实际加工环境的工艺系统间发生的干涉碰撞问题和运动关系。由于加工过程是一个动态的过程，刀具与工件、夹具、机床之间的相对位置是随时间改变的，工件从毛坯开始经过若干工序的加工，在形状和尺寸上均在不断变化，因此，虚拟加工法是在各组成环境确定的工艺系统上进行动态仿真。

虚拟加工方法由于能够利用多媒体技术实现虚拟加工，因此与刀位轨迹仿真方法不同，它不只是解决刀具与工件之间的相对运动仿真，更重视对整个工艺系统的仿真，虚拟加工软件一般直接读取数控程序，模拟数控系统逐段翻译并执行，同时利用三维真实感图形显示技术，模拟整个工艺系统的状态，还可以在一定程度上模仿加工过程中的声音等，提供更加逼真的加工环境效果。

从发展前景看，一些专家学者正在研究开发考虑加工系统物理学、力学特性情况下的虚拟加工，一旦成功，数控加工仿真技术将发生质的飞跃。

习题与思考题

1. 简要说明数控加工编程的基本过程及主要内容。

2. 简要说明手工编程方法的原理和特点。

3. 试用手工编程方法编写图 7-9 所示零件的 NC 加工程序。

4. 简要说明 APT 语言编程如何定义点、直线和圆。

5. 简要叙述 APT 语言编程的基本步骤。

6. 试用 APT 语言编写完成图 7-7 所示零件加工的源程序。

7. 简要说明图形交互式自动编程的原理和功能。

8. 简要说明图形交互式自动编程的基本步骤和特点。

9. 试用所掌握的图形交互式自动编程系统完成图 7-11 所示的模型零件加工程序的编制，生成刀位文件，进行刀具轨迹仿真，并选用一种数控系统，生成 NC 代码文件。

10. 试分析比较常用的几种数控程序检验方法，简要说明其原理和特点。

第八章　逆向工程技术

逆向工程（Reverse Engineering，RE），又称为反求技术或逆向设计，是将已有产品模型（实物模型）转化为工程设计模型和概念模型，并在此基础上解剖、深化和再创造的一系列分析方法和应用技术的组合，可有效改善技术水平，提高生产率，增强产品竞争力，是消化、吸收先进技术进而创造和开发各种新产品的重要手段。据统计，各国70%以上的技术源于国外，逆向工程作为掌握技术的一种手段，使产品研制周期缩短40%以上。研究逆向工程技术，对我国国民经济的发展和科学技术水平的提高，具有重要的意义。

第一节　逆向工程概述

一、顺向工程

传统工业产品开发均是按严谨的研究开发流程，从确定预期功能与规格目标开始，构思产品结构，然后进行各个部件的设计、制造以及检验，再经过组装、整机检验、性能测试等程序完成整个开发过程，设计者拥有产品开发的完整技术档案，每个零部件都有原始设计图样，按确定的工艺文件加工，零件的尺寸精度要求合格与否由产品检验报告记录分析。这种开发模式称为预定模式（Prescriptive Model），此类开发工作称为顺向工程（Forward Engineering）或正向设计。产品顺向工程开发的流程如图8-1所示。

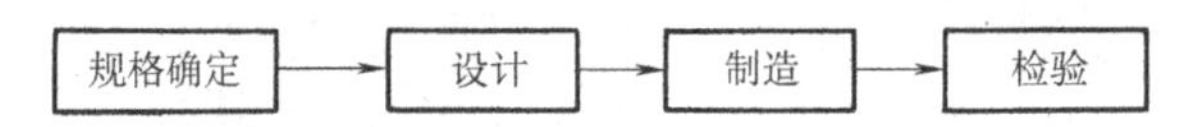

图8-1　顺向工程开发的流程图

随着工业技术的进步以及社会经济条件的发展，消费者对产品质量的要求越来越高，产品的使用功能已不再是赢得市场竞争的唯一条件，畅销产品不仅功能上要求先进，外观也需要精美造型，吸引消费者的注意力，按顺向工程的流程接受传统训练的机械工程师已难以胜任，“工业设计”这一技术受到重视。目前CAD应用普遍是根据几何关系，按尺寸建构“逼真”的产品，但很多物品，如流线型产品、艺术浮雕的不规则线条等，很难用基本几何来表现和定义，一些具有美工背景的设计师在CAD模型基础上构想创新的外形，以手工方式塑造出模型，如木模、石膏模、粘土模、蜡模、工程塑料模、玻璃纤维模等，然后通过测量三维尺寸构建自由曲面的CAD模型，这个过程已应用逆向工程的概念，但还是依据对象导向（object-oriented）的设计思路，仍属正向设计。顺向工程中产品造型设计加工流程如图8-2所示。

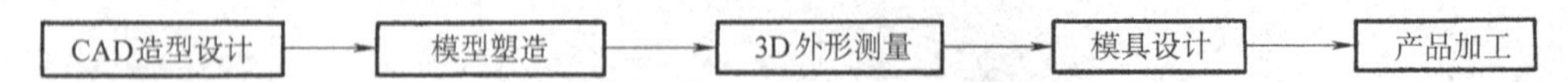

图8-2　顺向工程中产品造型设计加工流程图

顺向工程的特征可归纳为：功能导向（Functionally-Oriented）、对象导向、预定模式（Prescriptive Model）、系统开发（System to-be）以及所属权系统（Legacy System）。

二、逆向工程

市场竞争日趋激烈，产品生命周期缩短，速度成为企业提高竞争力的重要条件，快速将产品推向市场几乎是提高产品存活率的唯一途径。因此，如何缩短研发时间，提高产品的竞争力，成为各企业的首要课题。逆向工程技术在此背景下受到人们的关注。

逆向工程通常是以工程方式进行某一模型的仿制工作。往往一件拟制作的样品没有原始设计图样，加工单位根据委托方交付的样件或模型（称为零件原形，如鞋楦模、熨斗模等）进行复制。传统的复制方法是用立体雕刻机或液压三维靠模铣床制作1∶1等比例的模具，再进行批量生产。这种方法属模拟式复制，不能建立工件尺寸图档，也无法做任何的外形修改，已逐渐被新型的数字化逆向工程系统所取代。

目前，针对已有样件（尤其适合复杂不规则的自由曲面），可利用三维数字化测量仪器准确、快速地测量出产品外形数据，在逆向软件中建构曲面模型，再输入CAD/CAM系统进一步编辑、修改，由CAM生成刀具NC代码（加工路径）送至数控机床（CNC）制作所需模具，或者由快速成形机（RP）将样品模型制作出来，其流程如图8-3所示。

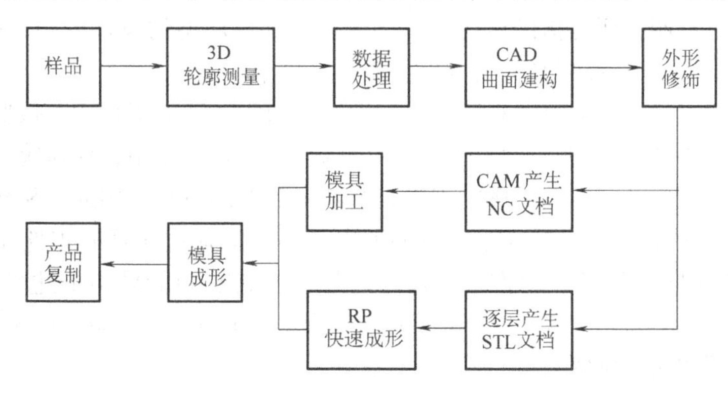

图8-3　逆向工程流程图

1. 逆向工程的四个核心步骤

（1）*零件原型的数字化*　利用三坐标测量机（CMM）或激光扫描等测量装置获取零件原型表面各点的三维坐标值。

（2）*从测量数据中提取零件原型的几何特征*　按测量数据的几何属性进行分割，采用几何特征匹配与识别的方法获取零件原型所具有的设计与加工特征。

（3）*零件原型CAD模型的构建*　将分割后的三维数据在CAD系统中分别做表面模型的拟合，并通过各表面片的求交与拼接获取零件原型的CAD模型。

（4）*CAD模型的检验与修正*　根据重构的CAD模型重新测量或加工出样品等方法检验建构的CAD模型是否满足精度或其他试验性能指标，对不满足要求者，重复以上过程，直至达到零件的设计要求。

实物测量反求技术起始于用油泥模型设计汽车、摩托车外形，现已成为模具制造业、玩具业、游戏业、电子业、鞋业、高尔夫球业、艺术业、医学工程等行业产品造型设计的重要工具，广泛地用于产品改进、创新设计，特别适合具有复杂曲面外形的产品，它极大地缩短了产品的开发周期，提高了产品精度。据国外产品设计统计：正向设计仅占40%，而逆向工程已占60%。

2. 逆向工程应用情况

1）在缺少设计文档以及没有CAD模型的情况下，对零件原型进行测量，形成零件的设计图样或CAD模型，并以此为依据生成数控加工的NC代码，加工复制零件。

2）设计需要通过实验测试才能定型的零件模型，通常采用逆向工程的方法。例如航空航天领域，为了满足产品对空气动力学等要求，首先要求在初始设计模型的基础上经过各种性能测试（如风洞实验等）建立符合要求的产品模型，这类零件一般具有复杂的自由曲面外形，最终的实验模型将成为设计此类零件及其模具的依据。

3）在美观设计特别重要的领域。例如汽车外形设计，广泛采用真实比例的木制或泥塑模型来评估设计整体效果，此时需用逆向工程的设计方法。

4）由于近年来对模具制作时间、造型与精度要求日益严格，采用单一CAD系统顺向进行模具设计制作，不再是唯一有效的处理手段，利用日渐成熟的逆向工程技术可加快交货进度并提高制作精度，因此各类模具加工企业皆积极引入逆向技术。

5）另一个重要的应用，如修复破损的艺术品或缺乏供应的损坏零件等，此时不需要对整个零件原型进行复制，而是借助逆向工程技术抽取零件原型的设计思想，指导新的设计。这是由实物逆向推理出设计思想的一种渐近过程。

逆向工程与传统设计制造过程是截然不同的设计流程。逆向工程中，按照现有的零件原型进行设计生产，零件具有的几何特征与技术要求都包含在原型中，而传统的设计是根据零件最终所承担的功能以及各方面的影响因素进行从无到有的设计。因此，从概念设计出发到最终形成CAD模型的传统设计是一个确定的明晰过程，而通过对现有零件原型数字化后再形成CAD模型的逆向工程是一个推理、逼近的过程，具有功能导向描述模式（descriptive mode）、系统仿造（system as-is）以及非所属权系统（non-legacy system）等特性。

三、逆向工程的关键技术

零件的数字化和计算机辅助反向建模（Computer Aided Reverse Modeling，CARM）是逆向工程的两项关键技术，零件的数字化是通过特定的测量设备和测量方法获取零件表面离散点的几何坐标数据。CARM通过对测量数据的处理，提取建模所需的有效数据，对零件进行曲面和实体造型，以得到原型的CAD模型。逆向设计是以产品为原型，通过大量的表面数据点来重构原型，由于不知道原来的设计意图，反向建模过程往往是被动的，设计的自由度较小，难度也就比顺向设计大得多。现阶段逆向工程在应用过程中需注意以下几种情况：

1）实际测量中影响测量精度的因素很多。用许多理想假设标定光学测量系统结构参数会带来复杂的非线性误差，非接触式扫描时工件颜色对扫描结果的干扰、样件的自身结构和夹紧装置引起的阻塞问题以及测量的可及性问题、超大型工件（包括车身、人体雕像等）的测量困难都会影响样件数据的准确获取。

2）用什么工具处理测点数据重建曲面，达到原本外形所需要的精度。尽管目前曲面造型、实体造型的理论和算法基本成熟，并在CAD/CAM系统中得到广泛的应用，但面向逆向工程的曲面、实体造型技术尚未达到理想的实用水平，处理庞大扫描所得点云资料的逆向软件尚不完善，处理过程慢，甚至有些功能变得不是很正常。例如，Surfacer软件读取点云数据时，系统工作速度较快，并且能较容易地进行曲线拟合，但曲面拟合时，软件所提供的工具及面的质量却不及其他的CAD软件（如Pro/Engineer、UG等），很多时候Surfacer做成的面，还需要到UG等软件中修改。但是，使用Pro/Engineer、UG等软件读取点云时，却会产生数据庞大的问题，对它们来说，一次读取太多的点比较困难。具体工程设计中，一般采用几种软件配套使用，取长补短。

3）目前逆向软件与相关 CAD/CAE/CAM 软件间缺乏统一的产品数据接口，大多借助 IGES、DXF 等文件格式纪录经过预处理的数据信息，通过 Pro/Engineer、UG 等通用 CAD 软件平台进行造型，进而生成加工代码（NC）或快速成型所需的接口文件（如 STL 文件）。但 IGES 的部分定义不完全兼容，造成软件间交换数据会有一定困难。目前大多数 CAD 软件开始采用 STEP 格式，研究 STEP 与 STL 等格式的数据交换是一个重要方向。

4）对测点数据的有效处理还依赖于经验丰富的专业人才。采用高精度装备获取有效的测点数据固然重要，但成功的数据处理更离不开对产品特性及加工流程的充分了解：精确辨别处理产品模型（如手机外壳、汽车扰流板等）的自由曲面上的凹槽、开孔或其他特征，正确无误地整理测点数据，重建有用的、标准的线（面）架构，都需要经验丰富的工程技术人员。

第二节　逆向工程系统组成及工作原理

一、逆向工程系统组成

逆向工程需要使用精密的测量系统来测量样件的轮廓三维尺寸，再对取得的各点数据做曲面重建、分析及加工成型。所以一套完整的逆向工程系统包括下列基本配备：

（1）*测量探头*　分接触式（如触发探头、扫描探头）和非接触式（包括激光位移探头、激光干涉仪探头、线结构光及 CCD 扫描探头、面结构光及 CCD 扫描探头等）两大类。

（2）*测量机*　有三坐标测量机、多轴关节式机械臂及激光追踪站等。

（3）*点数据处理软件*　进行噪声滤除、曲线建构、曲面建构、曲面修改、内插值补点等。

（4）*CAD/CAM 软件*　用于建模及加工代码产生。

（5）*CAE 软件*　完成模流、结构等各种有限元分析，可提高设计成功率。

（6）*数控机床*　进行原型制作或模具制作。

（7）*快速原型机*　快速产生模型（有 SLA 法、LOM 法、FDM 法、SLS 法等多种工艺）。

（8）*批量生产设备*　包括注射成形机、冲床等。

二、逆向工程前处理

在产品开发中，采用逆向工程方式处理的产品往往具有尺寸不易掌握的特性，如自由曲面的外观造型等。因此，逆向工程的首要任务就是取得所需的点数据，用于后续的模型建构。现介绍逆向工程的前处理——点数据的测量技术。

1. 测量方式

一个物体可用游标卡尺、测微仪等作长度测量，也可用投影机、工具显微镜等作 x、y 方向二维测量。逆向工程多用三维测量，具体有接触式测量与非接触式测量。接触式测量主要是利用三坐标测量机；非接触式测量主要包括光学测量、超声波测量、电磁测量等方法。

（1）*接触式测量*　接触式测量将被测物体固定在三坐标测量机上，探头直接接触样件表面，不受样件表面的反射特性、颜色及曲率影响，配合测量软件，可快速准确地测量出物体的基本几何形状，如面、圆柱、圆锥、圆球等。接触式探头发展已有几十年，其机械结构及电子系统已相当成熟，有较高的准确性和可靠性。

接触式测量有以下缺点：

1）为了确定测量基准点而使用特殊的夹具，测量费用较高。

2）测量系统的支撑结构存在静态及动态误差，探头触发机构的惯性及时间延迟使探头出现超越现象易产生动态误差。

3）检测某些轮廓有先天的限制，如测量内圆直径，触发探头的直径必定要小于被测内圆直径。

4）接触式触发探头以逐点进出方式进行测量，测量速度慢。

5）接触探头测量时，探头尖端部分与被测件之间发生局部变形会影响测量值的实际读数。

6）不当的操作容易损害样件某些重要部位的表面精度，也会使探头磨耗、损坏。为了维持一定的精度，需要经常校正探头的直径。

三维曲面测量的传统接触触发式探头测量到的是探头的球心位置，如果要求得物体真实外形，则需要对探头半径进行补偿。图8-4所示是探头半径补偿原理图，当测量某一曲面时，探头尖端与被测件之间的接触点为A，A点至球心C点有一偏差量。所以，必须沿法线负方向补正一个探头半径值，整个曲面补正计算繁杂、冗长，可能导致修正误差。

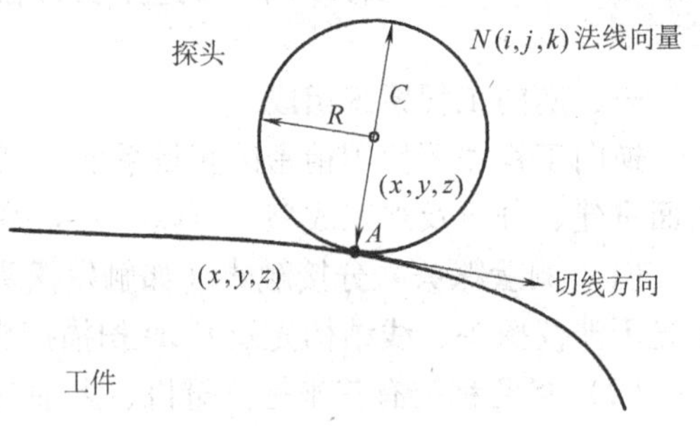

图8-4　探头半径补偿原理图

（2）非接触式测量　近年来，光电技术、微电子技术以及计算机技术的快速发展，使得光学在测量领域中的应用有了重大突破，开启了现代非接触式测量的时代。

非接触式测量不必像接触触发探头那样逐点进出测量，测量速度非常快，可直接测量薄（软）工件、不可接触的高精密工件，无需做探头半径补偿，因为激光光点位置就是工件表面的位置。

但非接触式测量也存在以下缺点：

1）测量精度较差，非接触式探头大多使用光敏位置探测器（Position Sensitive Detector，PSD）来检测光点位置，目前PSD的精度仍不够高，误差一般在20μm以上。

2）使用CCD作探测器时，成像镜头的焦距会影响测量精度，当工件几何外形变化大时成像可能失焦，成像模糊。

3）非接触式探头是接收工件表面的反射光或散射光，测量结果易受环境光线及工件表面的反射特性的影响，噪声较高，噪声信号的处理比较麻烦。工件表面的粗糙度、颜色、斜率等均影响测量结果，为避免CCD摄像头在取像时受外界杂散光的干扰，可在CCD镜头前加带通滤光镜，限制摄取的光线波长。

因此，非接触式测量适合做工件轮廓坐标点的大量取样，而对边线处理、凹孔处理以及不连续形状的处理比较困难。

表8-1对比了非接触激光扫描测量和三坐标测量机接触测量的技术特点。

表 8-1 激光扫描非接触测量和三坐标测量机接触测量的技术特点比较

	激光扫描仪	三坐标测量机
测量方式	非接触式	接触式（接触压力 150g 以上）
测量精度/μm	10 ~ 100	1
传感器	光电接收器件	开关器件
测量速度	1 000 ~ 12 000 点/s	人工控制（较慢）
前置作业	需喷漆，无基准点	设定坐标系统，校正基准面
工件材质	无限定	硬质材质
测量死角	光学阴影处及光学焦距变化处	工件内部不易测量
误差	随曲面变化大	部分失真
优势	① 测量速度快，曲面数据获取容易 ② 不必做探头半径补偿 ③ 可测量柔软、易碎、不可接触、薄件、皮毛、变形细小等工件 ④ 无接触力，不会伤害精密表面	① 精度较高 ② 可直接测量工件的特定几何特征
缺点	① 测量精度较差，无法判别特定几何特征 ② 陡峭面不易测量，激光无法照射到的地方亦无法测量 ③ 工件表面与探头表面不垂直，则测得的误差变大 ④ 工件表面的明暗程度会影响测量的精度	① 需逐点测量，速度慢 ② 测量前需做半径补偿 ③ 接触力大小会影响测量值 ④ 接触力会造成工件及探头表面磨耗，影响光滑度 ⑤ 倾斜面测量时，不易补偿半径，精度低 ⑥ 测量工件内部时，形状尺寸会影响测量值

2. 测量设备

（1）坐标测量仪　坐标测量仪（Coordinate Measuring Machine，CMM）是一种精密的三坐标测量仪器，可在三个相互垂直的导轨上移动，测量具有复杂形状工件的空间尺寸。三个方向的位移由测量系统（如光栅尺）经计算机（或数据处理器）计算，得出工件的各点坐标（x，y，z）。在逐点式扫描测量时，通常是将探头在横向以等速或等间距逐点移动，再以等时间或等间隔位置量取工件在 z 轴的坐标。但当工件轮廓有明显起伏变化时，需要增加测量点来提高分辨力，最简单的方式是取（$\Delta x+\Delta z$）为常数，Δx 和 Δz 分别是 x 轴和 z 轴的分辨率。当 Δz 变大时，Δx 相应变小，测量点将更加密集。也就是说，当工件斜率变大时，测量速度减慢，此方法称为速度追踪。

CMM 是典型的接触式测量系统，一般采用触发式接触测量头，一次采样只能获取一个点的三维坐标值。英国 RENISHAW 公司研制了一种三维力-位移传感的扫描测量头，该测头可以在工件上滑动测量，连续获取表面的坐标信息，扫描速度可达 8m/s，数字化速度最高可达 500 点/s，精度约为 0.03mm。这种测头价格昂贵，尚未在 CMM 上广泛采用。

使用 CMM 时必须设定较多参数，包括探头形状、大小、扫描间隔、误差允许量、步进距离、扫描速度、扫描方向等。一般来说，扫描方向与模型陡峭面成正交为佳。由于工件表面形状不一，故常常要将工件分成不同的区域，使用不同的参数扫描。若测量复杂形状的工件，则比较耗时。

CMM 主要优点是测量精度高，适应性强，但一般接触式测头测量效率低，而且对一些软质表面无法进行测量。现在三坐标测量机也有使用非接触式探头的。

（2）多轴关节式机械臂　机械臂（robot）也属于接触式测量仪。机械手臂为一关节式机构，具有多自由度，可用做弹性坐标测量机，传感器装置在其爪部，各关节的旋转角度可由旋转编码器获取，由机构学原理可求得传感器在空间的坐标位置。这种测量机几乎不受方向限制，可在工作空间做任意方向的测量。精度不高为其主要缺点，一般常用于大型钣金件模具的逆向工程测量。

（3）激光扫描测量仪　激光扫描测量仪用于非接触式测量。四自由度激光扫描测量仪工作台具有线性位移及旋转的功能，可带动 CCD 探头做逐线扫描，并配合工件的旋转完成多角度扫描的功能，基本上只要决定点的密度、扫描范围即可，若遇到不感光或是全反射的表面，则必须喷漆或另外处理。

（4）激光跟踪测量系统　激光跟踪测量系统属球坐标式测量仪器，径向使用激光干涉仪做位移测量，角度测量是由两个伺服电动机及旋转编码器完成，其工作原理如图 8-5 所示。测量时将反射镜沿着工件表面移动，根据四象限位置探测器输出的光电位移信号来驱动两旋转伺服电动机，从而保持光线跟踪反射镜，反射镜的逐点移动位置（γ，θ，ψ）由球坐标的探针可得知。此类设备较适合做大型物体轮廓的测量，如飞机或汽车外形等。图 8-6 所示是中国台湾精仪中心所开发的激光跟踪仪。

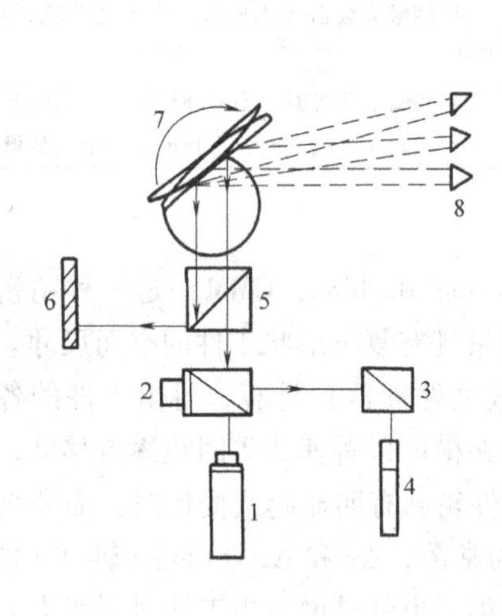

图 8-5　激光跟踪仪工作原理图

1—激光　2—干涉仪　3—立方体反射镜
4—激光光线接收探测器　5—分光镜　6—四象限位置探测器　7—旋转反射镜　8—反射镜

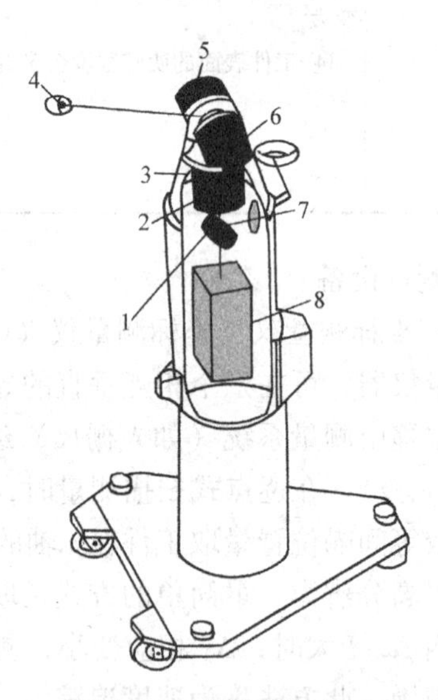

图 8-6　激光跟踪仪

1—分光镜　2—水平驱动电动机　3—水平角度测量仪
4—反射镜　5—垂直角度测量仪　6—垂直驱动电动机
7—四象限位置探测器　8—激光干涉仪

3. 接触式探头及工作原理

接触式探头分为硬式探头（hard probe 或 mechanical probe）、触发式探头（touch trigger probe）及模拟式探头（analog probe）三种，其工作原理如图 8-7 所示。

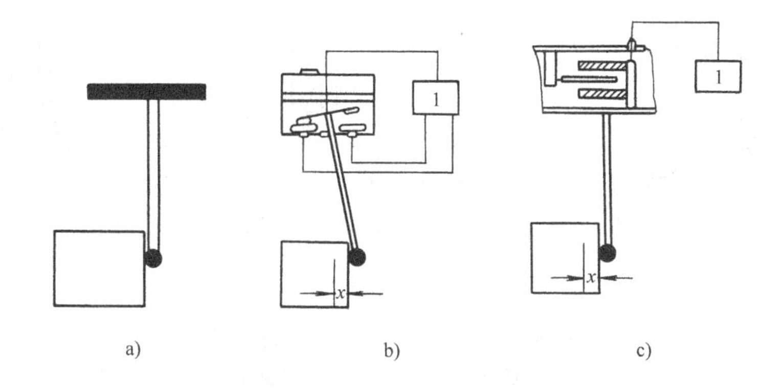

图 8-7　接触式探头工作原理
a）硬式探头　b）触发式探头　c）模拟式探头

（1）*硬式探头*　硬式探头是最早使用的探头，通过手动控制探头接触工件表面，由人眼及感觉做判断，再利用脚踏开关触发，将此点坐标传送到处理器。硬式探头成本低，至今仍在使用，但因接触力的大小及接触点的判断极为困难，故使用者需要有较多经验，硬式探头的误差也较大。

（2）*触发式探头*　触发式探头采用电子开关机构，当探头碰触到工件表面，开关变化，将电子信号由 on 转成 off，即将此时坐标锁住处理。图 8-8 所示为 RENISHAW 公司的专利产品——三点接触触发式探头，任意方向碰触到工件表面都会造成至少一点的机构开关产生变化，使得原先串连的电子通路转换成断路。

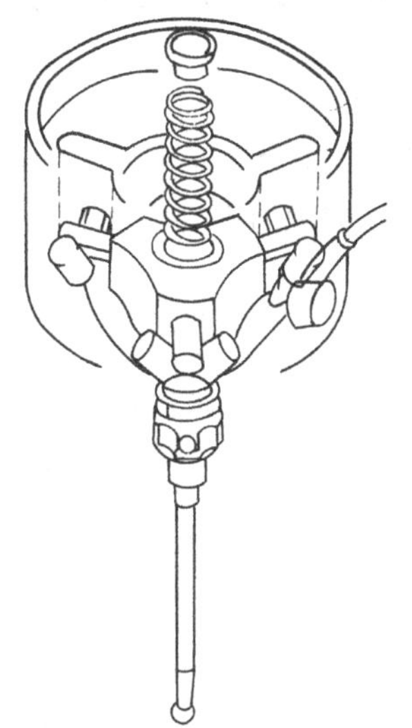

图 8-8　三点触发式探头

触发式探头的触发信号由电子开关控制，其重复性、准确性皆较高，可达 1μm 以内，不受人为因素影响，是现代三坐标测量机最常用的探头。

（3）*模拟式探头*　模拟式探头接触工件时会有侧向位移，此时可变线圈感应或光栅尺感应，产生一相对的电压变化，此模拟电压信号转换成数字信号送入处理器纪录下来，这种测量方式称为模拟式测量。使用模拟式探头时必须保持与工件的接触，位移量超出探头测量范围时，需控制机台的移动使探头回到其测量范围内。因模拟式测量为连续测量，无绝对坐标，故不能中途离开工件表面。这种测量适用于曲率平滑的曲面，不适用曲率大的工件表面，这种探头现常用于数控机床上做在线检测。

4. 非接触式测量原理及技术

非接触式测量一般是基于三角法测量原理，以激光作为光源，其结构模式可分为点测量、线测量及面测量三种，如图 8-9 所示，激光照射到被测物体表面，光电敏感元件在另一位置接收激光的反射光，根据光点或光条在物体上成像的偏移，由被测物体基平面、像点、像距等之间的关系计算物体的深度信息。非接触式探头一般用于不规则曲面的测量。

（1）*三角法位移测量原理*　三角法位移测量早期使用 He-Ne 激光器做光源，体积庞大。近年来，随着半导体激光器 LD、光敏位置探测器 PSD 和 CCD 的出现及性能的不断完善，三角法在位移和物体表面的测量中得以广泛应用。

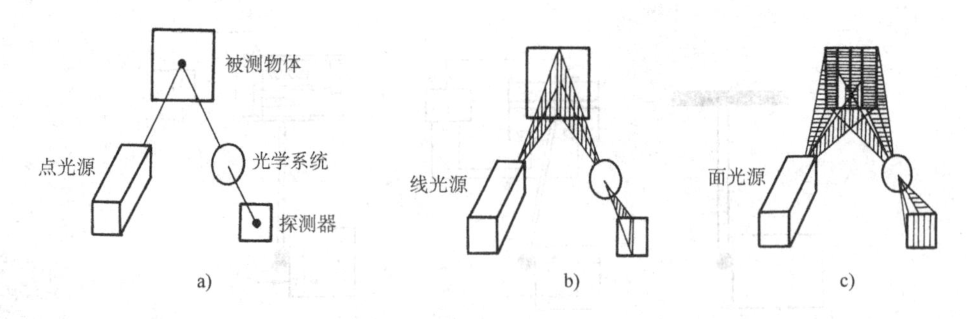

图 8-9　非接触式三角法测量模式

a）点测量　b）线测量　c）面测量

单点式激光三角法测量有直射式和斜射式两种结构。直射式三角法测量原理如图 8-10a 所示，激光器 1 发出的光线，经汇聚透镜 2 聚焦后垂直照射到被测物体表面 3 上，物体移动或表面变化，入射光点沿入射光轴移动。接收透镜 4 接受来自入射光点处的散射光，并将其成像在光敏位置探测器 5（如 PSD，CCD）上，若光点在成像面上的位移为 x'，则被测面的位移 x 则为

$$x=\frac{ax'}{b\sin\theta-x'\cos\theta} \tag{8-1}$$

式中，a 为激光束光轴和接收透镜光轴的交点到接收透镜前主面的距离；b 为接收透镜后主面到成像面中心点的距离；θ 为激光束光轴与接收透镜光轴之间的夹角。

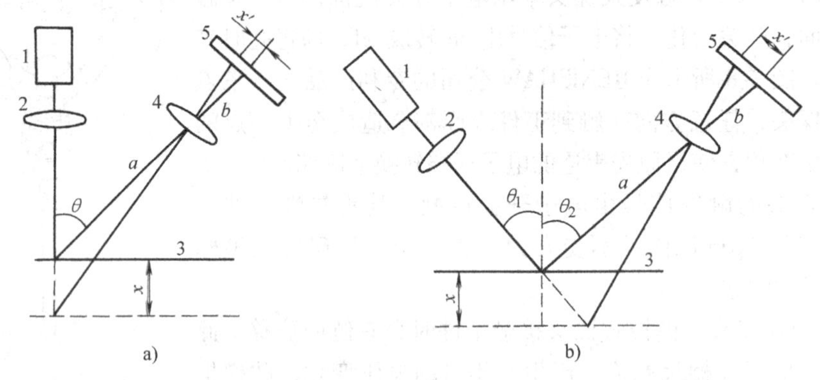

图 8-10　三角法测量原理图

a）直射式结构　b）斜射式结构

1—激光器　2—汇聚透镜　3—被测物体表面　4—接收透镜　5—光电探测器

图 8-10b 为斜射式三角测量原理图。激光器发出的光和被测面的法线成一定角度照射到被测面上，同样用接收透镜接收光点在被测面的散射光或反射光。若光点成像在探测器敏感面上移动 x'，则物体表面沿法线方向的移动距离 x 为

$$x=\frac{ax'\cos\theta_1}{b\sin(\theta_1+\theta_2)-x'\cos(\theta_1+\theta_2)} \tag{8-2}$$

式中，θ_1 为激光束光轴和被测面法线的夹角；θ_2 为成像透镜光轴和被测面法线的夹角。

直射式和斜射式相比各有特点：

1）斜射式可接收来自被测物体的正反射光，当被测物表面为镜面时，不会由于散射光过弱而导致光电探测器输出信号太小，使测量无法进行。直射式由于其接收散射光的特点，适合于测量散射性能好的表面。

2）当被测物体发生如图 8-10 所示的位移 x 时，斜射式入射光光点照射在物体不同的点上，因而无法知道被测物体某点的位移情况，而直射式却可以。

3）斜射式传感器分辨率高于直射式，但它测量范围小、体积大。

根据三角测量原理制成的仪器被称为激光三角位移传感器。光源一般采用半导体激光器（Laser Diode，LD），功率在 5mW 左右，光敏位置探测器可采用 PSD 或 CCD。PSD 属于非分割型位置探测器，分辨率高，动态响应快，后续处理电路简单，但线性差，需要精确标定。

目前斜射式三角位移传感器有日本 KEYENCE 公司的 LD 系列，直射式有 RENISHAW 公司生产的 OP2、KEYENCE 的 LC 系列、LB 系列等多种型号。表 8-2 列出了目前常用的激光三角位移传感器的技术指标。其中，美国 MEDAR 公司生产的 2101 型和 RENISHAW 公司生产的 OP2 型专门用于配置在三坐标测量机上。

表 8-2　激光三角位移传感器的技术指标

厂　家	型　号	工作距离/mm	测量范围/mm	分辨率/μm	线性/μm
MEDAR	2101	25	±2.5	2	15
KEYENCE	LC-2220	30	±3	0.2	3
KEYENCE	LB72	40	±10	2	±1%
RENISHAW	OP2	20	±2	1	10
PANASONIC	3ALA75	75	±25	50	±1%

（2）*视觉测量基本原理*　随着 CCD 等光电器件的快速发展，以三角法测量技术为基础的快速轮廓视觉测量技术已得到应用。视觉测量可使用三种激光光源：点结构光、线结构光和面条纹结构光。使用点光源时，需有 x、y 逐点扫描机构，这使测量速度受到限制。为了加快测量速度，可将点结构光改成扫描式线结构光，这也是现今应用最广的测量方法。

图 8-11 所示为使用面结构光测量物体表面轮廓结构示意图。当激光穿过平行等距直线的振幅光栅组件时，则形成直线干涉条纹（面条纹结构光），将此面条纹结构光投射到物体上，由于物体表面曲度或深度的变化使条纹变形。利用 CCD 摄像机摄取此变形条纹的图像，即可分析物体表面轮廓变化。使用面条纹结构光测量物体轮廓，可省去扫描机构，测量速度快，但测量分辨率受到限制，当被测面曲率过大时，有断线问题。

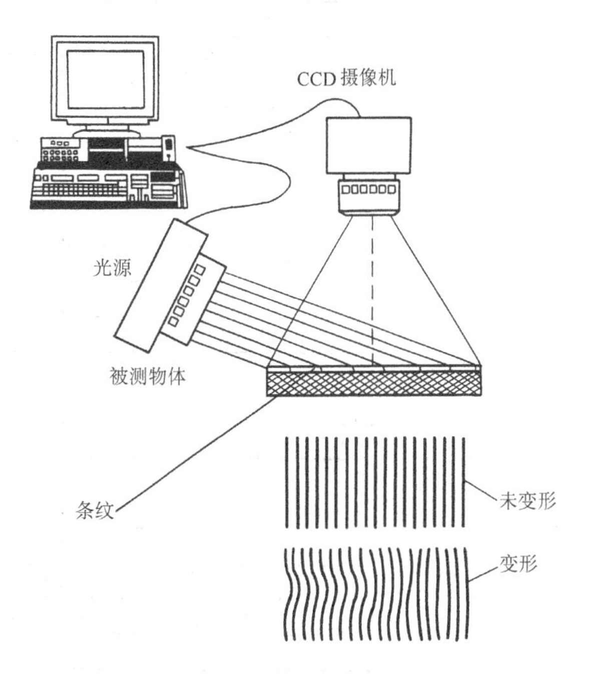

图 8-11　使用面结构光测量物体表面轮廓结构示意图

视觉测量中使用的 CCD（charge coupled device）是一种数组式的光电耦合检像器，称为“电荷耦合器件”，摄取图像时类似传统相机底片的感光作用，是视觉系统获取三维信息最直接的来源。CCD 摄像机将视频信号转换成模拟信号，经过信号线传输到计算机的图像处理卡上，图像卡再把模拟信号转换成数字信号。图像数字化之后，计算机上所得到的图像数据是由多个像素组成的，每个像素都有其特定的坐标，且对应于物体上的每一个点。每个像素的值一般称为灰度值，若图像卡采用8位的A/D转换，则灰度值可从0变化到255。

将CCD摄像机所摄取的图像按像素作图像处理，便可以将图像转换成三维轮廓图像。数字化的图像质量好坏与其分辨率有密切的关系，分辨率越高，则图像的质量越好。分辨率有空间分辨率和亮度分辨率两种，空间分辨率越高表示一张图像被分割成越多的像素，图像的质量自然越好，但是要付出大量的存储空间和处理时间；亮度分辨率是指一个像素所能表示亮度变化的范围，即像素的灰度值变化范围。

(3) 立体视觉测量　立体视觉测量是根据同一个三维空间点在不同空间位置的两个（多个）摄像机拍摄的图像中的视差，以及摄像机之间位置的空间几何关系来获取该点的三维坐标值的。立体视觉测量方法可以对处于两个（多个）摄像机共同视野内的目标特征点进行测量，而无须伺服机构等扫描装置。立体视觉测量面临的最大困难是空间特征点在多幅数字图像中提取与匹配的精度与准确性等问题。近来出现了将具有空间编码特征的结构光投射到被测物体表面上制造测量特征的方法，有效地解决了测量特征提取和匹配的问题，但在测量精度与测量点的数量上仍需改进。

三、逆向工程后处理

在逆向工程中，曲面模型重建是最重要、最繁杂的一环，因为最后完成模型的加工，需要的是平滑的曲面模型或是由良好的点群所产生的三角网格，所以点数据的处理、曲面的构建方式以及完整的修编和分析等功能，是逆向工程曲面模型重建相当重要的部分。图8-12所示是一般逆向工程后处理大致的流程图。

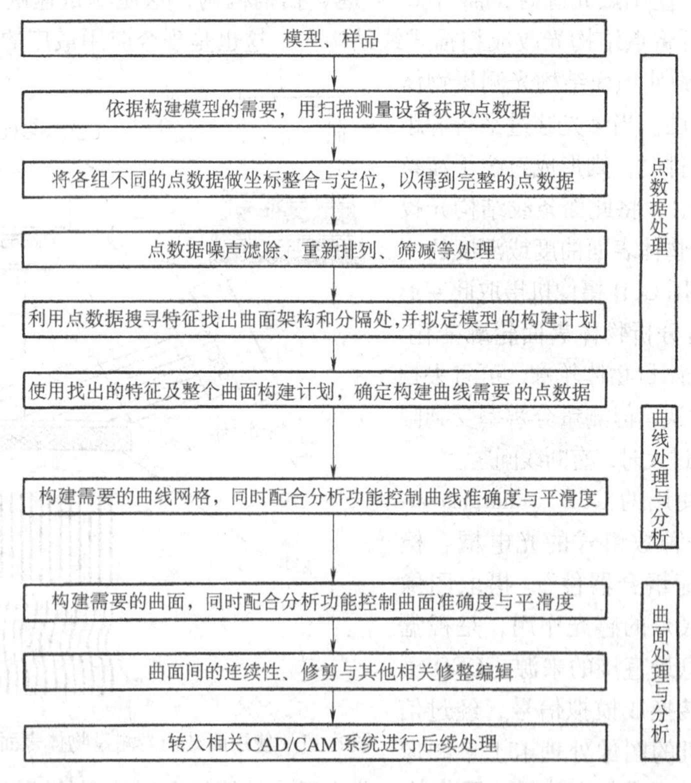

图8-12　一般逆向工程后处理的流程图

1. 曲线与曲面

(1) *曲面品质要求* 建立高精度与高质量的曲面一直是逆向工程追求的目标，但多数的情况下，这两个需求往往互相冲突，试想一个曲面与点数据完全吻合，那么该曲面必然有许多的波动（除非该点云本身非常平滑），所以大部分的情况下，只要误差没超过允许范围，人们更侧重要求高质量的曲面。曲面质量，主要指平滑程度与连续性等。因此，逆向工程在开始前应与客户沟通，通盘了解构建模型时所侧重的部分。首先应了解后续用途。不同领域对模型构建要求是不同的，如做动画与工业用，其精度上的要求必然不同，甚至同为工业用的产品，随着产品种类的不同，对精度与曲面质量的要求亦大不相同。如果只做设计，则可不考虑一些工艺细节（如脱模斜度等），但如果要进行加工和分析，则模型必须完整。另外，各种产品需要的曲面精度标准各有不同，配合件的要求较高，不需配合的模型精度需求较宽松。

逆向工程中常用到 A 级曲面和 B 级曲面。

1）B 级曲面，用于如汽车的内饰件、大部分的塑料件或其他要求更低的曲面。

2）A 级曲面，一般用于车灯、镜面等具有高质量反射效果的曲面，在 A 级曲面下模型表面能呈现出最佳的光反射性能。为了达到 A 级曲面的要求，曲面必须满足曲率连续的条件，并且曲面间的边界必须是完全密合的。A 级曲面不容易构成，而一般的设计也并不需要达到 A 级曲面的要求。

(2) *曲线和曲面的连续性* 由于测量中测得的点数据离散，缺乏必要的特征信息，往往存在数字化误差，这时需要对曲线和曲面进行光顺处理。光顺是一个工程上的概念，包括光滑和顺眼两方面的含义。光滑是指空间曲线和曲面的连续性，而顺眼是人的主观感觉评价。一般设计标准是曲线上曲率极值点尽可能少些，相邻两个极值点之间的曲率尽可能接近线性变化。

曲面的连续性大致分为位置连续、切线连续与曲率连续三种。

1）位置连续（0 阶连续），表示曲线间或曲面间仅有边界上相接的关系，这种相接的关系可能形成一个尖锐的边界。

2）切线连续（1 阶连续），说明曲线间或曲面间的连续处有相同的切线角度。切线连续可以满足工业上大多数的需求。

3）曲率连续（2 阶连续），要求曲线间或曲面间的连续处有相同的曲率。曲率连续曲面不太容易构建，一般用于流线外形的汽车等特殊产品。

切线连续与曲率连续的曲面都可达到曲面平滑的效果，但就曲面构建来讲，切线连续的曲面比曲率连续的曲面要来得快并且效率高。对一般曲线而言，曲线的阶次越高，越易产生振荡现象，而不易控制，且计算上将更加复杂，三阶曲线是较常应用的曲线阶次，通常能满足大部分的应用要求。

对复合曲线而言，Bezier、B-Spline 曲线适合处理较平坦的数据点。对于不平坦的数据点，曲面则会有局部平坦或扭结的现象。与 Bezier 或 B-Spline 曲线相比，NURBS 曲线对于不平坦数据点的处理结果较为理想。

2. 点数据预处理

一般来说，精度误差主要是测量时造成的误差及曲面构建时点数据与曲面间的误差。正确重建模型的首要基础是测量数据的预处理。无论是接触式或非接触式测量，获取点群后，工程技术人员首先面临的就是测点数据的处理。非接触式测量得到的是大量密集散乱的离散数据群，被形象地称为“云状数据”，这些测点数据之间没有明显的几何拓扑关系。同时，由于被测表面粗糙等原因，测得数据不可避免的含有噪声信息，同时还夹杂着非测量样件信息。

在预处理中，需要剔除不相关数据和异常数据，对由于阴影或屏蔽作用而导致的未扫描部分予以数据补充，找出噪声信息或利用多点平滑去除数据噪声，如果数据过于稠密，还需要对数据进行匀化。

点数据预处理大致分为两个部分：点数据前置处理和特征曲线的提取。点数据前置处理主要包括点资料乱点排序、点重组、重新取点、点资料的分隔、方向重组、乱点滤除、平滑化等，可将扫描过程中所产生的乱点或噪声予以剔除，得到较正确且易处理的资料点，以利于曲面系统的重建工作。特征曲线的提取是利用特征搜寻功能找出曲面的趋势或特征、提出需要的点群或截面点数据。对于激光扫描而言，点云数据的边界分隔非常重要，由于激光扫描系统采用平行扫描的方式，点资料并不能依照工件的几何形状分布，必须经由特征曲线的提取以辅助扫描点数据的重新分布。

处理过的点群数据能帮助工程技术人员建立精确且平滑的曲线。

3. 曲线构建与修编

曲线是构成曲面的基础，逆向设计时希望曲线通过给定的数据点。但通常会发现，经过平滑化与点数据筛减后，自动拟合的自由曲线仍会有抖动现象，这往往是由于曲线的控制点过多造成的。因此，曲线构建时需注意下列几点：

1）现有的测量设备可取得大量的点群，即使经过提取或特征搜寻，点数据还是相当的多。实际上构建曲线并不能保证生成的曲线都插值于给定点，而只能逼近，因此，曲线拟合不需要太多的点，应斟酌调整曲线参数。

2）连接的曲线之间是否具有良好的连续性，这对后续构建曲面的连续性有很大的影响。

3）构建同一曲面的曲线最好具有相同的曲线参数，用相同参数的曲线构建曲面，可得到较高质量的曲面。

在曲线构建出来后，也可以用曲线修编工具，如修剪、分割、延伸以及连接等，对已有的曲线作平滑化或边界连续性的修改，或用拖动控制点或线上点的方式来调整曲线的走向，以适应一些后续处理的需要。编辑曲线的参数也是使曲线简单化的重要方法，通常越简单的曲线越能构建出高质量的曲面。这些工具配合曲线与点群的误差分析功能，能帮助调整出最佳曲线。

4. 曲面构建与修编

（1）曲面拟合　在逆向工程软件中，曲面通常有两种建构方式：利用点数据拟合和利用曲线构建。利用曲线构建曲面的方式与一般的 CAD 系统相似，利用点数据拟合曲面是逆向工程的重要功能。其中，利用点数据与边界曲线拟合曲面是逆向工程特有的功能，也是曲面构建方法中最快的一种，它有较精确的边界控制，可以很快地将自由造型的曲面构建出来，如玩具、面具以及曲面变化较不规则的模型等，但需注意以下几点：

1）必须用 4 条连接的曲线来形成曲面构建的边界。

2）需注意边界曲线的平滑度，是否有扭曲现象等。

3）对于区域内的点数据应先做好噪声滤除与平滑化处理，并注意误差变化。

4）遵循曲面简单化原则，尽可能用较少的控制点来构建曲面，其参数可从三阶 10 个控制点开始，视情况略增，一般情况下，三阶曲面已足够满足要求。

5）如果构建了区块状的曲面，则需将曲面与曲面作边界连续性的编辑，此时相邻的曲面间有相同的曲面参数者连续性较好。

曲面拟合主要有插值和逼近两种方式。使用插值方法拟合曲面通过所有数据点，适合于测量设备精度高，数据点坐标比较精确的场合；使用逼近的方法所拟合的曲面不一定通过所有的数据点，适用于测量数据较多，测量数据含噪声较高的情况。曲面构建除了需熟悉所使用的软件外，也需要积累相关的经验。

（2）*曲面分割* 对于含有自由曲面的复杂型面，用一张曲面来拟合所有的数据点是不可行的，一般首先按照原型所具有的特征，将测量数据点分割成不同的区域，各个区域分别拟合出不同的曲面，然后应用曲面求交或曲面间过渡的方法将曲面连接起来构成一个整体。

有效的三维测量数据分割和拟合技术是逆向工程中的重要内容。物体表面测量数据的分割方法一般可以分为两类，一类是基于边界分割法；另一类是基于区域分割法。其中基于边界的分割法首先估计出测量点的法向矢量或曲率，然后根据将法向矢量或曲率的突变处判定为边界的位置，并经边界跟踪等处理方法形成封闭的边界，将各边界所围区域作为最终的分割结果。由于在分割过程中只用到边界局部数据，以及存在微分运算，所以这种方法易受到测量噪声的影响，特别是对于型面缓变的曲面该方法将不适用。基于区域的分割法是将具有相似几何特征的空间点划为同一区域，由于这种方法分割依据具有明确的几何意义，它是目前较为常用的分割方法。

（3）*曲面修编* 逆向工程软件中的曲面修编工具与一般 CAD 软件相似，主要有曲面延伸、曲面修剪、曲面参数重新定义等，较高级的软件则会提供用拖曳曲面控制点编辑曲面的工具，或曲面平滑化、曲面贴合点数据等。在曲面编辑之前，如能利用软件的分析功能，来充分掌握各建构曲线的精度与控制点，则构建出高质量曲面的可能性较大。

5. 点数据网格化

近年来具有实体架构的 CAD/CAM 系统日趋普遍，且其后续的应用也日趋成熟，如快速原型、动画等。因此，从逆向工程的角度来说，如何能快速地将点数据变成实体模型也成为逆向工程后处理不可缺少的部分。

曲面在转换成实体时，常会有许多困扰，如曲面间间隙过大，无法缝合成实体；曲面与曲面间重叠，造成实体转换失败等。因此，在某些应用上，网格化的实体模型构建已取代曲面模型，目前在动画、虚拟环境、网络浏览、医学扫描、计算机游戏等领域已经可以见到许多由多边形网格构建的实体模型。快速原型技术与部分 CAM 系统用网格化模型加工，也是一种新的应用方向。从目前计算机的运算速度、绘图速度、内存容量等快速增长的情况来看，以往在工作站才能完成的任务现在已能由个人计算机取代，以往网格化所需的大量运算时间也获得高效率的改善。或许在不远的将来，大量点群构建网格化实体将取代曲面建模。

四、逆向工程软件

逆向工程软件繁多，著名的有英国 DelCAM 公司产品 CopyCAD、美国 Imageware 公司的 Surfacer、美国 Raindrop 公司的 Geomagic、英国 MDTV 公司的 STRIM。在一些流行的 CAD/CAM 集成系统中也开始集成了类似功能模块，如 Pro/Engineer 中的 Pro/SCANTOOLS 和 ICEM Surf 模块、UGII 中的 PointCloud 功能、Cimatron 中的 Reverse Engineering 功能模块等，这些系统可以接受有序点（测量线），也可以接受点云数据，极大地方便了设计人员，但与专业的逆向工程软件相比，它们的功能相当有限。

第三节　逆向工程应用实例

在汽车、摩托车、家用电器等制造业中，为满足人们的审美和使用要求，产品的外形正由简单的几何造型向复杂的自由曲面转化，逆向造型技术在新产品开发中可以发挥重要的作用。本节通过综合应用 Surfacer、CDRS、I-DEAS 以及 Pro/Engineer 等软件，对某型号的摩托车前罩进行逆向造型，以此介绍逆向设计工作过程。

1. 获取表面点数据

本例的摩托车前罩表面数据点采用接触式三坐标测量机测量。由于该零件具有对称结构，所以只需测量对称线一侧的摩托车前罩表面，然后通过软件将测量数据沿着物体的对称线进行镜向复制，这样可以大大减少数据测量和曲面重构的工作量。

由于摩托车前罩的表面具有明显的棱线，为了便于后续的曲面重构工作，所以需要重点测出零件表面的边界以及零件的纵向和横向特征线。三坐标测量机测出的摩托车前罩表面数据点如图 8-13 所示。

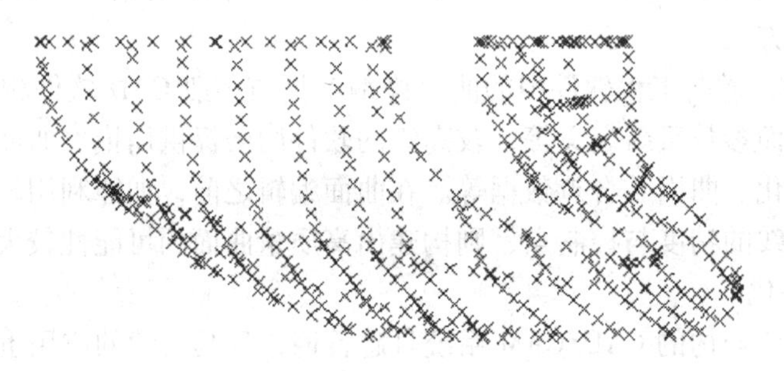

图 8-13　三坐标测量机测出的摩托车前罩表面数据点

为了数据处理的方便，可以将不同类型的数据点（如边界线、特征线、曲面内部网格线等）分别置于不同的文件夹中。

2. 测量数据预处理

测量数据的预处理包括：测量数据的拼合、噪声点清除、坐标校正、截面数据点获取、数据点重新取样、截面数据点重新排序等步骤。三坐标测量机测量的数据如图 8-14 所示。

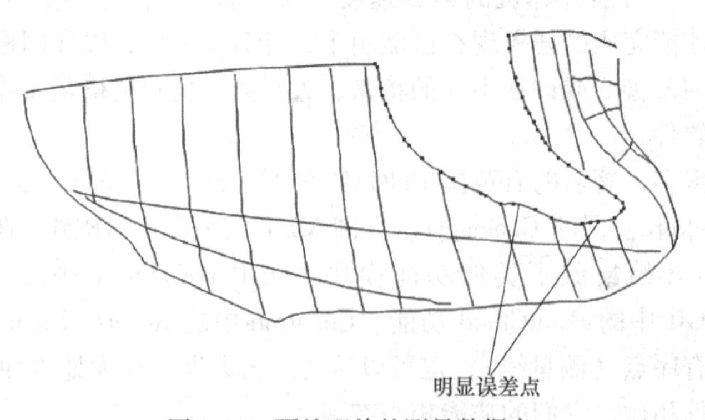

图 8-14　预处理前的测量数据点

由于在测量过程中因机械的因素和人为的因素可能造成测量误差，所以要对测量数据噪声点进行清除，删除有明显误差的数据点和过于密集的数据点。预处理后的数据点如图 8-15 所示。

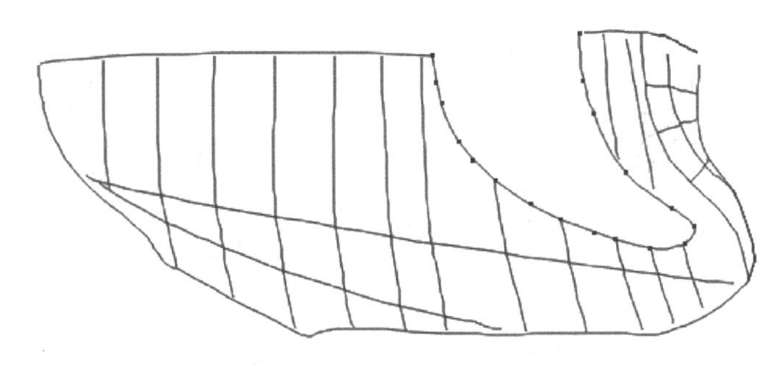

图 8-15　预处理后的数据点

3. 曲线拟合

由于不同类型的数据点已经放置于不同的文件夹中，所以通过分别调入不同类型数据点，从而拟合形成不同层次的曲线。在对数据点进行拟合前，有时需要对曲线的端点切矢条件进行编辑。例如，对称面上的点，其端点切矢条件应该为 centerline，其他端点切矢条件要根据情况可分别调为 natural、vertical、horizontal 等。曲线的端点切矢条件设置及拟合后的曲线如图 8-16 所示。

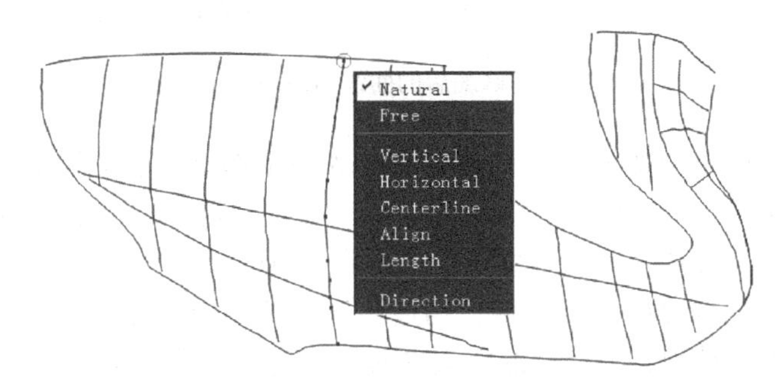

图 8-16　曲线的端点切矢条件设置及拟合后的曲线

4. 曲线修编

由测量点直接生成的曲线，其光顺性有时不能满足设计要求，需要对曲线进行修编。在修编曲线的过程中，主要是分析曲线的曲率，在修编时，应尽量使曲线的曲率变化不要过于剧烈。图 8-17 所示为由测量点直接拟合的一条曲线的曲率变化图，可以看到其曲率变化比较大，因此需要对其进行修编，使其光顺。

在曲线光顺时，除了保证曲线的曲率变化尽量平缓这一基本原则之外，还要尽量使得修编后的曲线符合零件原来的形状和特征要求。如果盲目追求光顺，则会使零件变形过大，也不能满足设计要求。图 8-18 所示为经过修编后的曲线的曲率变化图。

5. 曲面构建

在曲线拟合的基础上，进行曲面构建。通过分析摩托车前罩，会发现它的上半部分和下半部分都有明显的方向不同的特征线，这就需要把前罩表面分为几个独立的曲面片，分别进行重建，然后进行曲面片的裁剪和拼接。

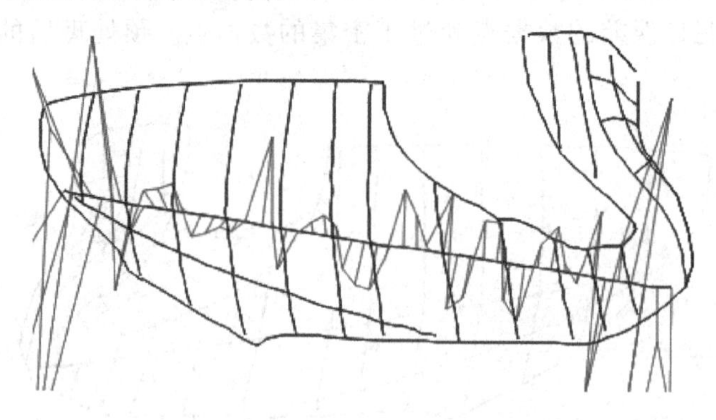

图 8-17　由测量点直接拟合的曲线的曲率变化图

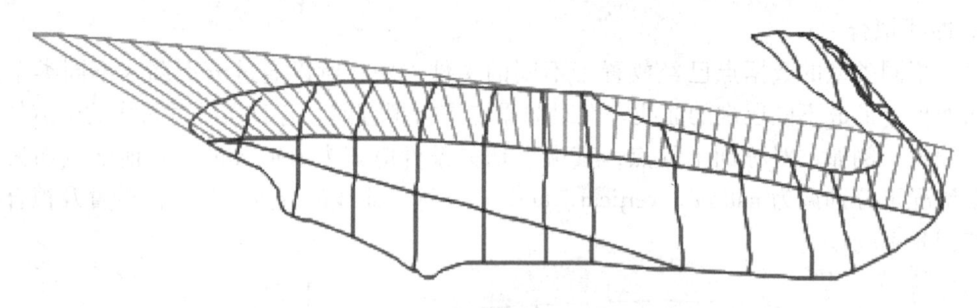

图 8-18　修编后的曲线的曲率变化图

根据摩托车前罩的结构特征可以将其表面分为四个部分，前部较平缓的曲面分为一部分，后部分为三个部分，分别用面 1、面 2、面 3、面 4 来表示，如图 8-19 所示。

将摩托车前罩表面分片之后，对每一个曲面片分别进行重构。比如，对于曲面片 1 的重构方法是，先将已经拟合出的曲线延伸，构造出完整的四边界控制网格，如图 8-20 所示。在此基础上构建四边界曲面，渲染后的四边界面 1 如图 8-21 所示。

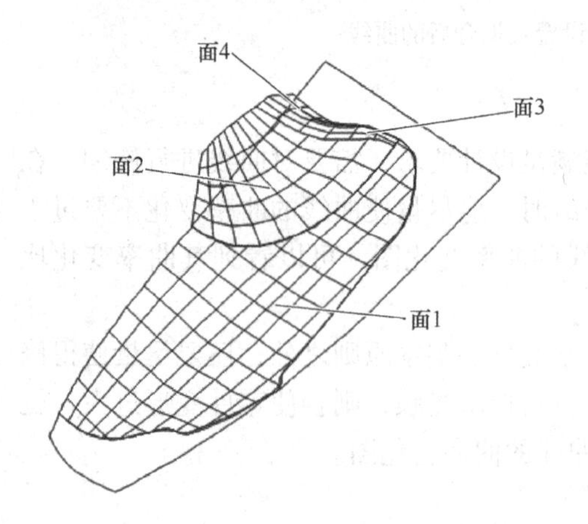

图 8-19　摩托车前罩表面的分片

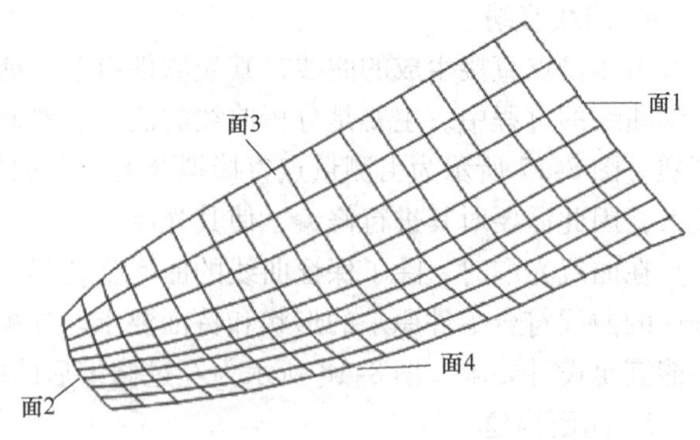

图 8-20　面 1 的四边界控制网格

图 8-21　渲染后的四边界面 1

6. 曲面编辑

通过对构建好的每一个曲面片进行裁剪和拼接，从而获得摩托车前罩表面。经过编辑的曲面片 1 ~4 的控制网格如图 8-22 所示。

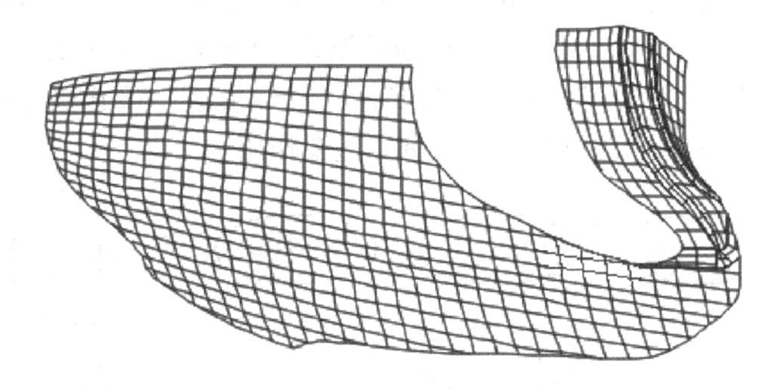

图 8-22　裁剪和拼接后的前罩曲面控制网格

通过镜像对称就可以构造出完整的摩托车前罩表面的 CAD 模型，渲染后的摩托车前罩如图 8-23 所示。

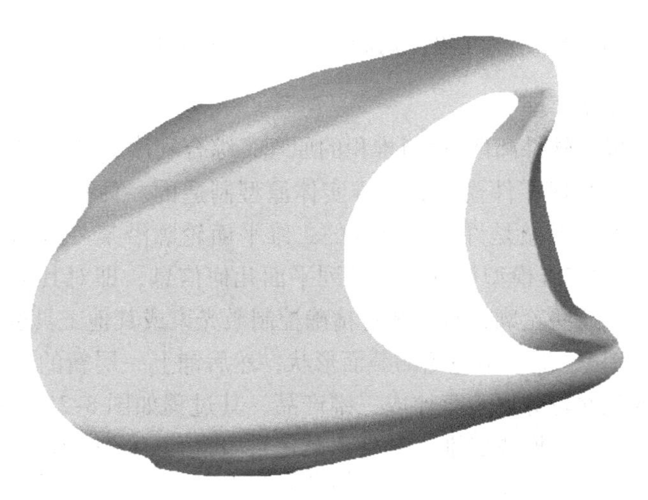

图 8-23　渲染后的摩托车前罩

第四节　快速原型与快速模具

快速原型制造（Rapid Prototyping Manufacturing，RPM）又称为快速出样件技术或快速成形法，是20世纪80年代中后期发展起来的一种新技术，与传统去除材料的加工方法不同，它是采用材料累加的方法逐层制作。这一技术对快速响应市场，缩短产品开发周期，降低开发费用具有极其重要的意义。德国大众汽车公司采用快速成形技术，成功地制造出异常复杂的轿车齿轮箱体原型，精度超过传统方法，制造时间由原来的8周缩短为2周。快速原型与虚拟制造技术（Virtual Manufacturing，VM）一起，称为未来制造业的两大支柱技术，已成为各国制造科学研究的前沿和焦点。

仿制复杂的样件，采用传统CAD建模往往费时且不够精确，快速原型制造也随之失去了快速的意义。实际生产中快速原型技术与逆向工程技术联系紧密。

由于快速原型制造方法对使用材料加以限制，往往与实际产品要求不符，所以产生了以RPM技术为基础的快速模具（Rapid Tooling，RT）制造技术。图8-24所示为逆向工程和快速模具应用于产品开发的过程。目前计算机辅助设计（CAD）、逆向工程（RE）、快速原形（RP）和快速模具（RT）等技术在互联网支持下，已经形成一整套快速制造系统，在航空航天、汽车、模具制造和医学诊断等领域发挥了重要作用。

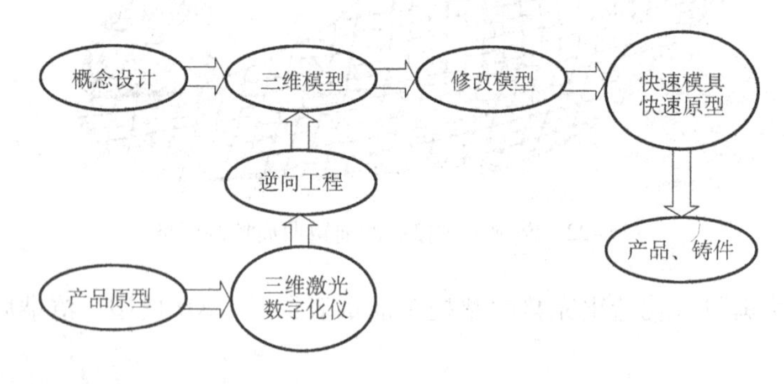

图8-24　逆向工程、快速原型和快速模具开发产品的过程

一、快速原型的基本原理

快速成形技术是采用软件离散-材料堆积的原理，综合利用CAD技术、数控技术、激光加工技术和材料技术，实现零件模型到三维实体原型制造的一体化加工技术，其基本构思是：任何三维零件都可以看做是许多等厚度的二维平面轮廓沿某一坐标方向叠加而成。因此，可将CAD系统内的三维模型切分成一系列平面几何信息，即对其进行分层切片，得到各层截面的轮廓，按照这些轮廓，数控装置精确控制激光束或其他工具运动，在当前工作层（三维）上采用轮廓扫描，加工出适当的截面形状，然后铺上一层新的成形材料，进行下一次的加工，形成的各截面轮廓逐步叠加成三维产品，其过程如图8-25所示。可以看出，快速成形技术是一个由三维转换成二维（软件离散化），再由二维到三维（材料堆积）的工作过程。

二、快速原型的主要工艺方法

迄今为止，国内外已成功开发了10多种成熟的快速原型工艺，其中比较常用的有以下几种：

（1）光固化成形（Stereo Lithography Apparatus，SLA） 它是最早出现的一种商品化的快速成形系统。SLA 法以树脂为成形材料，用氦-镉激光器作能源，由数控装置控制激光束的扫描轨迹。当激光束照射到液态树脂时，被照射的液态树脂固化。一层扫描完毕后，就生成零件的一个截面，然后升降工作台。加上一层新的树脂，进行第二层扫描，第二层就牢固地粘贴到第一层上，就这样一层一层加工直至整个零件加工完毕。图 8-26 所示为 LSA 快速成形技术工作原理。

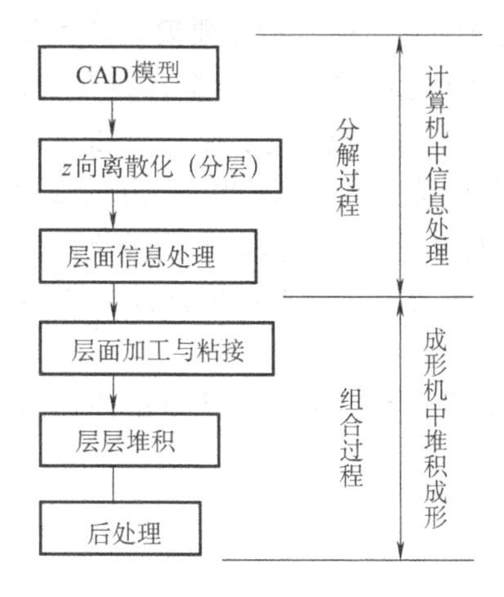

图 8-25 快速成形过程

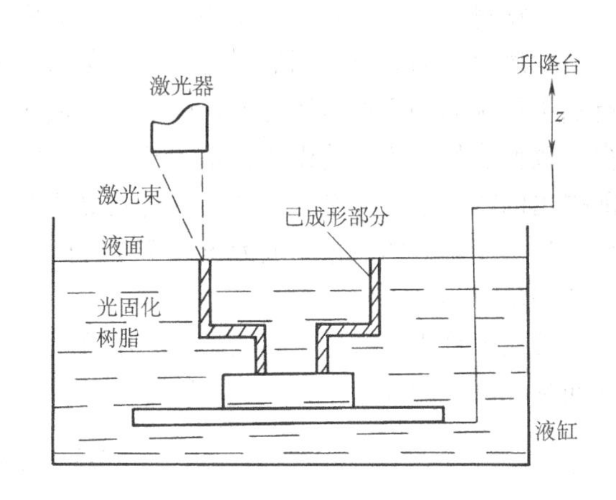

图 8-26 LSA 快速成形技术工作原理

（2）薄料叠层（Laminated Object Manufacturing，LOM） LOM 法的特点是以片材（如纸片、塑料薄膜或复合材料）为材料，利用 CO_2 激光器为能源，用激光束切割片材的边界线，形成某一层的轮廓。各层间利用加热、加压的方法粘接，最后形成零件的形状。该方法的特点是材料广泛，成本低。

（3）选择性激光烧结成形（Selective Laser Sintering，SLS） SLS 法用各种粉末（金属、陶瓷、蜡粉、塑料等）为材料，用 CO_2 高功率激光器对粉末进行加热，直至烧结成块。该方法可以加工出能直接使用的金属件。

（4）熔丝沉积成形（Fused Deposition Modeling，FDM） 该方法用线状的热塑性材料（如蜡丝）为原料，通过加热的扫描头熔化，喷到指定的位置，瞬间固化成形，一层层地加工出零件。该方法污染小，材料可以回收。

三、快速成形法的特点

快速成形法具有下列特点：

（1）系统柔性高 设计制造一体化技术集成，只需修改计算机中的 CAD 模型就可生成各种不同形状的零件，成功地解决了计算机辅助设计中三维造型“看得见、摸不着”的问题。

（2）能加工成形工件的形状几乎没有限制 不需要专用的工装夹具和模具，适合于形状复杂的、不规则零件的加工，其零件的复杂程度与制造成本关系不大。

（3）具有广泛的材料适应性 没有或极少废弃材料，是一种环保型制造技术。

以上特点决定了快速成形法主要适合于新产品开发，快速单件及小批量零件制造，复杂形状零件的制造，模具设计与制造，也适合于难加工材料的制造，外形设计检查，装配检验和快速反求工程等。

四、快速模具

目前快速制模方法大致有间接制模法和金属直接制模法两种。直接法根据模具的 CAD 数据由 RP 系统直接堆积制造模具，不需要系统制作样件。间接法是先做出快速原型，然后由原型复制得到模具，应用非常普遍。目前，基于 RP 快速制造模具的方法多为间接制模法。

依据材质不同，间接制模法生产出来的模具一般分为软质模具和硬质模具两大类。

软质模具因其所使用的软质材料（如硅橡胶、环氧树脂、低熔点合金、锌合金、铝等）有别于传统的钢质材料而得名。由于其制造成本低和制作周期短，尤其适合于批量小、品种多、改型快的现代制造模式，用于新产品开发过程中的产品功能检测和投入市场试运行。目前提出的软质模具制造方法主要有树脂浇注法、金属喷涂法、电铸法、硅橡胶浇注法等。软质模具生产制品的数量一般为 50～5000 件，对于上万件乃至几十万件的产品，仍然需要传统的钢质模具。

硬质模具指的就是钢质模具，利用 RP 原型制作钢质模具的主要方法有熔模铸造法、电火花加工法、陶瓷型精密铸造法等。

习题与思考题

1. 何谓顺向工程？它与逆向工程有什么关系？
2. 总结归纳逆向工程的基本过程。逆向工程的作用有哪些？
3. 逆向工程前处理的主要任务是什么？
4. 试述三角法测量原理。
5. 为什么要进行逆向工程的后处理？后处理有哪些作用？
6. 何谓快速原型？
7. 逆向工程、快速原型、快速模具之间的关系是怎样的？
8. 快速原型常见的工艺方法有哪些？

第九章　CAD/CAM 系统集成

随着计算机技术日益广泛深入的应用，采用各种独立的计算机辅助系统已不能实现系统之间信息的顺畅传递与交换，不能实现信息资源的共享。例如 CAD 系统设计的结果，不能直接为 CAPP 系统接受，若进行工艺规程设计，还需要人工将 CAD 输出的图样、文档等信息转换成 CAPP 系统所需要的输入数据，这不但影响效率，而且在人工转换过程中难免会发生错误。因此，人们提出了 CAD/CAM 集成的概念，以便共享计算机的硬件和软件资源，并使 CAD、CAPP 和 CAM 系统之间数据能够自动传递和转换。

第一节　CAD/CAM 系统集成概述

一、概述

通常所说的 CAD/CAM 系统集成，就信息而言，是指设计与制造过程中 CAD、CAPP 和 NCP 三个主要环节的软件集成，有时也叫 CAD/CAPP/CAM 集成。在过去的几十年中，计算机辅助单元技术得到了较快的发展。这些辅助单元技术包括：计算机辅助设计（CAD）、计算机辅助工艺设计（CAPP）、计算机辅助制造（CAM）、计算机辅助工程（CAE）、计算机辅助夹具设计（CAFD）等。这些技术分别在产品设计自动化、工艺过程设计自动化和数控编程自动化等方面发挥了重要作用。

目前，对 CAD/CAM 集成还未作出统一的定义。随着 CAD/CAM 集成技术和并行技术的不断发展，对 CAM 的概念应该赋予更广义的内涵，CAM 应该包括从工艺过程设计、夹具设计，到加工、在线检测、加工过程中的故障诊断、装配以及车间生产计划调度等制造过程的全部环节。CAD/CAM 系统的集成是把 CAD、CAE、CAPP、NCP，以至 PPC（生产计划与控制）等各种功能不同的软件有机地结合起来，用统一的执行控制程序来组织各种信息的提取、交换、共享和处理，以保证系统内信息流的畅通，并协调各个系统的运行。CAD/CAM 的集成是制造业迈向计算机集成制造（CIM）的基础。CAD/CAM 集成的体系结构如图 9-1 所示。它的显著特点是与生产管理和质量管理有机地集成在一起，通过生产数据采集和信息流形成一个闭环系统。严格地说，CAD/CAM 集成是指信息和物理设备两方面的集成。从信息的角度看，所谓集成是指 CAD、CAPP、CAM 等各模块之间的信息提取、交换、共享和处理的集成，即信息流的整体集成，CAD/CAM 系统实现双向数据共享；硬件集成是通过网络实现 CAD 系统和 CAM 系统物理设备的互联。

实现 CAD/CAM 的集成，需要具备以下两个基本要素：

1）CAD 系统能够提供完备的、统一的、符合某种标准的产品信息模型，使 CAPP、CAM 等系统能够从该模型获取所需要的信息，并最终将 CAD 设计模型转换成制造模型。

2）CAD/CAM 系统中各模块间应能顺畅地进行数据的传递和交换，交换的方式可以是专用的数据接口、符合某种规范的格式文件或数据库等。

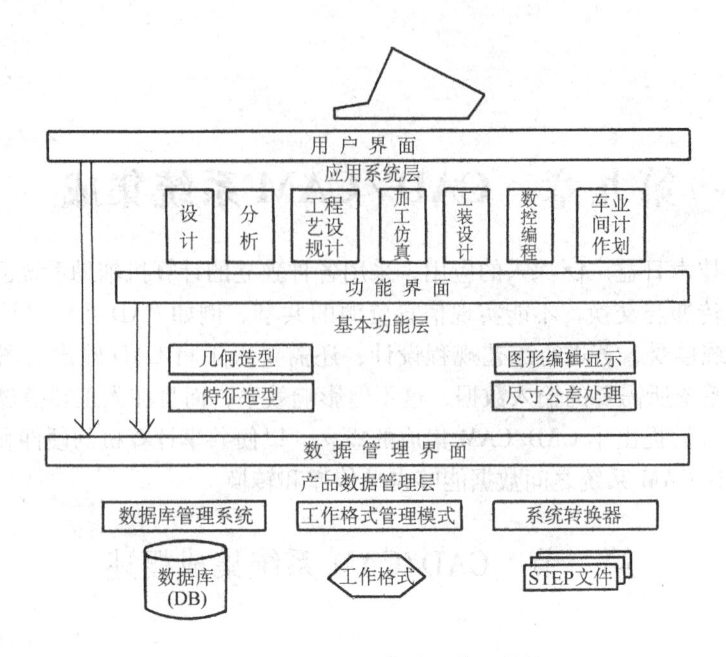

图 9-1　CAD/CAM 集成的体系结构

二、CAD/CAM 集成的关键技术

1. 参数化技术

参数化设计是新一代智能化、集成化 CAD 系统的核心内容，也是当前 CAD 技术的研究热点。参数化设计技术以其强有力的草图设计、尺寸驱动修改图形的功能，成为产品系列化设计、修改、多种方案比较和动态设计的有效手段。利用参数化设计可以极大地提高产品的设计效率。

2. 特征技术

由于 CAD、CAPP 和 CAM 系统是独立发展起来的，所以它们的数据模型彼此不相容。CAD 系统采用面向数学和几何学的数学模型，虽然可完整地描述零件的几何信息，但对于非几何信息，如精度、公差、表面粗糙度和热处理等只能附加在零件图样上，无法在计算机内逻辑结构中得到充分表达。CAD/CAM 的集成除要求几何信息外，更重要的是需要面向加工过程的非几何信息。因此，CAD、CAPP、CAM 之间出现了信息中断。在建立 CAPP 子系统和 CAM 子系统时，需要补充输入上述非几何信息，甚至还要重复输入加工特征信息，造成人为干预量大，数据大量重复，无法实现 CAD/CAPP/CAM 的集成。为了实现 CAD/CAPP/CAM 的集成，CAD、CAPP、CAM 之间的数据交换与共享是亟待解决的重要问题。解决的办法是建立 CAD/CAPP/CAM 范围内相对统一的、基于特征的产品定义模型，并以此模型为基础，运用产品数据交换技术，实现 CAD、CAPP、CAM 间的数据交换与共享，该模型不仅能支持设计与制造各阶段所需的产品定义信息（几何信息、工艺和加工信息），而且还提供符合人们思维方式的高层次工程描述语言——特征，并能表达工程技术人员的设计与制造意图。因而特征技术已成为 CAD/CAPP/CAM 集成的关键技术之一。

3. 产品数据管理技术

目前已有的 CAD/CAM 系统集成，主要通过文件来实现 CAD 与 CAM 之间的数据交换，不同子系统的文件之间要通过数据接口转换，传输效率不高。为了提高数据传输效率和系统的集成化程度，保证各系统之间数据一致性、可靠性和数据共享，采用工程数据库管理系统来管理集成数据，使各系统之间直接进行信息交换，真正实现 CAD、CAM 之间信息交换与共享。因此，集成数据管理也是 CAD/CAM 集成的一项关键技术。

4. 产品数据交换技术

在 CAD/CAPP/CAM 的集成中，有大量数据需要进行交换，目前的传输方式已无法满足集成化的要求。为了满足 CAD/CAM 集成的需要，提高数据交换的速度，保证数据传输的完整、可靠和有效，必须使用通用的数据交换标准。下面简要介绍目前世界上几种著名的数据交换标准。

（1）IGES 标准　IGES（Initial Graphics Exchange Specification）是在美国国家标准局的倡导下，由美国国家标准协会（ANSI）公布的美国标准，是 CAD/CAM 系统之间图形信息交换的一种规范。它由一系列产品的几何、绘图、结构和其他信息组成，可以处理 CAD/CAM 系统中大部分信息，是用来定义产品几何形状的现代交互图形系统。

IGES1.0 版本，偏重于几何图形信息的描述；IGES2.0 版本扩大了几何实体范围，并增加了有限元模型数据的交换；IGES3.0 版本能处理更多的制造用非几何图形信息；IGES4.0 版本增加了实体造型的 CSG 表示；IGES5.0 版本，又增加了实体造型的 B - rep 表示。

1）IGES 描述：IGES 用单元和单元属性描述产品几何模型。单元是基本的信息单位，分为几何、尺寸标注、结构、属性四种单元。IGES 的每一单元由两部分组成，第一部分为条目目录段，具有固定长度；第二部分为参数部分，是自由格式，其长度可变。几何单元包括点、线、圆、二次曲线、参数样条、直纹面和旋转面等。标注尺寸单元有字符、箭头线段和边界线，它能标注角度、直径、半径、直线等尺寸。结构单元用来定义各单元之间的关系和意义。属性单元是描述产品定义的属性。

2）IGES 文件格式：IGES 的文件格式分为 ASCII 格式与二进制格式两种。ASCII 格式便于阅读，二进制格式适于传送大容量文件。ASCII 格式分为定长和压缩两种形式。固定行长的格式中，每行为 80 个字符，由若干行组成一个文件。文件分成开始段、全局参数段、条目目录段、参数数据段、结束段、标志段。第 1 行的第 73 列，如果是 B，则是二进制文件；如果是 C，则是压缩二进制文件。

3）IGES 的前置、后置处理程序：IGES 是一种中性文件。将某种 CAD/CAM 系统的输出转成 IGES 文件时，需经前置处理程序处理。IGES 文件传至另一种 CAD/CAM 系统时，则需经过后置处理程序处理。因此，要求各种应用系统必须具备相应的前置、后置处理程序，以便利用 IGES 文件传递产品的信息。

4）IGES 标准的缺点：首先，IGES 中定义的实体主要是几何图形方面的信息，而不是产品定义的全面信息。它的目的是在屏幕上显示图形或用绘图机绘出图形、尺寸标注和文字注释。所有这些都是供人理解的，而不是面向计算机的，所以不能满足 CAD/CAM 集成的要求。其次，IGES 对数据传输不可靠，往往一个 CAD 系统只有一部分数据能转换成 IGES 数据，在读入 IGES 数据时，也经常有部分数据被丢失。此外，IGES 文件的一些语法结构有二义性，不同的系统会对同一个 IGES 文件给出不同的解释，这可能导致数据交换的失败。最后，它的交换文件所占的存储空间大，影响数据文件的处理速度和传输效率。

（2）STEP 标准　STEP（Standard for Exchenge of Product Model）标准是一个关于产品数据的计算机可理解的表示和交换国际标准。其目的是提供一种不依赖于具体系统的中性机制，能够描述产品整个生命周期中的产品数据。这种描述不仅适合于中性文件转换，而且是实现和共享产品数据库的基础。产品在生命周期的各个过程中产生的信息既多又复杂，而且分散在不同的部门和地方。这就要求产品信息应以计算机能理解的形式表示，而且在不同的计算机系统之间进行交换时保持一致和完整。产品信息的交换包括信息的存储、传输、获取和存档。STEP 把产品信息的表达和用于数据交换的实现方法区别开来。STEP 标准包括以下五个方面的内容：

1）标准的描述方法：STEP 的体系结构由应用层、逻辑层、物理层三个层次构成。最上层是应用层，包括应用协议及对象的抽象测试集，这是面向具体应用的一个层次。第二层是逻辑层，包括集成通用资源和集成应用资源及由这些资源建造的一个完整的产品模型。它从实际应用中抽象出来，而与具体实现无关。最低层是物理层，包括实现方法，给出具体在计算机上的实现形式。

STEP 采用参照模型和形式定义语言进行模型的描述。参照模型可以用来构造其他的模型。不论是应用层还是逻辑层，均由许多参照模型组成。高层次的参照模型可以由低层次的参照模型构成。

EXPRESS 语言是 IPO（IGES/PDES Organization）专门开发的形式定义语言。采用形式化数据规范语言的目的是保证产品描述的一致性和无二义性，同时也要求它具有可读性及能被计算机所理解。EXPRESS 语言就是根据这些要求制订的，它是一种信息建模语言，提供了对集成资源和应用协议中产品数据进行标准描述的机制。

EXPRESS 语言的基础是模式，每种模型由若干模式组成，其重点是定义实体，包括实体属性和这些属性上的约束条件，而属性可以是简单数据类型。EXPRESS 不仅用来描述集成资源和应用协议，而且也用来描述中性文件实现方式的数据模型和标准访问接口 SDAI 实现方式中的所有数据模型。用这种形式语言描述标准，为标准在计算机上的实现提供了良好的基础。

EXPRESS 语言类型丰富，有简单数据类型、聚合数据类型、实体数据类型、定义数据类型、枚举数据类型和选择数据类型等。实体内有属性、局部规则，还有超类与子类的说明等。EXPRESS 语言的表达式除一般算术、逻辑、字符等表达式外，还有实体的实例运算。EXPRESS 语言是定义对象、描述概念模式的形式化建模语言，而不是一种程序设计语言，它不包含输入/输出、信息处理等语句。有关 EXPRESS 语言的详细内容见 ISO 10303—11EXPRESS 语言参考手册。

2）集成资源：STEP 逻辑层统一的概念模型为集成的产品信息模型，又称为集成资源。它是 STEP 标准的主要部分，采用 EXPRESS 语言描述。集成资源提供的资源是产品数据描述的基础。集成资源分为通用资源和应用资源两类，通用资源在应用上有通用性，与应用无关；而应用资源则描述某一应用领域的数据，它们依赖于通用资源的支持。通用资源部分有产品描述与支持的原理、几何与拓扑表示、结构表示、产品结构配置、材料、视图描绘、公差和形状特征等。应用资源部分有制图、船舶结构和有限元分析等。

产品描述与支持的基本原理包括通用产品描述资源、通用管理资源及支持资源三部分。通用产品描述资源包含产品定义构造、产品定义、产品特征定义和产品特征表达等内容。

几何与拓扑表示包括几何部分、拓扑部分、几何形体模型等，用于产品外形的显示表达。其中，几何部分只包括参数化曲线、曲面定义以及与此相关的定义，拓扑部分涉及物体的连通关系。几何形状模型提供了物体的一个完整外形表达，在很多场合，都要包括产品的几何和拓扑数据，它包含了 CSG 模型和 B－rep 模型这两种主要的实体模型。

结构表示描述几何表示的结构和这些结构的控制关系。它包括表面模式和扫描实体表示模式两方面内容。

形状特征分为通道、凹陷、凸起、过渡、域和变形等六大类。并由此派生出具有各种细节的特征，有相应的模式、实体及属性定义。

应用资源内容包括有关制图信息的资源，有图样定义模式、制图元素模式和尺寸图模式等。关于集成资源标准的详细内容见 ISO 10303—41～48、ISO 10303—101～105。

3）应用协议（AP）：STEP 标准支持广泛的应用领域，具体的应用系统很难采用标准的全部内容，一般只实现标准的一部分，如果不同的应用系统所实现的部分不一致，则在进行数据交换时，会产生类似 IGES 数据不可靠的问题。为了避免这种情况，STEP 计划制订了一系列应用协议。所谓应用协议是一份文件，用以说明如何用标准的 STEP 集成资源来解释产品数据模型文本，以满足工业需要。也就是说，根据不同的应用领域的实际需要，确定标准的有关内容，或加上必须补充的信息，强制要求各应用系统在交换、传输和存储产品数据时符合应用协议的规定。

应用协议包括应用的范围、相关内容、信息需求的定义，应用解释模型（AIM）、规定的应用方式、一致性要求和测试意图。应用范围的说明可描述过程、信息流、功能需求的图示化应用活动模型（AAM），而 AAM 可以作为应用协议的附录。应用相关内容的信息要求和约束由一组功能和应用对象来定义，定义的结果是一个应用参考模型（ARM）。ARM 是一个形式化信息模型，它也作为应用协议的附录——非标准知识性附录。应用解释模型（AIM）表示应用的信息要求。AIM 中的资源从定义在集成资源中的资源构件选取。资源构件的解释，就是通过修改、增加构件上的约束、关系、属性等方式来满足应用协议规定领域内的信息要求。

1991 年发表的初始版，即 STEP R1 中发表的应用协议，只有显式制图及配置的控制设计。显式制图面向机械工程和建筑结构工程应用，建立了用于 CAD 图样交换的应用协议。配置控制设计应用协议为应用系统之间配置了控制三维产品定义数据和方法。

关于应用协议的标准详细内容见 ISO 10303—202～ISO 10303—208。

4）实现形式：STEP 标准将数据交换的实现形式分为四级：第一级为文件交换；第二级为工作格式（Working form）交换；第三级为数据库交换；第四级为库交换。对于不同的 CAD/CAM 系统，可以根据对数据交换的要求和技术条件选取一种或多种形式。

文件交换是最低一级。STEP 文件有专门的格式规定，利用明文或二进制编码，提供对应用协议中产品数据描述的读和写操作，它是一种中性文件格式。STEP 文件含有两个节：首部节和数据节。首部节的记录内容为文件名、文件生成日期、作者姓名、单位、文件描述、前后处理程序名等；数据节为文件的主体，记录内容为形状特征、各种细节的特征、相应的模式、实体及属性定义。应用资源内容包括有关制图信息的资源，有图样定义模式、制图元素模式和尺寸图模式等。关于集成资源标准的详细内容见 ISO 10303—41～48、ISO 10303—101～105。

在 STEP 中还有一个标准数据访问接口。在目前的计算机工程应用环境中，数据存取方式采用的是专用数据访问接口。对现有的应用软件，若要改用另一种数据存储技术或数据存取方法，则必须修改原有应用软件。如果所有存储数据技术采用标准的数据访问接口，则应用软件的编写可独立于数据存储技术与系统，这就使得接口具有柔性，也使新的存储系统更方便地与现有应用软件集成起来。STEP 标准正是基于这一因素而采用标准数据访问接口SDAI。它规定以 EXPRESS 语言定义其数据结构，应用程序用此接口来获取和操作数据。应用软件的开发者不必关心数据存储系统以及其他应用软件本身的数据定义形式和存取接口。关于标准数据访问的详细内容见 ISO 10303—22。

5）一致性测试和抽象测试：即使资源模型定义得非常完善，一旦经过应用协议，在具体的应用程序中，其数据交换是否符合原来意图，尚需经过一致性测试。STEP 标准有一致性测试过程、测试方法和测试评估标准。一致性测试中分为结合应用程序实例的测试与抽象测试。关于一致性测试和抽象测试的详细内容见 ISO 10303—31～34。

三、CAD/CAM 系统集成的支撑系统

1. CAD/CAM 集成环境下的网络建立

（1）CAD/CAM 集成环境下网络的特点　CAD/CAM 集成系统是将企业的设计、制造和销售等各个环节集成起来，实现信息的交互和共享。相对一般的办公自动化网络，CAD/CAM 集成系统下的网络应具有如下的特点：

1）网络的规模应覆盖整个企业。网络规模应覆盖企业中的各个部门，既包括企业的管理层的计划、销售等部门，又包括企业的设计、制造等部门，是办公自动化网和制造自动化网的结合。相关部门的计算机硬件设备要联网通信，为各分系统（设计、制造、管理等）的信息传递提供畅通的传输通道。

2）网上传递的信息比较复杂，数据量很大，实时性较强。企业中的信息比较复杂，既包括格式化信息，如合同，设备台账等，又包括非格式化信息，如零件图形、程序、文档等，还有协同工作环境的多媒体信息，如声音、图像等。这些数据中，有些实时性要求较低，如一些办公数据。有些要求实时性较强，如协同工作环境中的多媒体数据。

3）涉及的机型较多，网络结构复杂。企业中不同性质的工作所用的计算机也不同，如办公用个人计算机，绘图用工作站，车间控制用的 PLC，加工中心的专用计算机。不同性质的计算机设备应连接成不同性质的网络，如办公自动化网络，车间控制网络，设计协调工作环境网络等。因此，企业的 CAD/CAM 集成网络应能连接多机型异构设备，应是多个 LAN 的多层次的互连。

4）应具有较好的灵活性和可扩展性。网络应具有较灵活的虚拟分组能力，以适应企业组织机构及业务的变化，在一定程度上支持企业组织机构的信息资源重组。还应具有较强的开放性，建立 CAD/CAM 一体化工程主干网，允许异种机，异种操作系统，异构数据库，异构子网互联，并能有效保证通信的安全性。应尽量采用国际或国家标准及规范。系统应具有先进性和实用性，系统开发中要采用当今国际上先进成熟的设计工具和方法，并有长久的服务支持。

（2）CAD/CAM 集成系统网络的体系结构　CAD/CAM 集成系统网络体系结构规定了企业设备联网和信息传递的协议，由于企业设备类型较多，通信和管理都比较复杂，所以 CAD/CAM 集成网络体系结构较一般的网络体系有所不同，其中最著名的是 MAP/TOP 体系结构。20 世纪 70 年代末期，美国波音公司就已经使用了大量的不同类型的计算机和终端设备，为了将这些设备连成网络，波音公司公布了基于 ISO/OSI 基本参考模型的办公自动化局

域网络协议——技术和办公协议（TOP）。同样，美国通用汽车公司，为了实现制造系统、单元控制器、工作终端、可编程控制器、机器人、机床等自动化设备之间的通信，提出了制造自动化协议（MAP）。1984年通用汽车公司和波音公司均参与了由美国国家标准局召开的计算机会议，将MAP与TOP结合，形成了一套既可支持生产又可以支持办公的完整的网络体系结构，MAP/TOP体系结构被应用于各种不同类型的企业。MAP和TOP均遵守OSI参考模型，是OSI相关标准的一种实现。其中：

MMS：制造报文规范，是MAP应用层的重要协议，主要用于工厂自动化制造环境，实现制造设备单元控制之间的联网。

MHS：电文处理系统，是TOP应用层的重要应用协议，主要实现不同计算机间的电文传递。

FTAM：文件传输、访问、管理协议，是TOP应用层的重要应用协议，提供网络设备间的文件管理。

目前，已有大量的、通用化的网络软、硬件产品，设计CAD/CAM集成网络环境时，应尽量采用标准的、成熟的技术和产品。

（3）*网络的结构设计*　网络的设计应以企业各部门的功能需求及各部门的物理布局为依据，因性能要求和布局的差异，网络的设计也有所不同。下面给出实现CAD/CAM集成的网络设计过程。

1）网络选型。网络的选型应满足系统对网络速度、容量的要求，技术比较成熟，可方便地从市场上买到相应设备，如主干网采用高速以太网，分支网采用低速以太网络。目前，以太网技术成熟，性能价格比较高，是较理想的网络型式。

2）网络的互连及拓扑结构。网络子系统作为支撑分系统的组成部分，其主要目的是向各应用分系统提供分布式的集成通信环境，实现全厂范围的资源共享、进程通信、设备控制以及对分布式数据库系统的支持。所以网络互联应便于子网的划分和整个网络的管理，同时考虑互连设备的通用性及成熟性。目前，网络的互连设备一般采用集线器。集线器有交换式和共享式两种。交换式集线器传输速率快，无冲突，性能好，但价格较高，一般用于主干网的交换设备。而共享式集线器，其性能较差，但价格便宜，可用于子网内设备间信息交换。采用星形结构为主，总线型结构为辅的网络拓扑结构。工厂级主干网采用星形网络拓扑结构，车间及各部门子网也采用星形网络拓扑结构。采用星形网络拓扑结构，可提高网络的可靠性和可维护性，且便于升级与扩展，总线型结构主要用于原有设备（必须用总线型结构）或站点较少的应用部门。或者主干网采用FDDI，子网采用总线型网络结构，也能较好地满足企业功能需求。

2. 工程数据库系统

（1）*工程数据库系统的概念*　工程数据库系统是为支持工程设计与制造和生产管理、经营决策等整个企业数据处理的数据库系统。工程数据库系统包括工程数据库，工程数据库的管理系统和工程数据库的终端用户。

工程数据库中存储的信息，既有结构化信息，也有非结构化信息，包括产品图形信息（如零件的二维图、三维图和产品的装配图等）、产品的文字数据信息（如零件的材质、公差、表面粗糙度、产品的装配关系信息等）、设计数据（如资源数据、设备数据、分析所需参数等）、工艺数据（如加工设备、工艺规程、工序文件、NC代码等）。

工程数据库的管理系统（EDBMS）管理工程数据库中的数据，能对数据库中的图形和文字数据进行存储、检索和修改。

工程数据库的终端用户通常是产品设计、工艺设计等工程技术人员。

（2）*工程数据库系统的特点* 工程数据库系统与传统的商用数据库系统有较大的区别，主要表现在如下几点：

1）支持复杂的数据类型。在工程数据中，既有事物处理环境中的简单数据类型，如整数、实数、字符等，还有大量的复杂数据类型的数据，如向量矩阵、集合、有序集、时间序列、几何图形、复杂的数学公式和过程等。

2）支持复杂的数据结构。一个工程实体（如产品）往往由多个部件或零件组成，这些部件和零件构成树状的继承关系。传统的商用数据库难以实现这种表达。

3）支持丰富的语义关系。语义指数据的结构性质、完整性约束以及数据库运作的规则。描述工程数据模型应比传统的数据模型有更多的语义。

4）支持动态模式修改和版本管理能力。工程数据通常可分为两部分：一部分是静态数据；另一部分是动态数据，它们往往是应用程序产生的结果或中间结果。另外，设计的过程是创造性的活动，难免进行反复或修改。因此，工程数据库应具有模式动态修改和版本管理能力，以保留各设计阶段的结果。

5）具有更强的事务管理功能。传统的商用数据库也支持事务处理功能。但商业性事务一般规律性较强，便于实现。而工程设计过程，是一个多人协作的创造性活动，涉及的数据结构复杂，不易实现事务处理。

（3）*工程数据库系统的构成方法* 传统的和面向事务处理的商用数据库，难以实现工程数据库的相关功能。一般通过下列途径来满足工程数据库的要求。

1）改造现有的商用数据库使之支持工程数据处理。在当前情况下，这是一种较为实际的方法。在商用数据库的外壳包一层软件用于弥补商用数据库的不足。或者，建立专用的文件管理系统，而将现有的DBMS作为其中的一部分，如目前的PDM和ERP系统软件大多采用这种方法。

2）研制新的数据模型，开发新的工程数据库管理系统。在现有商用数据库系统下进行改造，往往难以实现真正的工程数据库要求的功能。因此，人们试图开发新的数据模型和数据库管理方法。面向对象的数据库系统是这种数据库系统的代表。面向对象的方法是将客观事物看作一个对象。一个对象具有特有的属性和方法，具有封装性、继承性和多态性。面向对象的数据库系统就是基于这种方法来设计的。它基本能满足工程数据库的需要，但这种数据库系统目前还在研制之中，还没有较好的商用软件出现。

第二节 CAD/CAM系统的集成方法

目前，CAD/CAM系统的集成大多停留在信息集成的基础上。因此，一般所谓CAD/CAM集成指的是把CAD、CAE、CAPP、CAM等各种功能软件有机地结合在一起，用统一的执行程序来控制和组织各功能软件信息的提取、转换和共享，从而达到系统内信息的畅通和系统协调运行的目的。

因此，CAD/CAM系统集成的关键是信息的集成，是信息的交换和共享。根据信息交换方式和共享程度的不同，CAD/CAM 系统的集成方案主要有以下几种：

一、通过专用数据接口实现集成

利用这种方式实现集成时，各子系统都是在各自独立的专用数据接口模式下工作。如图9-2所示，当系统 A 需要系统 B 的数据时，需要设计一个专用的数据接口程序，将系统 B 的数据格式直接转换成系统 A 的数据格式。反之亦然。这种集成方式原理简单，运行效率较高，但开发的专用数据接口无通用性，不同的 CAD、CAPP、CAM 系统之间要开发不同的接口，且当其中一个系统的数据结构发生变化时，与之相关的所有接口程序都要修改。

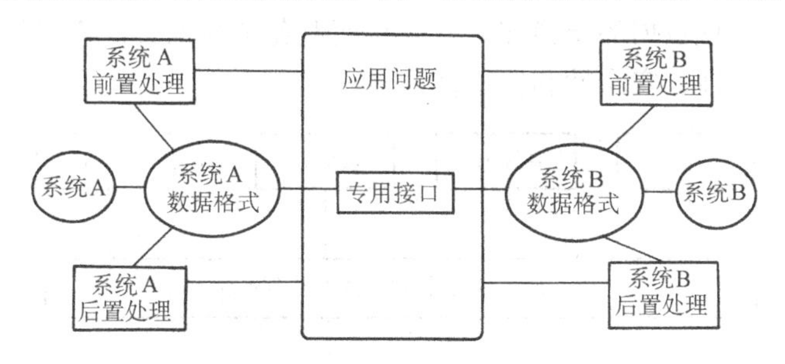

图 9-2　通过专用数据接口实现集成

二、利用数据交换标准格式接口文件实现集成

目前，几乎所有的 CAD/CAM 系统都配置了原始图形交互规范 IGES 接口，但 IGES 处理数据是以图形描述数据为主，已不适应信息集成发展的需要。其局限性表现在：数据交换效率低；仅提供一个总的规范，对不同领域的应用不能确定相应的子规范；规范的可扩充性差等。这种集成方式的思路是建立一个与各子系统无关的公用接口文件，如图9-3所示。各子系统的数据通过前置处理转换成标准格式的文件。各子系统也可以通过后置处理，将标准格式文件转换为本系统所需要的数据。这种集成方式中，每个子系统只与标准格式文件打交道，无需知道别的系统细节，为系统的开发者和使用者提供了较大的方便，并可以减少集成系统内的接口数，当某一个系统的数据结构发生变化时，只需修改此系统的前置、后置处理程序即可。这种集成方式的关键是建立公用的数据交换标准。目前世界上已开发出多个公用

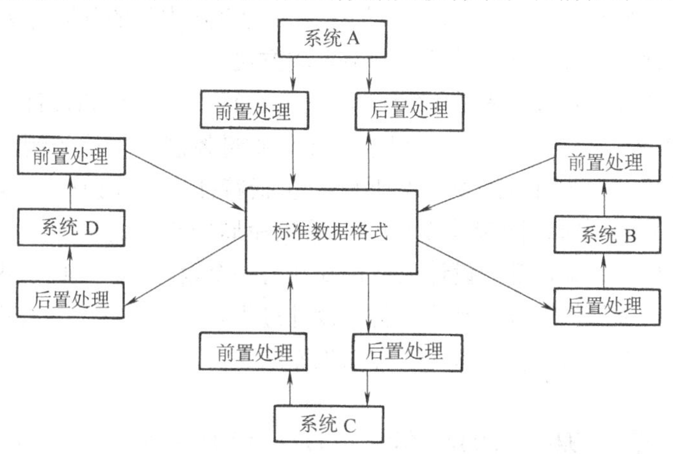

图 9-3　利用数据交换标准格式接口文件实现集成

数据交换标准，比较典型的有IGES、STEP等。同时，有关的CAD/CAM商用软件都提供了各自的符合标准格式的前置、后置处理器，故用户不必自行开发。但目前STEP标准还在不断完善和扩充之中，不久将成为数据交换的主流标准。

三、基于统一产品模型和数据库的集成

这是一种将CAD、CAPP、CAM作为一个整体来规划和开发，从而实现信息高度集成和共享的方案。图9-4所示为CAD/CAPP/CAM集成系统框架图。从该图中可见，集成产品模型是实现集成的核心，统一工程数据库是实现集成的基础。各功能模块通过公共数据库及统一的数据库管理系统实现数据的交换和共享，从而避免了数据文件格式的转换，消除了数据冗余，保证了数据一致性、安全性和保密性。

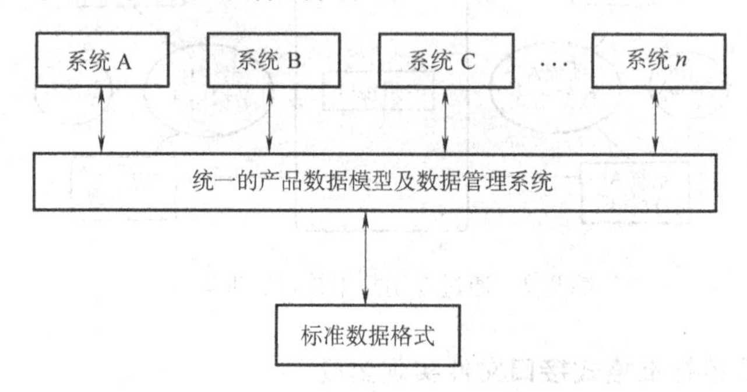

图9-4　基于统一产品模型和数据库的集成系统框架图

这种方式采用统一的产品数据模型，并采用统一的数据管理软件来管理产品数据。各子系统之间可直接进行信息交换，而不是将产品信息先进行转换，再通过文件来交换，这就大大提高了系统的集成性。这种方式是STEP进行产品信息交换的基础。STEP标准提供了关于产品数据的计算机可理解的表示和交换的国际标准，它能够描述产品整个生命周期中的产品数据。STEP标准规定了产品设计、开发、研制及产品生命周期中包括产品形状、解析模型、材料、加工方法、组装分解程序、检验测试等必要的信息定义和数据交换的外部描述，能解决设计制造过程中的CAD、CAPP、CAM、CAT、CAQ等子系统的信息共享，从根本上解决了CAD/CAM系统和CIMS的信息集成问题，并为企业内外的互联与集成提供了可能。

四、基于特征面向并行工程的设计与制造集成方法

面向并行工程的方法可使产品在设计阶段就可进行工艺分析和设计、PPC/PDC（生产计划控制/生产数据采集），并在整个过程中贯穿着质量控制和价格控制，使集成达到更高的程度。每个子系统的修改可以通过对数据库（包括特征库、知识库）修改而改变系统的数据。它在设计产品的同时，同步地设计与产品生命周期有关的全部过程，包括设计、分析、制造、装配、检验、维护等。设计人员都要在每一个设计阶段同时考虑该设计结果能否在现有的制造环境中以最优的方式制造，整个设计过程是一个并行的动态设计过程。这种基于并行工程的集成方法要求有特征库、工程知识库的支持。

第三节　基于PDM的CAD/CAPP/CAM系统集成

PDM技术是以产品数据的管理为核心，通过计算机网络和数据库技术，对企业生产过程中所有基于产品模型和信息，包括开发计划、产品模型、工程图样、技术规范、工艺文件、数控代码、产品设计、加工制造、计划调度、装配、检测等工作流程及过程处理的程序。基于 PDM 的系统集成是指集数据库管理、网络通信能力和过程控制能力于一体，将多种功能软件集成在一个统一平台上。它不仅能实现分布式环境中产品数据的统一管理，同时还能为人与系统的集成及并行工程的实施提供支持环境。它可以保证正确的信息，在正确的时刻传递到 PDM 核心层，向上提供 CAD/CAPP/CAM 的集成平台，把与产品有关的信息集成管理起来，向下提供对异构网络和异构数据库的接口，实现数据跨平台传输与分布处理。

PDM 以其对产品生命周期中信息的全面管理能力，不仅自身成为 CAD/CAM 集成系统的重要构成部分，同时也为以 PDM 系统作为平台的 CAD/CAM 集成提供了可能，具有很好的应用前景。图 9-5 所示为以 PDM 为集成平台，包含 CAD、CAPP、CAM 三个主要功能模块的集成系统示意图。从该图中可以清楚地看出各个功能模块与 PDM 交流信息，CAD 系统产生的二维图样、三维模型（包括零件模型与装配模型）、零部件的基本属性、产品明细表、产品零部件之间的装配关系、产品数据版本及其状态等，交由 PDM 系统来管理，而 CAD 系统又从 PDM 系统获取设计任务书、技术参数、原有零部件图样资料以及更改要求等信息。CAPP 系统产生的工艺信息，如工艺路线、工序、工步、工装夹具要求以及对设计的修改意见等，交由 PDM 进行管理，而 CAPP 也需要从 PDM 系统中获取产品模型信息、原材料信息、设备资源信息等。CAM 系统则将其产生的刀位文件、NC 代码交由 PDM 管理，同时从 PDM 系统获取产品模型信息、工艺信息等。由图 9-5 可见，PDM 可在更大范围内实现企业内信息共享。现在分析信息交流是怎样在集成系统中实现的。

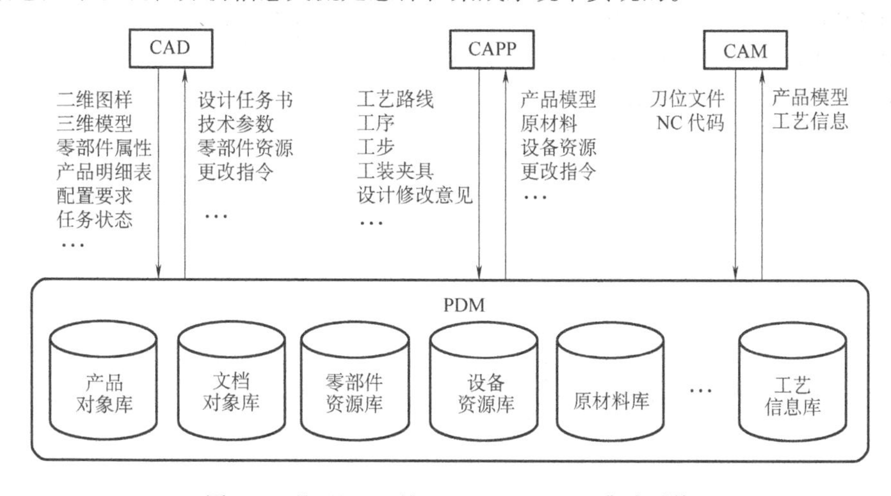

图 9-5　基于 PDM 的 CAD/CAPP/CAM 集成系统

一、CAM 与 PDM 的集成

由于 CAM 与 PDM 系统之间只有刀位文件、NC 代码、产品模型等文档信息的交流，所以 CAM 与 PDM 之间采用应用封装来满足二者之间的信息集成要求。

二、CAPP 与 PDM 的集成

CAPP 与 PDM 之间除了文档交流外，CAPP 系统的运行还需要从 PDM 系统中获取设备资源信息、原材料信息等。而 CAPP 产生的工艺信息，为了支持与 MRP Ⅱ 或车间控制单元的信息集成，也需要分解成基本信息单元（如工序、工步等）存放于工艺信息库中，供 PDM

与 MRPⅡ集成之用。所以 CAPP 与 PDM 之间的集成需要接口，即在实现应用封装的基础上，进一步开发信息交换接口，使 CAPP 系统可通过接口从 PDM 中直接获取设备资源、原材料信息的支持，并将其产生的工艺信息通过接口直接存放于 PDM 的工艺信息库中。由于 PDM 系统不直接提供设备资源库、原材料库和工艺信息库，所以需要用户利用 PDM 的开发工具自行开发上述库的管理模块。

三、CAD 与 PDM 的集成

CAD 与 PDM 的集成是 PDM 实施中要求最高、难度最大的一环。其关键在于需保证 CAD 的数据变化与 PDM 中的数据变化一致。从用户需求考虑，CAD 与 PDM 的集成应达到真正意义的紧密集成。CAD 与 PDM 的应用封装只解决了 CAD 产生的文档管理问题。零部件描述属性、产品明细表则需要通过接口导入 PDM。同时，通过接口交换，实现 PDM 与 CAD 系统间数据的双向异步交换。但是，这种交换仍然不能完全保证产品结构数据在 CAD 与 PDM 中的一致。所以要真正解决这一问题，必须实现 CAD 与 PDM 之间的紧密集成，即在 CAD 与 PDM 之间建立共享产品数据模型，实现互操作，保证 CAD 中的修改与 PDM 中的修改实现互动性和一致性，真正做到双向同步一致。目前，这种紧密集成仍有一定的难度，一个 PDM 系统往往只能与一两家 CAD 产品达到紧密集成的程度。

习题与思考题

1. CAD/CAM 集成系统通常由哪几部分组成？
2. 简述 CAD/CAM 集成的关键技术。
3. 简述 STEP 标准的内容和应用特点。
4. CAD/CAM 系统集成通常有哪些方法？
5. CAD/CAM 集成系统有哪些优点？
6. 阐述 PDM 与 CAD/CAM 集成的关系。

第十章　CAD/CAM 软件应用

CAD/CAM 软件是 CAD/CAM 技术应用的载体，对软件的掌握程度直接影响到企业采用 CAD/CAM 技术所产生的效益。目前在该项技术的应用上存在重视 CAD、轻视 CAM、忽视 CAE 的现象，使得 CAD/CAM 软件应用远未达到预期的效果。这不仅与企业短期行为的指导思想有关，更重要的是与技术人员未能掌握软件功能及其相关技术，把 CAD/CAM 技术简单地等同与 CAD 技术的现状有关。显然，从应用的角度看，CAM 和 CAE 技术的掌握要比 CAD 困难得多。本章试图通过介绍三种目前使用比较普遍的 CAD/CAM 软件的功能、应用实例和实际使用中应该注意的有关问题，给读者在 CAD/CAM 软件的应用方面予以一定的帮助。

第一节　MasterCAM 软件及应用

一、MasterCAM 软件简介

MasterCAM 是美国 CNC Software 公司研制开发的 CAD/CAM 软件，它自 1984 年诞生以来，就以其综合的性能特点闻名于世。根据国际 CAD/CAM 领域的权威调查公司 CIMdata, Inc. 的最新数据显示，它的装机量居世界第一。包括美国在内的各工业大国皆采用该系统作为设计、加工制造的标准。

MasterCAM 作为基于个人计算机平台的 CAD/CAM 软件，尽管不如基于工作站平台软件的功能齐全、模块多，但它对硬件的要求不高，操作灵活，易学易用，具有良好的性能价格比，特别在 CNC 编程方面快捷方便，能使企业很快见到效益，比较适用于我国中小型制造企业。该软件已经在我国广泛应用于模具制造、汽车工业、摩托车制造、航空工业等行业。该软件包括设计造型（Design）、铣削加工（Milling）、车削加工（Turning）、线切割加工（WireEDM）等主要模块，涵盖了当今金属切削加工领域的主要加工手段。

二、MasterCAM 软件的主要功能

1. Design 模块

MasterCAM 的 Design 模块可以设计、编辑复杂的二维、三维空间曲线，生成方程曲线，进行较为方便的尺寸标注、注释等功能。系统的曲面造型功能，采用 NURBS、PARAMETRICS 等数学模型，并配有多种生成曲面的方法，同时具备曲面修剪、曲面倒圆角、曲面偏移、延伸等编辑功能。系统的实体造型以 Parasolid 为核心，具有强大的倒角、抽壳、布尔运算、延伸、修剪等功能。系统还提供强大的格式转换器，支持 IGES、ACIS、DXF、DGW 等流行存档文件的相互转换，进行企业间可靠的数据交换。

系统中开放的 C-HOOK 程序接口，可以将自编的工作模块与 MasterCAM 无缝连接。最新的 MOLDPLUS for MasterCAM 是专为模具制造业开发的模块，它内嵌于 MasterCAM 中，具有自动取出 EDM 机床加工所必须的电极，自动生成上下模，自动生成分模面等功能，是模具设计制造的有用工具。

2. Mill 模块

MasterCAM 的 Mill 模块是专门为 CNC 铣床和 CNC 加工中心开发的，主要用于生成铣削加工刀具路径，包括二维加工系统及三维加工系统。二维加工系统包括外形铣削、型腔加工、面加工及钻孔、镗孔、螺纹加工等。三维加工系统包括曲面加工、多轴加工和线架加工等。在进行多重曲面的粗加工及精加工中（包括等高线加工、环面加工等），各模组生成的刀具连接可供 3 轴数控铣床使用；在多轴加工系统中（包括 5 轴曲线加工、5 轴钻孔、5 轴侧刃铣削、5 轴流线加工和 4 轴旋转加工等），各模组生成的刀具路径可供 4 轴或 5 轴数控铣床使用；线架加工系统（包括直纹曲面、扫描曲面、旋转面加工等）中各模组生成的刀具路径一般也可供 4 轴或 5 轴数控铣床使用。同时还可以进行刀具路径的投影、路径模拟、加工模拟及后处理等。

Mill 模块中的加工处理引擎能够让刀具在各种复杂曲面上顺畅运行，并能产生通用的 G 代码，用以直接驱动 CNC 机床；内置的多达几十种加工方式，可灵活解决各种加工难题；全中文菜单，完全解除了语言上的障碍；嵌入了 HSM（High - Speed Machining）模块，支持先进的高速铣削加工技术，紧跟机械加工技术发展的潮流。

3. Lathe 模块

Lathe 模块主要用于生成车削加工刀具路径。它是专门针对 CNC 车床和 CNC 车削中心开发的，具有强大的车削作业能力。Lathe 模块中包含有 3D 绘图系统，可以进行粗车、精车、车螺纹、径向切槽、钻孔、镗孔等加工；实体切削模拟可以迅速排除加工中出现的失误；刀具管理器可以快速选择适合当前加工的刀具；强劲的 C 轴加工功能使复杂的工作变得比较简单；各式切削循环指令，保证 CNC 车床和 CNC 车削中心始终处于最佳工作状态，使其加工效率大幅提升。

4. Wire EDM 模块

Wire EDM 模块是专为线切割而研发的系统。它包含 3D 绘图系统，可以进行 2 ~ 4 轴上下异形切削，自动或半自动图形对应，加工的自动清角，可选弦差或固定式步进量方式进行 4 轴的曲面精修，内置的齿轮生成器能生成各种标准齿轮。MasterCAM 的 Wire 模块是线切割加工机床的最佳伴侣。

三、MasterCAM 系统造型实例

图 10-1 所示为某种水龙头扳手，考虑到零件外形的美观，几乎所有的面都是曲面，采用二维 CAD 系统绘制很难表现出零件的特征，也无法利用数控机床进行加工。该零件的造型过程如下：

1. 进入 MasterCAM 系统

双击桌面图标，或通过“开始”→“程序”→“MasterCAM”→“Design”菜单进入 MasterCAM 造型系统界面。

2. 创建底座特征

根据底座上有锥面，且前后面高度不相等的特点，采取下列步骤：

1）设置图层 1，选择红色和 TOP 绘图面，在主功能表中选择绘图，绘制截面。

2）设置图层 2，选中实体，选择挤出→串连→单击 1）中创建的截面→执行→设置对话框参数（注意拔模斜度），产生实体。

3）设置图层 1，选择 SIDE 绘图面，绘制截面。

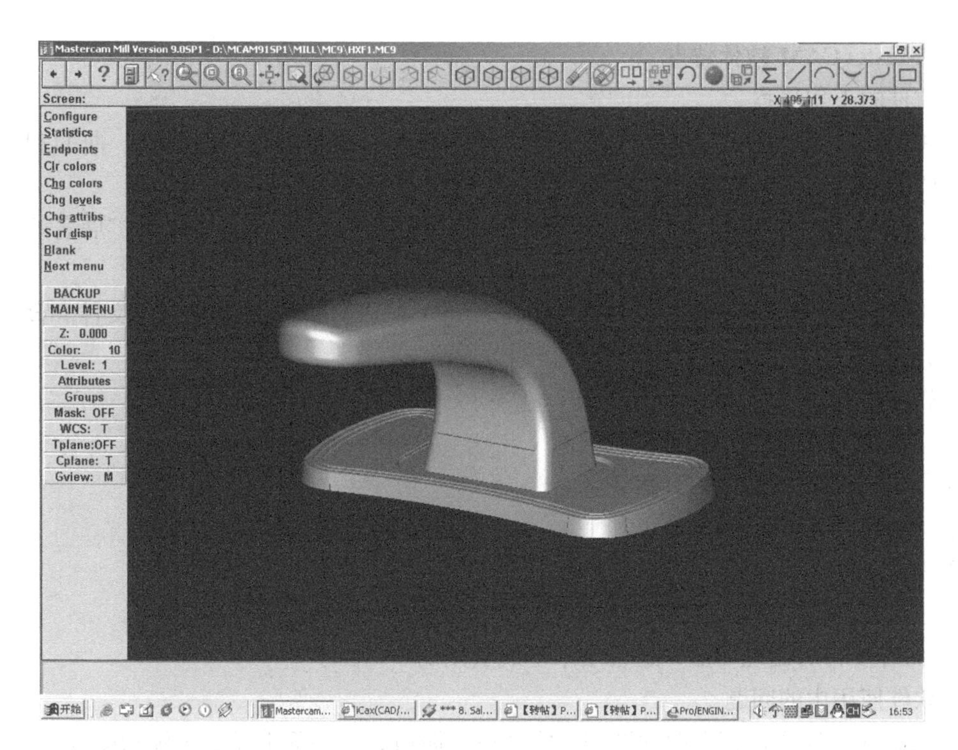

图 10-1　MasterCAM 系统水龙头扳手造型

4）设置图层 2，选中实体，选择挤出→串连→单击 3）中创建的截面→执行→设置对话框参数（注意切割实体），产生下底面实体。

3. 创建底座上的条纹

1）在底座上表面绘制扫描曲线和扫描截面。

2）设置对话框参数（注意加实体），扫描产生实体。

4. 创建手柄实体特征

1）设置图层 1，选择 SIDE 绘图面，绘图→曲线→设置曲线参数→绘制扫描曲线。

2）选择 FRONT 绘图面，控制构图面深度，共绘制 3 个扫描截面（注意最下边的截面必须在底座的上表面）。

3）设置图层 2，绘图—实体—扫描实体—选择 2）中创建的截面和 1）中的扫描曲线，生成实体。

4）在手柄头部进行倒角。

5. 零件修整

1）实体—倒角，选中相应的边进行倒角。

2）实体—薄壳，选中实体的底面，输入厚 5（注意薄壳应放在倒角之后，否则会不成功）。

6. 存盘后退出

单击“Save”按钮，在对话框中输入文件名，然后选择“File”→“Exit”命令退出 MasterCAM 系统。

四、MasterCAM 软件特点

1. 软件的工作流程

1）按图样或设计要求，在计算机上建立电子模型，该模型可以由线架、曲面和实体组成，即 CAD 部分。

2）为 CAD 模型铺设加工刀路，生成过渡文件。该过渡文件是以 nci 为扩展名的刀尖轨迹文本文件。

3）通过后处理，将刀路文件自动变为符合 ISO 或 EIA 标准的 G/M 代码文件。该文件是以 NC 为后缀名的文本文件。

2. 软件的特点

1）具有较强的交互性，简单易学。

2）提供可靠与精确的刀具路径。

3）可以直接在曲面及实体上加工。

4）提供多种加工方式。

5）提供完整的刀具库及加工参数数据库。

6）拥有多种后处理功能，适合用来生成实用的 NC 程序。

3. 软件使用中的问题

1）MasterCAM 仍停留在曲面造型、实体造型阶段，而曲面造型、编辑功能较差。

2）在实际使用中，一般采用 Pro/Engineer + MasterCAM 的工作方式，即采用 Pro/Engineer 系统造型，MasterCAM 系统生成刀位文件。但在 Pro/Engineer 的 IGES 格式转换过程中，有时在使用 Untrim 某面后再执行 trim 操作时会丢失信息，若采用 extend，则有时面会变形。

3）加工仿真时系统是以刀号作为仿真刀具的，应注意刀具的刀号不可重复，否则仿真后的工件与实际情况将会不一致。

4）MasterCAM 重做命令只能恢复一次，不太方便。

5）与 Cimatron 的 CAM 相比，MasterCAM 不能定义毛坯去除空刀，3D 加工功能不强等。

第二节　UG 软件及应用

一、UG 软件简介

UG 起源于美国麦道（MD）公司的产品，1991 年 11 月归属美国通用汽车公司 EDS 分部，UG 是其独立子公司 Unigraphics Solutions 开发的产品。1997 年 10 月，Unigraphics Solutions 公司与 Intergraph 公司合并，将微机版的 SolidEdge 软件统一到 Parasolid 平台上，目前 EDS 已经发展成为世界上最大的信息技术服务公司之一。UG 是一个集 CAD、CAE 和 CAM 于一体的集成系统，广泛应用于航空航天器、汽车、通用机械以及模具等的设计、分析及制造等领域。

UG 采用基于特征的实体造型，具有尺寸驱动编辑功能和统一的数据库，实现了 CAD、CAE、CAM 之间无数据交换的自由切换。UG 具有很强的数控加工能力，可以进行 2 ~ 2.5 轴、3 ~ 5 轴联动的复杂曲面加工，还提供二次开发工具 GRIP、UFUNG、ITK，允许用户扩展 UG 的功能。UG 软件近 20 年来的发展情况见表 10-1。

二、UG 软件的主要功能

1. UG/入口（UG/Gateway）

该模块作为 Unigraphics 的基础，将所有 UG 模块连接于一个易于使用的、基于 Motif 的交互环境中。它允许用户打开已有的 UG 部件文件，建立新的部件文件，绘制工程图和屏幕布置，读入和输出各种计算机图形源文件（CGM）。它还具有图层控制、视图定义、对象信息分析、显示控制、访问在线“帮助”系统、物体消隐/再现、对实体模型和表面模型着色等功能。UG/Gateway 提供了一个与各种高分辨率绘图机接口的许可证，并可提供目前最先进的电子数据表格应用，建造和管理零件族，操纵部件相互关系的表达式，以便通过分析相关联的方案扩充模型设计。UG/Gateway 是运行其他 Unigraphics 产品的先决条件。

表 10-1　UG 软件的发展概况

阶　　段	基于图纸	基于特征	基于过程	基于知识
年代	1974	1988	1995	2000
特征	数字化图样	数字化模型	数字化过程	数字化知识与过程
内容	线框 无纸化	实体 特征 形象化	汽车 消费品 机械 模具	过程向导 顾问/评审 基于规则建模

2. UG/实体建模（UG/Solid Modeling）

该模块将基于约束的特征建模和显式几何建模方法无缝地结合成一体，提供当今业界最强有力的“复合建模”工具，用户可充分运用集成于先进的基于特征环境中的传统的实体、表面、线框造型的优势。UG/Solid Modeling 能够方便地建立二维和三维线框模型、扫描和旋转实体、进行布尔运算及参数化编辑。它还提供用于快速、有效的概念设计的变量草图工具和用于一般建模和编辑任务的工具。与其他的 UG 建模模块一样，该模块也是在友好的图标菜单界面下运行，便于用户访问和操作。UG/Solid Modeling 是 UG/Features Modeling 和 UG/Freeform Modeling 的基础。

3. UG/特征建模（UG/Features Modeling）

该模块提高了表达设计的层次，可以用工程特征术语定义设计信息。它支持建立和编辑下列各种标准的设计特征：孔、槽、型腔、垫、凸台、圆柱体、块、圆锥体、球体、管子、杆、倒圆和倒角等，还可以将实体挖空变成薄壁件。特征用参数化定义能对它的尺寸和位置做尺寸驱动编辑，存储在公共目录中的用户自定义特征也能加到设计模型中。特征可相对其他特征或物体定位，或被引用以建立相关的特征组，特征组排列可以是个别的定位，也可以是在简单图案、矩形阵列和环形阵列中的定位。

4. UG/自由曲面建模（UG/Freeform Modeling）

该模块支持复杂自由曲面，如机翼、进气道以及工业产品的造型设计。它可将实体建模和表面建模的技术合并，建成一个功能强大的建模工具组。其建模技术包括：沿曲线的通用扫描法，用标准二次曲线方法建立二次曲面体，建立圆形或二次锥形截面以及光滑桥接在两个或多个物体间隙中的曲面。对于逆向工程，也可以建立通过曲线/点网格定义的形状或通过点云拟合的形状。对自由曲面模型编辑的方法有：修改定义的曲线，改变参数值，用图形或数学规则来控制，如变半径倒圆或变截面扫描功能等。UG/Freeform Modeling 与其他 UG 功能完全集成，还可提供计算复杂模型的形状、尺寸和曲率的易用工具。

5. UG/用户自定义特征（UG/User－defined Features）

该模块提供一种利用用户定义特征（UDF）概念去捕捉和存储零件族的方法，易于恢复和编辑。还提供了一些工具，如允许采用标准 UG 建模工具建立的参数化实体模型，建立特征参数之间的关系，定义特征变量，设置默认值以及确定调用特征时所采用的一般形式。用户自定义特征建立后，将驻留在一个目录中，供使用该模块的任何用户访问。用户自定义特征加入设计模型后，可用常规的特征编辑方法对其任何参数进行编辑，使其性能符合原始 UDF 生成器建立的设计意图。

6. UG/工程制图（UG/Drafting）

该模块可以使设计人员直观地从三维实体模型得到二维工程图。基于 UG 复合建模技术，UG/Drafting 模块可生成尺寸与实体模型协调一致的工程图，并保证随着实体模型的改变而同步更新工程图尺寸，减少了因模型的改变致使二维图更新所需的时间。包括消隐线和相关截面图在内的二维视图当模型修改时也会自动更新。自动视图布置功能可快速布置二维图的多个视图，包括正交视图、剖面图、辅助视图和局部放大图等。UG/Drafting 支持 ANSI、ISO、DIN 和 JIS 等主要的工业制图标准，并提供一套完整的基于图标菜单的绘图及标注工具。用 UG/Assembly 建模产生的装配信息，可以方便地绘制装配图，并能快速生成装配分解图。不论绘制单页，还是多页详细装配图和零件图，UG/Drafting 都能减少绘图时间和成本。

7. UG/装配建模（UG/Assembly Modeling）

该模块提供并行的、自上而下的产品开发方法。UG/Assembly Modeling 的主模型在整个装配过程中可以进行设计和编辑。组件可以灵活地配对或定位，并且一直保持其相关性。装配件的参数化建模还可描述组件之间的配对关系、确定通用紧固件组和其他复制的零件。这种体系结构允许建立非常庞大的产品结构，并为设计团队共享，团队成员始终保持与他人并行地工作。按照规定的命名规则或采用 UG/Manager 的配置规则，能够正确地访问不同版本的零件。

8. UG/高级装配（UG/Advanced Assemblies）

该模块将高速表示和间隙分析技术相结合，提供了数据装载控制功能，允许用户对装配结构进行过滤分析。UG/Advanced Assemblies 可以管理、共享和评价数字模型，直至完成一个复杂产品的全数字化装配模型。用它提供的各种工具，用户可对整个产品、指定的子系统或零件进行可视化装配分析，并使产品的性能和生产率达到最优化。改变模型的表示方式，就可以快速地进行间隙检验，并对有阴影和隐藏线的视图着色。如果需要，则该模块对硬干涉可提供精确的答案。当大型产品的部分结构作工程改变时，可以定义其区域和组件集，并由设计团队分享，以提高响应速度。

9. UG/有限元建模与解算（UG/GFEM PLUS）

该模块提供有限元前处理和后处理功能，用于建立和操作有限元模型实体，包括实体和表面网格自动划分功能。有限元处理的数据是由同一零件的几何设计数据文件提供的。分析结果（如应力等值线和偏转形状）将和原始几何模型一起显示。GFEMFEA 是一个可选的有限元分析软件包，可用于线性静态自由振动和稳态热传导分析，也同样适用于各向同性和各向异性材料。本模块还提供可选的与 ANSYS 和 MSC/NASTRAN 的接口，以及生成与其他 FEA 解算器连接的用户分析接口。

10. UG/机构学（UG/Mechanisms）

该模块能方便地应用 Unigraphics 建立的几何模型，进行二维或三维机械系统的复杂运动分析和设计仿真。可提供机构最小距离分析、干涉检验和运动轨迹包络等选项。用户可以分析反作用力，图解合成位移、速度和加速度。该模块还提供一个综合的机构运动副的元件库，几何模型用于安放运动副和作用力，定义 CAM 凸轮轮廓。UG/Mechanisms 采用了内置解算器，对于更复杂的分析，可为 ADAMS/Solver（MDI 公司的全动态解算器）建立一个输入文件。

11. UG/有限元分析（UG/GFEMFEA）

该模块是一个通用的结构分析软件包，它可为 UG/GFEM PLUS 用户提供线性静态、模态（振动）和稳态热传导分析功能。UG/GFEMFEA 进行分析时由 UG/GFEM PLUS 模块做初始化处理。在有限元分析前，先以交互方式输入控制参数和载荷工况，并以交互方式提交即时的批处理分析。

12. UG/注塑流动检查（UG/MF - Flowcheck）

该模块由 Moldflow 公司开发并集成在 Unigraphics 中，UG/MF - Flowcheck 可指示熔合线和气孔等表面缺陷、指出零件能否被选定的塑料充填完好、计算原材料用量以及自动确定合理的工艺条件。该模块可采用两种非牛顿、非等温的分析方法。一种是考虑塑料性能和传热机理，这对壁厚不均匀的塑料件特别重要；另一种是指出零件的可塑成型性，即零件能否充填完好。

13. UG/CAM 基础（UG/CAM Base）

该模块提供了连接 UG 所有加工模块的基础，它在界面友好的 Motif 环境下运行。用户可以在图形方式下通过观察刀具运动来编辑刀具的运动轨迹，具有延伸、缩短或修改刀具轨迹等编辑功能。它也提供通用的点位加工子程序，如钻孔、攻螺纹和镗孔等。用户化对话的特性允许用户修改对话并建立专用菜单，可以减少培训时间和流水线加工任务。通过使用操作样板提高系统操作的用户化水平，如允许用户建立粗加工、半精加工等专门的样板子程序，而且常用的加工方法和工艺参数都已标准化。

14. UG/后处理（UG/Postprocessing）

该模块可使用户能够对制造业中常用的大多数数控机床方便地建立自己的后处理程序。UG/Postprocessing 的功能已经被广泛地验证，包括铣削（2 ~ 5 轴或更多轴）、车削（2 ~ 4 轴）和线切割。

三、UG 系统造型实例

现以图 10-2 所示的扳手为例，介绍实体模型的创建过程。该零件较为复杂，通常先采用实体建模的方法生成参数化的基础特征，然后使用自由形状建模的方法生成曲面特征，最后采用特征建模的方法，对实体进行处理。具体步骤如下：

1. 进入 UG 系统

双击 UG 在桌面上的图标，或通过“开始”—“程序”—“UG NX”—“Unigraphics”菜单进入 UG 造型系统界面。

2. 建立新的 *. part 文件

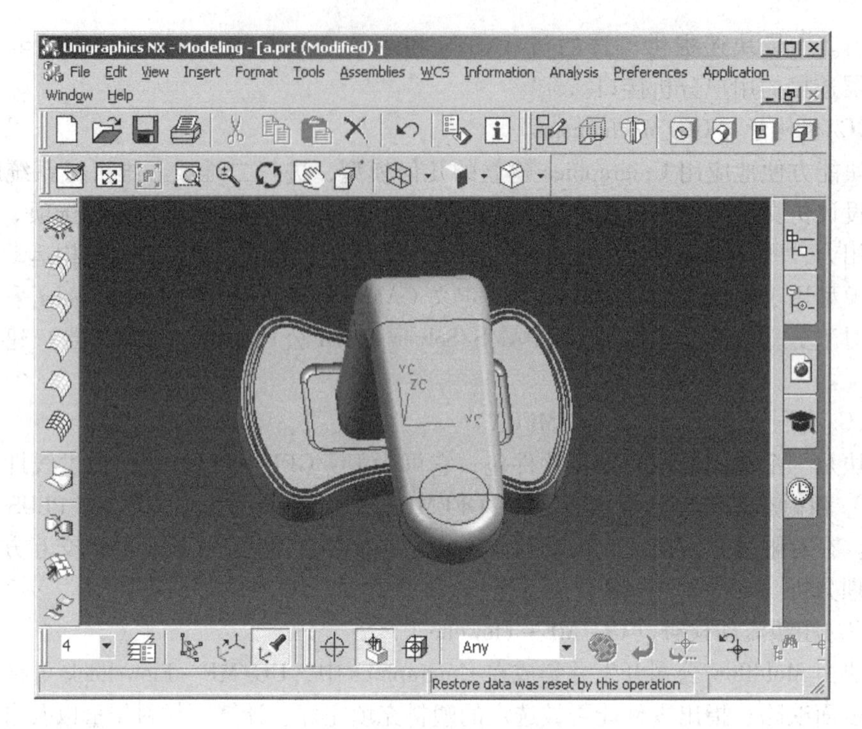

图 10-2　UG 系统水龙头扳手造型

选择“File”→“New”命令；输入文件名（要求是字母形式）；使用公制单位（如选用米制）。

3. 创建底座基础特征

底座不是一个规则的立方体，所以采用草图，然后拉伸成形。步骤如下：

（1）进入建模状态　选择“Applicaition”→“Modeling”命令。

（2）建立草图

1）选择“Insert”→“Sketch”命令，进入草图环境，确认以 XOY 作为草图放置平面，建立 Sketch_001。

2）选择“Insert”→“Rectangle”命令绘制简单的四边形。

3）选择“Sketch Constraints”命令对草图进行形状约束和尺寸约束（先形状约束，使底边水平，左右两边竖直；然后尺寸约束，水平尺寸为 238，右侧为 38，上边和右侧边所夹角度为 87°；最后使四边形定位在坐标原点）。

4）单击“完成”按钮，退出草图环境。

（3）拉伸成形

1）直接用桌面上“拉伸”按钮（或选择“Insert”→“Form Feature”→“Extruded Body”命令）。

2）以草图曲线为拉伸截面线，以 Z 轴方向为拉伸方向；拉伸长度为 325。

（4）创建基准面

1）直接用桌面上“基准面”按钮（或选择“Insert”→“Form Feature”→“Datum Plane”命令）。

2）以底面作为约束创建的基准面为参考平面。

3）以左右两侧面作为约束，选择两者的中间平面创建基准面作为绘制导引线（扫掠体的导引体）的绘图平面。

（5）作四个侧边的拔模

1）直接用桌面上“拔模”按钮（或选择“Insert”→“Feature Operation Taper”命令）。

2）拔模角度为3°。

（6）在四个侧边做圆角

1）直接用桌面上“圆角”按钮（或选择“Insert”→“Feature Operation”→“Edge Blend”命令）。

2）倒圆角分别为50；50；75；75。

4. 在步骤3的（4）创建的绘图平面上绘制导引线

1）选择“Insert”→“Sketch”命令进入草图环境，以绘图平面作为草图放置平面，建立Sketch_002。

2）选择“Insert”→“Profile”命令绘制一段直线和两段圆弧。

3）选择“Sketch Constraints”命令对草图进行形状约束和尺寸约束（先形状约束：直线和圆弧相切，圆弧和圆弧相切，直线竖直；然后尺寸约束：线段长度为42，两段圆弧半径分别为200和1 000；最后使得该曲线的初始点在步骤3的（4）创建的参考平面上）。

5. 创建扫掠实体

（1）创建基准面

1）直接用桌面上“基准面”按钮（或选择“Insert”→“Form Feature”→“Datum Plane”命令）。

2）在步骤4中建立的导引线的初始点、0.33、0.70、终止点这四个位置点处，作垂直于导引线的四个基准面。

（2）创建四个截面线

1）选择“Insert”→“Sketch”命令进入草图环境（分别以上一步中所作四个基准面作为草图放置平面，建立四张草图）。

2）选择“Insert”→“Profile”绘制简单的三段直线和一段弧。

3）选择“Sketch Constraints”对草图进行形状约束和尺寸约束（先形状约束：使底边水平，左右两边竖直；然后尺寸约束，最后使草图定位）。

（3）创建扫掠体

1）直接用桌面上“扫掠”按钮（或选择“Insert”→“Free From Feature”→“Swept”命令）。

2）以步骤4中建立的草图曲线为导引线，以步骤5中建立的四个草图曲线为截面线，建立扫掠实体。

6. 创建圆角特征

直接用桌面上“圆角”按钮（或选择“Insert”→“Feature Operation”→“Edge Blend”命令）。

7. 零件建立成薄壳件

直接用桌面上“薄壳”按钮（或选择“Insert”→“Feature Operation”→“Hollow”命

令)，薄壳厚度为 2，底面为打通面。

8. 存盘后退出

1）选择“File”→“Save”命令。

2）选择“File”→“Close”命令。

四、软件特点

1. UG 软件的特点

EDS 公司的 Unigraphics 是一个完整的产品工程解决方案，可以实现产品从初始的概念设计到产品设计仿真和制造工程，并提供数字化造型和验证手段。主要特点如下：

（1）相关性　通过应用主模型，使得从设计到制造的所有应用相关联。

（2）并行协作　通过应用主模型、产品数据管理 PDM（iMAN）、产品可视化（PV）以及运用 Internet 技术，支持扩展企业范围的并行协作。

（3）基于知识的工程　用知识驱动的自动化，Unigraphics 解决了怎样捕捉、再使用和运用累积在制造产品的人和过程中的知识问题。

（4）客户化　Unigraphics 提供 CAD/CAE/CAM 业界最先进的编辑工具集，去定制 Unigraphics 和裁编它以满足一个企业的需求。

2. UG 软件的发展趋势

（1）知识驱动自动化　所谓知识驱动自动化（KDA）就是获取过程知识并用以推动产品开发流程的自动化。技术是关于系统工作的方式，而流程和经验则是关于人们工作的方式。三者（过程、经验和技术）的结合非常关键，这样才能帮助用户获得他们所期待的效果。

（2）高级装配技术　高级装配技术是给设计人员提供虚拟实物模拟的工具，从而能确认产品外形、配合与功能以代替物理样机，是采用数字化定义及软件对测量、操作和测试的模拟技术。

在支持虚拟实物模拟过程同时，高级装配能为几乎任意装配用户优化性能并提高生产率，具有高性能的组件表示、快速呈现以及智能的间隙分析复杂产品模型的设计与包装过程。

（3）WAVE 技术　WAVE 控制利用 Unigraphics NX WAVE 技术能够从共同产品结构中快速开发出新产品（一个称为“产品文件夹工程”的过程）。

WAVE 技术采用更新相关的组件与工具的方式，自动传递设计的改变，减少了设计改变的费用，能实现快速、迭代试验和可行性研究。WAVE 控制提供的附加工具可在一受控环境中管理这些自顶向下的设计变更。

第三节　Pro/Engineer 软件及应用

一、Pro /Engineer 软件简介

1985 年，PTC 公司（Parametric Technology Coporation）成立于美国波士顿，开始参数化建模软件的研究。1989 年 PTC 成为上市公司，引起 CAD/CAE/CAM 业界的极大震动，其销售额及净利润连续 36 个月递增。以 Pro/Engineer 为代表的软件产品的总体设计思想体现了 MDA（Mechanical Design Automation）软件的最新发展方向，所体现出的单一数据库、参数

化、基于特征、全相关及工程数据库再利用等概念成为MDA领域的新业界标准，它将设计乃至生产的全过程集合在一起，让所有的用户同时对同一产品开展设计制造工作，很好地支持了并行工程。

2000年初，PTC推出了Pro/Engineer的新版本——Pro/Engineer2000i。这套软件包括行为建模和范例套用技术、采用目标驱动设计工具、可对大型项目进行装配管理、功能仿真、制造和数据管理。Pro/Engineer2000i是PTC公司I-系列产品开发软件解决方案的基石。

2001年，PTC公司在交通工具、造船业、航空航天和家电等行业有进一步的拓展，特别是在2001年3、4月份，PTC发布Pro/Engineer2001版本，在曲面、模型、分析和建模等功能方面有更大的提高。

2003年PTC又推出了Wildfire野火版，界面与以前有很大区别，在曲面编辑和Style功能上有较大改进。

2010年10月PTC公司推出全新Creo软件。Creo是整合Pro/Engineer、CoCreate和ProductView三大软件并重新分发的新型CAD设计软件包，具备互操作性、开放、易用三大特点。解决机械CAD领域中未解决的重大问题，包括基本的易用性、互操作性和装配管理；采用全新的方法实现解决方案；提供一组可伸缩、可互操作、开放且易于使用的机械设计应用程度；为设计过程中的每一名参与者适时提供合适的解决方案。

二、Pro/Engineer软件的主要功能

1. Pro/Engineer

Pro/Engineer是软件包，并非模块，它是该系统的基本部分，其主要功能包括参数化功能定义、实体零件及组装造型，三维上色实体或线框造型，完整工程图产生。它在单用户环境下（没有任何附加模块）具有大部分的设计能力、组装能力（人工）和工程制图能力（不包括ANSI、ISO、DIN或JIS标准），并且支持符合工业标准的绘图仪（HP、HPGL）和黑白及彩色打印机的二维和三维图形输出。Pro/Engineer的功能包括以下内容：

1）特征驱动（如凸台、槽、倒角、腔、壳等）。

2）参数化（参数有尺寸、图样中的特征、载荷、边界条件等）。

3）通过零件的特征值之间和载荷/边界条件与特征参数之间（如表面积等）的关系来进行设计。

4）支持大型、复杂组合件的设计（规则排列的系列组件、交替排列、Pro/Program的各种零件设计的程序化方法等）。

5）贯穿所有应用的完全相关性（任何一个地方的变动都将引起与之有关的每个地方变动）。

2. Pro/Assembly

Pro/Assembly是一个参数化组装管理模块，提供用户自定义手段去生成一组组装系列并可自动更换的零件；它提供的自顶向下的设计工具，有助于团队协作来设计和管理复杂而庞大的产品。其主要功能有：装配件内零件自动替换，装配的规则排列，零件（Pro/Program模块）的自动生成，产生组合特征等。

3. Pro/Cabling

Pro/Cabling提供了一个全面的电缆布线功能，它为在Pro/Engineer的部件内真正设计三

维电缆和导线束提供了一个综合性的电缆铺设功能包。三维电缆的铺设可以在设计和组装机电装置时同时进行，它还允许工程设计者在机械与电缆空间进行优化设计。

4. Pro/CAT

Pro/CAT 是选用性模块，提供 Pro/Engineer 与 CATIA 的双向数据交换接口，CATIA 的造型可直接输入 Pro/Engineer 软件内，并可加上 Pro/Engineer 的功能定义和参数工序，而 Pro/Engineer 也可将其造型输出到 CATIA 软件里。这种高度准确的数据交换技术令设计者得以在节省时间及设计成本的同时，扩充现有软件系统的投资。

5. Pro/CDT

Pro/CDT 是一个 Pro/Engineer 的选件模块，为 CADAM 2D 工程图提供 Professional CADAM 与 Pro/Engineer 双向数据交换直接接口。CADAM 工程图的文件可以直接读入 Pro/Engineer，亦可用中性的文件格式，经由 Professional CADAM 输出或读入任何运行 Pro/Engineer 的工作站上。Pro/CDT 避免了一般通过标准文件格式交换信息的问题，并可使新客户在转入 Pro/Engineer 后，仍可继续享用原有的 CADAM 数据库。

6. Pro/Composite

Pro/Composite 是一个 Pro/Engineer 的选件模块，需配用 Pro/Engineer 及 Pro/Surface 环境下运行。该模块能用于设计复合夹层材料的部件。Pro/Composite 在 Pro/Engineer 的应用环境里具备完整的关联性，这个自动化工具提供的参数化、特征技术，适用于整个设计工序的每个环节。

7. Pro/Develop

Pro/Develop 是一个用户开发工具，用户可利用该工具将一些自己编写或第三方应用软件结合并运行在 Pro/Engineer 软件环境下。Pro/Develop 包括 C 语言的副程序库，用于支持 Pro/Engineer 的交接口，以及直接存取 Pro/Engineer 数据库。

8. Pro/Design

Pro/Design 可加速设计大型及复杂的顺序组件，这些工具可方便地生成装配图层次等级、二维平面图布置上的非参数化组装概念设计、二维平面布置上的参数化概念分析以及 3D 部件平面布置。Pro/Design 也能使用 2D 平面图自动组装零件，它必须在 Pro/Engineer 环境下运行。

9. Pro/Detail

Pro/Detail 扩展了 Pro/Engineer 提供的生成工程图的功能，包括自动尺寸标注、参数特征生成、全尺寸修饰；自动生成投影面、辅助面、截面和局部视图等，允许直接从 Pro/Engineer 的实体造型产品上按照 ANSI/ISO/JIS/DIN 标准产生工程图。

10. Pro/Diagram

Pro/Diagram 是专门将图表上的图块信息制成图表记录及装备成说明图的工具。应用范围遍及电子线体、导管、流程图及作业流程管理等。

11. Pro/Draft

Pro/Draft 是一个二维绘图系统，用户可以直接产生和绘制工程图，无须先进行三维造型。Pro/Draft 允许用户通过 IGES 及 DXF 等文件接口接收一些其他 CAD 系统产生的工程图。

12. Pro/ECAD

Pro/ECAD 模块提供与一些电动机 CAD 系统之间进行数据交换的接口，交换的信息包括电路板轮廓部分面积和高度限制，电子元件形状和位置等。

13. Pro/Feature

Pro/Feature 扩展了在 Pro/Engineer 内的有效特征，包括用户定义的习惯特征，如各种弯面造型（Profited Domes）、零件抽空（Shells）、三维式扫描造型功能（3D Sweep）、多截面造型功能（Blending）、薄片设计（Thin - Wa）等。Pro/Feature 还具有从零件上一个位置到另一个位置复制特征或组合特征能力，以及镜像复制生成带有复杂雕刻轮廓的实体模型能力。

14. Pro/Hardness - MFG

Pro/Hardness - MFG 是一套功能很强的工具，在电子线体及电缆生产工序上，专用以生成所需的加工制造数据。它提供了指板（Nail Board）、数字工程图（Stick - figure drawings）、零件表（Parts Lists）以及线体方位表（From - To Wire List）。Pro/Hardness - MFG 具备完整的关联性，它可以改变三维电缆的长度或形状，从而自动生成电缆的放样图。

15. Pro/Interface

Pro/Interface 是一个完整的工业标准数据传输系统，提供 Pro/Engineer 与其他设计自动化系统之间的各种标准数据交换格式。它可用于 Pro/Engineer 几何的输入和输出参数化生成 Pro/Engineer 内的任意特征种类。Pro/Interface 提供的数据交换功能包括：SLA（将 3D 模型信息输出到生产工作平台）、Render（将 3D 模型信息输出到着色程序）、DXF（输入输出支持 DXF 格式文件系统的 2D 信息）、IGES（输出符合 IGES40 标准的 2D 图形和 3D 模型）等。利用 Pro/Interface 与其他软件系统（如 3DMAX）数据交换能更好地完善产品的设计。

16. Pro/Language

Pro/Language 是一个选件模块，为 Pro/Engineer 的菜单及帮助说明提供语言翻译功能，目前可支援的其他语言包括德文及日文（Kanji）。除此之外，所有用户在支持日文（Kanji）字符及日文键盘作业之硬件平台上，均可以用日文为 Pro/Engineer 的工程图加上附注或文字。同时，德文版及日文版的 Pro/Engineer 用户基本操作说明书亦一并提供。

17. Pro/Library Access

Pro/Library Access 提供了一个超过 2 万个通用标准零件和特征的扩展库，用户可以很方便地从菜单里拾取任意工业标准特征或零件，并将它们揉合进零件或部件的设计中，使用更方便、快速，并能提高生产力。

18. Pro/Mesh

Pro/Mesh 提供了实体模型和薄壁模型的有限元网格自动生成能力。它能自动地将实体模型划分成有限元素，供有限元分析用。所有参数化应力和范围条件可直接在实体模型上指定，即允许设计者定义参数化载荷和边界条件，并自动生成四边形或三角形实体网格。载荷/边界条件与网格都直接与基础设计模型相关联，并能像设计时一样进行交互式修改。

19. Pro/MOL Design

Pro/MOL Design 模块用于设计模具部件和模板组装，其功能包括自动生成模具型腔几何体，为复杂的多面/注模提供 Slider/Cammed 移动功能，用不同的缩减补偿方式修改造型几何体，采用干扰核查的方法模拟模具开口及模具浇注过程，生成模具的浇口（Sprue）、浇道（Runner）、浇槽（Gates）、冷凝线（cooling line）及分离线等特定功能。

20. Pro/Manufacturing

Pro/Manufacturing 可进行工艺过程规划、产生刀路轨迹，并能做出时间及价格成本的估计。任何设计上的变更，均可使生产上的程序和资料自动刷新，它将完整的关联性延伸至加工制造的工作环境，容许用户采用参数化方法定义数值控制（NC）工具路径，产生驱动 NC 器件所需的代码。

21. Pro/NC Check

Pro/NC Check 用以对铣削加工及钻床加工操作所产生的物料作模拟清除，并能让用户对工具及夹具进行快速验证及评估；Pro/NC Check 与 Pro/Manufacturing 一并使用时，可检查零件切削的每一个细节，节省了数控机床的操作时间。

22. Pro/PLOT

Pro/PLOT 需要在 Pro/Engineer、Pro/Detail、Pro/Viewonly 环境下工作，它提供了驱动输入、输出设备能力（如绘图仪、数字化仪、打印机等），它包括 Pro/CALCOMP、Pro/HPGL2、Pro/VERSATEC、Pro/GERBER 四个模块。

23. Pro/Project

Pro/Project 提供了一系列数据管理工具，用于大规模、复杂设计上的管理系统、多组设计人员同步运行的工程作业环境，有效率地监控所有全双向关联性及参数化设计所发生的变化。

24. Pro/Report

Pro/Report 是 Pro/Engineer 的一个选项模块，它提供了一个将字符、图形、表格和数据组合在一起以形成一个动态报告的格式环境，它能使用户很方便地生成自己的材料清单（BOM），并可根据数据量的大小自动调节表格的规格。

25. Pro/Sheetmetal

Pro/Sheetmetal 扩展了 Pro/Engineer 的设计功能，用户可建立参数化的板金造型和组装，它提供了通过参照弯板库模型的弯曲和放平能力，同时支持生成、库储存和替换用户自定义的特征。

26. Pro/Surface

Pro/Surface 是一个选项模块，它扩展了 Pro/Engineer 的生成、输入和编辑复杂曲面和曲线的功能，它提供了一系列必要的工具，很容易地生成用于飞机和汽车的流线型曲线和曲面，解决船壳设计及通常所碰到的复杂设计问题。

三、Pro/Engineer 系统造型实例

图 10-3 所示的扳手与图 10-1、图 10-2 所示的相同，现采用 Pro/Engineer 系统造型，具体步骤如下：

1. 进入 Pro/Engineer 系统

1）打开 Pro/Engineer，单击“新建”按钮，类型选择——零件，子类型选择——实体，输入实体名——扳手；不选则使用默认模板。

2）在“新文件”选项中选择 MMNS—PART—SOLID。

2. 创建底座特征

1）单击 Create 按钮，选择 Surface，以 Right 面为绘图面，Top 为参考面绘制二维面，朝两边长出 500。

2）单击 Create 按钮，选择 Surface，以 Top 面为绘图面，Front 为参考面绘制二维面，朝上长出 200。

3）合并两曲面：主曲面组选择第二步创建曲面，选择 1；附加面组选择第三步创建曲

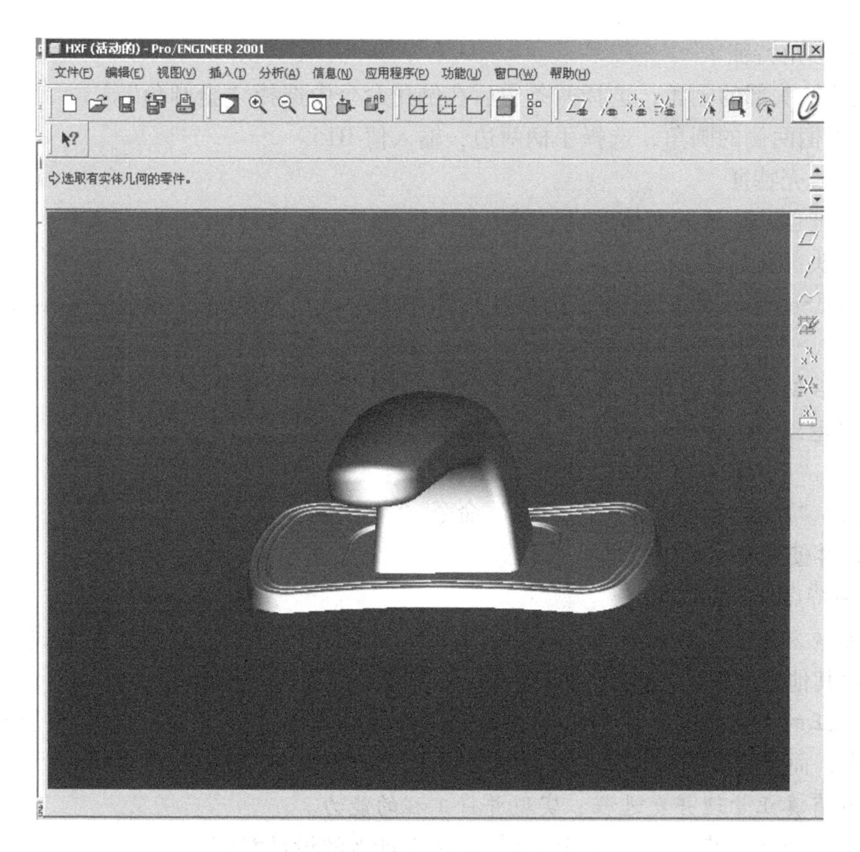

图 10-3　Pro/Engineer 系统水龙头扳手造型

面，选择 1。

4）曲面转为实体：选择第四步创建曲面。

5）创建拔模斜度：选择 Tweakf 选实体上表面，选底面为中性面，选上表面为角度标注参考面，输入角度 10。

3. 创建条形纹和凹槽

1）创建曲线：单击“草绘曲线”按钮，以工件上表面为绘图面，Right 为参考面，进入草绘界面后利用“使用边”中的重合命令，选中上表面。

2）创建曲线：单击“草绘曲线”按钮，以工件上表面为绘图面，Right 为参考面，进入草绘界面后利用“使用边”中的偏置命令，输入偏距 25。

3）以工件上表面为绘图面，Right 为参考面，绘二维图，输入剪切深度 5，剪切的四个边倒圆角 R50。

4. 创建手柄特征

1）创建曲线：单击“草绘曲线”按钮，以 Right 为绘图面，Top 为参考面，绘二维曲线，注意此曲线必须和工件上表面垂直。

2）创建基准点：单击“基准点”按钮，在曲线上利用比率方式创建两基准点，输入比例 0.33 和 0.7。

3）创建实体：选择扫描混合命令，1）中的曲线为扫描曲线，曲线两端点和 2）中的基准点分别绘制混合截面。

5. 创建圆角特征

1）倒手柄头部的圆角，选择两条边后在倒角命令中选择“全圆角”。

2）倒手柄两侧的圆角，选择手柄两边，输入值 R15。

6. 创建薄壳特征

Shell 特征创建，选取实体底面，输入厚 5。

7. 创建头部孔特征

（1）Var Sec Swp 特征创建　选择步骤 3 中 2）、3）步创建的曲线——Select All 绘制截面。

（2）最后创建 Cut 特征　深度为 Thru Next。

8. 存盘退出

1）选择“File”→“Save”命令。

2）选择“File”→“Close Window”命令。

四、软件使用特点

1. 软件特点

（1）系统采用全参数化驱动　利用 Relations（关系）可以生成各类关系式，使某些几何构型可随其他几何尺寸的改变而自动改变，即参数化贯联式设计。

（2）真正的全相关性　任何时候对模型的任何修改都可双向（二维——三维）传递到整个设计中，而且自动更新。

（3）具有真正管理并发进程、实现并行工程的能力。

（4）具有强大的装配功能　能够始终保持设计者的设计意图。

（5）容易使用，可以极大地提高设计效率　Pro/Engineer 系统用户界面简洁，概念清晰，符合工程人员的设计思想与习惯。整个系统建立在统一的数据库上，具有完整而统一的模型。Pro/Engineer 建立在工作站上，系统独立于硬件，便于移植。

（6）Pro/Engineer 具备较为完善的零件和装配族表功能　这是该软件优于其他三维软件的独到之处。利用 Family Tab（族表）功能，通过对尺寸和特征的编辑，以类属零件的方式，通过族表驱动生成一系列零件、装配、工程图。

2. UG 与 Pro/Engineer 的比较

一般认为，UG 主要适合于大型的汽车、飞机厂建立复杂的数据模型，Pro/Engineer 主要适合于中小企业快速建立较为简单的数据模型。在建立较为复杂的模型时，由于产品反复更改，大多数参数被删除，参数化很难起到应有的作用。通常用 Pro/Engineer 建立开始较为简单的线框、曲面，然后转到 UG 中进行高级曲面的建立、倒角。这两种软件在建模思路上非常接近，现就有关问题评述如下：

（1）关于混合建模　UG 的一个最大特点就是混合建模，如在建模过程中，可以通过移动、旋转坐标系创建特征构造的基点。但这些特征与原先创建的特征没有位置的相关性，在 Navigator Tree 中（类似 Pro/Engineer 中的模型树）没有坐标系变换的记录，若创建 Basic Curve，在 Navigator Tree 中也找不到作为一个参数化特征的记录，想把一条圆弧曲线改成样条曲线就非常困难。而在 Pro/Engineer 中极为强调特征的全相关性，所有特征按照创建的先后顺序及参考有着严格的父子关系，父特征的修改一定会反映到子特征上。

（2）关于 Datum point　Pro/Engineer 中的 Datum point 功能比较强，所有的参考点是全

相关的，它会随着父特征的变化而变化，而在UG中，多数情况是不相关的。例如，选取一个长方体的某一条边的中点做参考作另一个特征，当把长方体的边长加大，此时中点的位置并不随着边长的变化而变化，后面所做的特征位置也不会改变，因而无法真实反映设计意图。

(3) *关于Curve和Sketch* Pro/Engineer中所有草绘的截面都是参数化尺寸驱动的，UG中只有Sketch草绘的截面才是参数化的，而Curve则是非参数化特征。但UG允许Sketch中存在欠约束的情况，这在Pro/Engineer中是不行的。

(4) *曲面造型方面* 与Pro/Engineer 2000相比较，UG的曲面功能非常强大，UG不仅提供了丰富的曲面构造和曲面分析工具，还可以通过一些另外的参数（在Pro/Engineer中相对少一些）来控制曲面的精度、形状。

(5) *关于界面* Pro/Engineer实际上是从UNIX操作系统移植到Windows上的一个DOS程序，它不支持对Windows的文件类型链接，启动Pro/Engineer实际是在执行一个Proe2000. bat的批处理文件。而且基于UNIX的安全性，对一个文件的多次存盘会产生同一个文件的多个版本，所以工作路径对于Pro/Engineer的装配显得非常重要。如果不在Config. pro中作Search Path的设置，则当装配中的零件不在工作路径下就会出错，因为打开装配意味着将装配中所有的子装配及零件调入内存，没有search path的设置则使程序无法找到零件。而在UG中打开一个装配有时可以采用Partially Load的方法，系统资源占用较少。

(6) *关于操作* UG中将很多规格化的特征（类似Pro/Engineer中的点放特征）划分的非常细致，如Pocket、Slot等，这相当于将几个Pro/Engineer的特征合并成为一个。而在Pro/Engineer中更多的是草绘特征，或许没有UG建模效率高，但却有更大的柔性。比如，在UG中如果想将一个圆孔改为方孔比较困难，因为这是两个不同的特征，而在Pro/Engineer中，却是非常容易做到的。

第四节 PowerMILL软件及应用

一、PowerMILL软件简介

PowerMILL软件是英国Delcam公司推出的一款主要面向三维自由曲面的2~5轴高速铣削加工CAM系统。它的研发起源于世界著名学府剑桥大学，1977年英国Delcam公司正式成立，1991年Delcam公司产品正式进入我国。

PowerMILL软件应用主要集中在一些要常常面对三维自由曲面的行业，典型应用领域包括汽车车身覆盖件模具制造业、塑料模具制造业、航空航天器异形结构件制造业、各类型整体模型（如整体车模）、整体零件（如整体叶轮）制造业等。

PowerMILL是世界上功能最强大，加工策略最丰富的数控加工编程软件系统，同时也是CAM软件技术最具代表性的、增长率最快的加工软件。该软件具有如下特点：采用全新的中文Windows用户界面，提供完善的加工策略；帮助用户产生最佳的加工方案，从而提高加工效率，减少手工修整，快速产生粗、精加工路径，并且任何方案的修改和重新计算几乎在瞬间完成，缩短85%的刀具路径计算时间，对2~5轴的数控加工包括刀柄、刀夹进行完整的干涉检查与排除；具有集成化的加工实体仿真，方便用户在加工前了解整个加工过程及加工结果，节省加工时间。

二、PowerMILL 软件的主要功能

1. 数据输入

PowerMILL 软件通过调用同属于 Delcam 公司旗下的数据交换模块 Exchange，可以将各类主流 CAD 系统产生的数据格式，包括：IGES、VDA-FS、STEP、ACIS、Parasolid、Pro/Engineer、CATIA、UG、IDEAS、SolidWorks、SolidEdge、Cimatron、AutoCAD、Rhino 3DM 输入到 PowerMILL 系统中。

2. 高效率的粗加工编程策略

在 PowerMILL 软件中，称粗加工为区域清除。区域清除功能要求尽可能快速地去除余量的同时保证刀具负荷的稳定，尽量减少切削方向的突然变化。为实现上述目标，PowerMILL 软件针对粗加工开发了完善的模型区域清除加工策略，该策略包括平行、偏置模型、偏置全部三种刀具路径生成方式。

3. 二次粗加工编程策略

在 PowerMILL 软件中，称二次粗加工为残留加工。残留加工刀具路径将切除前一大直径刀具未能加工到而留下的材料，小直径刀具将仅加工剩余材料，轻易地实现二次粗加工。

4. 高质量的精加工编程策略

PowerMILL 软件提供了二十多种高速精加工策略，如三维偏置、等高精加工和最佳等高精加工、螺旋等高精加工等策略。这些策略可保证切削过程光顺、稳定，确保能快速切除工件上的材料，得到高精度、光滑的切削表面。

5. 丰富的多轴加工编程策略

一般地，将使用轴数大于三根运动轴的加工方式称为多轴加工，多轴加工方式主要包括四轴加工和五轴加工。PowerMILL 系统具备丰富的刀具轴指向控制功能，同时系统提供刀具轴指向编辑、优化功能。在多轴加工编程策略方面，通过配合使用恰当刀具轴指向控制方式，系统的全部三轴加工策略均可应用于编制多轴加工刀具路径，同时 PowerMILL 系统允许使用全系列的切削刀具进行五轴加工编程。

6. 巧妙的刀具路径编辑和连接功能

PowerMILL 系统提供了丰富的刀具路径编辑工具，可对计算出来的刀具路径进行编辑和优化。PowerMILL 系统在计算刀具路径时，会尽可能地避免刀具的空程移动，通过设置合适的切入切出和连接方法，可以极大地提高切削效率。

7. 刀具路径安全检查及加工仿真功能

PowerMILL 系统提供的安全检查包括：刀具夹持碰撞检查、过切检查。碰撞检查功能可以检查碰撞出现的深度、避免碰撞所需的最小刀具长度以及出现碰撞的刀具路径区域；过切检查可以探测出过切区域。系统提供的加工仿真功能可以检查过切、碰撞、顺铣/逆铣和加工质量等切削情况，机床加工仿真功能可以确保能最大限度地应用机床的功能。

8. 特色功能

（1）变余量加工技术　PowerMILL 系统具备实现变余量加工的能力，可以分别为加工工件设置轴向余量和径向余量。该功能对所有刀具类型均有效，可以用在三轴加工和五轴加工上。变余量加工尤其适合于具有垂直角的工件，如平底型腔部件。另外，在航空工业中，加工这种类型的部件时，通常希望使用粗加工策略加工出型腔底部，而留下垂直的薄壁供后续工序加工。PowerMILL 系统除了可以设置轴向余量和径向余量外，还可以对单独曲面或一组

曲面应用不同的余量。

（2）*赛车线加工* PowerMILL 系统中包含有多个全新的高效粗加工策略，这些策略充分利用了最新的刀具设计技术，从而实现了侧刃切削或深度切削。其中最独特的是 Delcam 拥有专利权的赛车线加工策略。在此策略中，随刀具路径切离主形体，粗加工刀路将变得越来越平滑，这样可避免刀路突然转向，从而降低机床负荷，减少刀具磨损，实现高速切削。

（3）*摆线加工* 摆线粗加工是 PowerMILL 系统推出的另一全新的初加工方式。这种加工方式以圆形移动方式沿指定路径运动，逐渐切除毛坯中的材料，从而可避免刀具的全刀宽切削。

（4）*进给量优化功能* PowerMILL 系统使用 PS-OptiFEED 模块来优化刀具路径进给率，从而得到高效稳定的材料切削率。使用 PS-OptiFEED 可节省多达 50% 的加工时间，提高生产效率。同时，PS-OptiFEED 还可降低刀具和机床的磨损，改善加工表面质量，降低机床操作人员的劳动强度。

三、PowerMILL 软件的独特优势

区别于其他众多的 CAM 软件，PowerMILL 软件具有以下五个方面的独特优势。

1. 独立运行，便于管理

一些传统的 CAM 系统基本上都属于 CAD/CAM 混合化的系统结构体系，CAD 功能是 CAM 功能的基础，同时它又与 CAM 功能交叉使用。这类软件不是面向整体模型的编程形式，工艺特征需由人工提取，或需进一步经由 CAD 功能处理产生，由此会造成如下一些问题：

（1）*不能适应当今集成化的要求* 通常情况下，我们希望软件的模块分布、功能侧重必须与企业的组织形式、生产布局相匹配，而系统功能混合化不等于集成化，更不利于网络集成化的实现。

（2）*不适合现代企业专业化分工的要求* 混合化系统无法实现设计与加工在管理上的分工，增加了生成管理与分工的难度，也极大地阻碍了智能化、自动化水平的提高。

（3）*没有给 CAPP 的发展留下空间与可能* 众所周知，CAPP 是 CAD/CAM 一体化集成的桥梁，CAD/CAM 混合化决定了永远不可能实现 CAM 的智能与自动化。随着企业 CAD、CAM 等技术的成功应用，工艺库、知识库的完善，将来 CAPP 也会有相应的发展，逐步地实现科学意义上的 CAD/CAPP/CAM 一体化集成。而混合化的系统从结构上为今后的发展留下了不可弥补的隐患。

PowerMILL 软件是面向完整加工对象的 CAM 系统，它独立于 CAD 系统，并可接受 CAD 系统的模型数据，因此可与 CAD 系统分开使用，单独运行于加工现场等地，使编程人员得以清晰地掌握现场工艺条件，高效率地编制符合加工工艺要求的加工程序，减少反复，提高效率。

2. 面向工艺特征，先进智能

数控加工是以模型为结果，以工艺为核心的工程过程，应该采取面向整体模型、面向工艺特征的处理方式。而传统的 CAM 系统以面向曲面、局部加工为基本处理方式。这种非工程化概念的处理方式会造成如下一些问题：

1）不能有效地利用 CAD 模型的几何信息，无法自动提取模型的工艺特征只能人工提取，甚至靠重新模拟计算来取得必要的控制信息，增大了操作的繁性，影响了编程质量与效率，导致系统的自动化程度与智能化程度很低。

2）局部加工计算方式靠人工或半自动进行过切检查。因为不是面向整体模型为编程对象，系统没有从根本上杜绝过切现象产生的可能，因而不适合调整加工等新工艺在新环境下对安全的新要求。

PowerMILL 系统面向整体模型加工，加工对象的工艺特征可以从加工模型的几何形状中获取，如浅滩、陡峭加工区域、残余加工区域和加工干涉区域等，各加工部件整体相关，全程自动过切防护，具体表现在以下三个方面：

1）编程时，编程人员仅需考虑工艺参数，确定后 PowerMILL 可根据加工对象几何形状自动进行程序编制。

2）编程人员可根据工艺信息库，自动选取加工刀具、切削参数、加工步距等工艺信息进行编程。

3）具有极其丰富的刀具路径生成策略，粗、精加工合计约有三十多种刀具路径策略可供用户选择使用。对于各类常用数控加工工步——粗加工、精加工、残余量加工、清根等，PowerMILL 都把它们做得十分贴近加工，操作感觉就如同在现场控制加工，非常符合工程化概念，易于接受，易于掌握。

3. 基于工艺知识的编程

PowerMILL 系统实现了基于工艺知识的编程，具体体现如下：

1）PowerMILL 系统提供工艺信息库，信息库中包含刀具库、刀柄库、材料库、设备库等工艺信息子库，可在编程人员选择某一种设备、刀具、材料时，自动确认主轴转速、下切速率、进给速率、刀具步距等一系列工艺参数，大大提高了工序的工艺性，并利于标准化。

2）PowerMILL 可记录标准工艺路线，制作工艺流程模板，使用相同工艺路线加工同类型工件。

3）当零件参数变化后，系统可全自动处理刀具路径的相关信息。

4. 支持高速加工，技术领先

英国 Delcam 公司是唯一一家拥有模具加工车间的 CAD/CAM 软件开发商，公司先后购入多台高速加工设备，以进行高速加工工艺和 CAM 系统的实际加工研究，积累了丰富的工程经验。

1）刀具路径光顺化处理。使用 PowerMILL 系统的优化处理功能可以计算出符合高速加工工艺要求的高效的刀具路径。

2）基于残余模型的智能化分析处理功能，大大减少了刀具路径中的空行程，因而减少了不安全的切入和切出刀具路径段。

3）在 CAM 领域率先推出进给量优化处理功能，使设备效率提高。工艺系统在最平稳的状态下工作，可提高加工效率 30% 以上。

4）支持 NURBS（非均匀有理 B 样条曲线）插补功能，PowerMILL 系统后处理出来的 NC 代码可用于所有提供 NURBS 插补功能的数控系统。

5. 界面简单，选项集中

PowerMILL 软件界面风格非常简单、清晰（见图 10-4）。而且，创建某一步的刀具路径时，其各项参数设置基本上集中在同一张窗口上，修改也很方便。

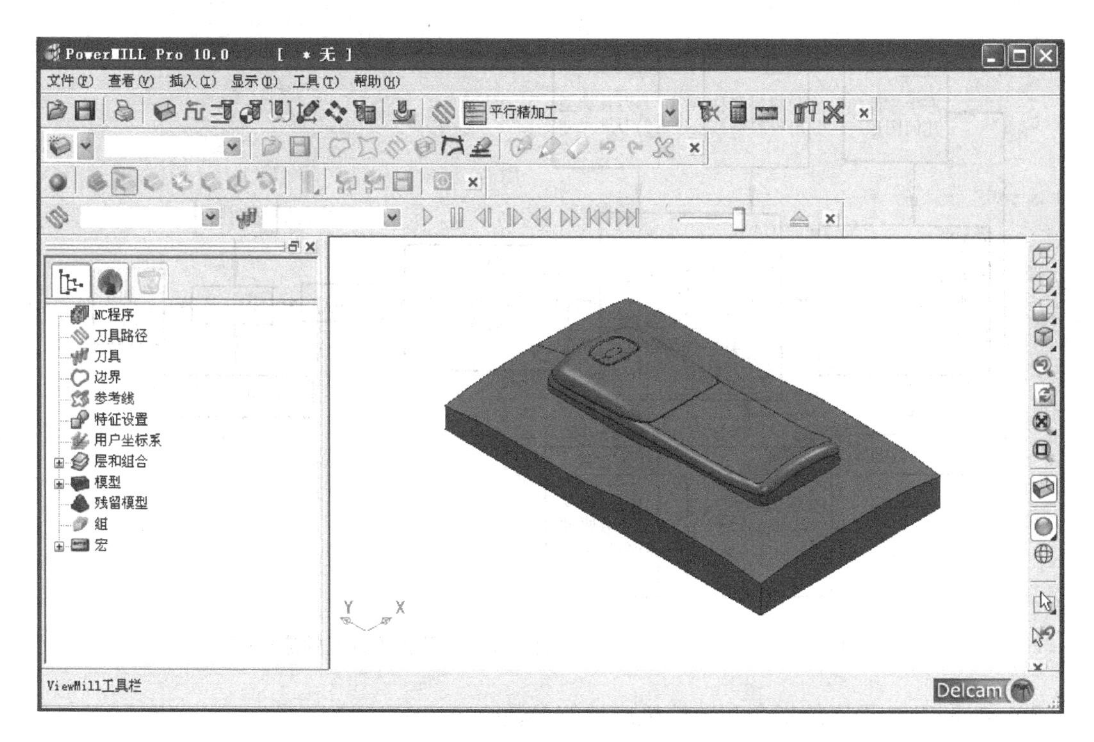

图 10-4　PowerMILL 工作界面

第五节　计算机辅助数控编程实例

计算机辅助数控编程的目的是要生成可以被后处理器接受的，能够进行刀具路径模拟的 NCI 文件，一般需要以下三个步骤：计算机辅助设计（CAD）、计算机辅助工艺设计（CAPP）和计算机辅助制造（CAM）。CAD 的功能是生成机械加工中工件的几何模型；CAPP 的功能是设置零件加工所需要的各种参数，CAM 的功能是生成一种通用的刀具位置（刀具路径）数据文件（NCI 文件），该文件中还包含有加工过程中的进刀量、主轴转速、冷却控制等指令。

一、CAD/CAM 系统产生 NC 程序的流程

图 10-5 所示为运用 CAD/CAM 系统产生工件 NC 程序及相关过程的流程图。在进行数控编程前，需要进行零件的工艺分析，绘制零件的毛坯图，进行加工路径的规划，确定产生一个工件特征所用的最合适加工路径模块；计算从毛坯上所需切除的加工余量，决定粗、精加工的次数；选择合适的刀具和相应的切削参数，完成 CAPP 的任务。

系统所需要的 CAPP 功能都是在 CAD/CAM 系统的窗口支持下，由设计人员交互输入确定的，系统接受了各种参数后，产生出相应加工的刀位文件，并在系统中仿真，以便设计人员了解在机床上加工的实际情况。刀位文件仍在编辑窗口中修改，调整后的刀位文件作为机床加工中的实际刀具轨迹，经过后置处理后转换成驱动数控机床的 NC 程序。

在具体编制加工程序和进行切削路径的规划之前，需要具备下列基础：

1）CAD 系统已产生工件的几何图形。

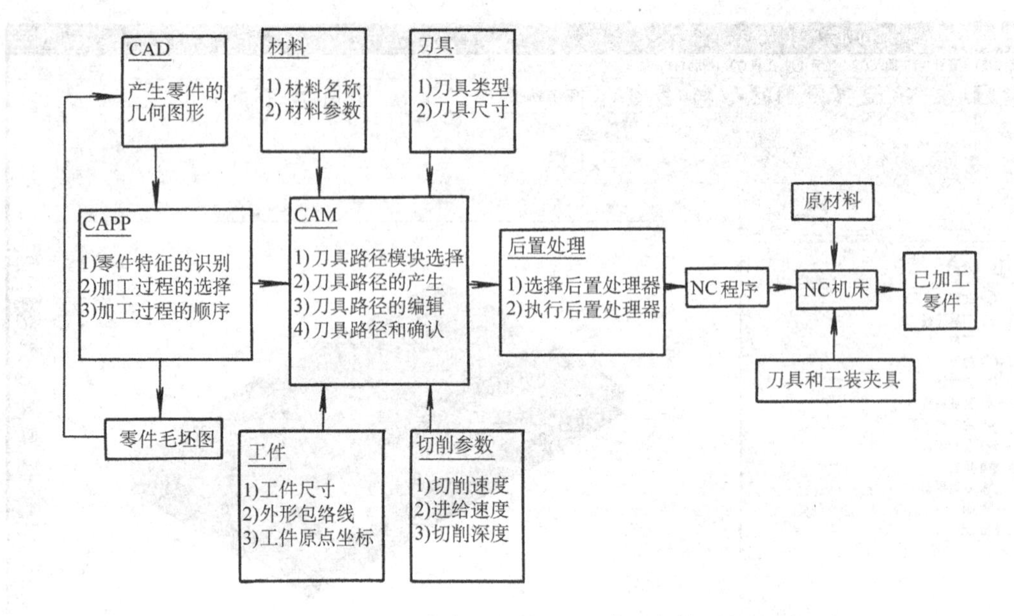

图 10-5　CAD/CAM 系统产生工件 NC 程序及相关过程的流程图

2）熟悉 CNC 程序的指令和数控机床性能参数。

3）熟悉切削加工工艺，能正确选择刀具和加工参数等。

二、加工零件工艺规划

1. 零件的工艺设计

1）数控机床加工与普通机床加工在工艺设计上有许多相同之处，包括：

① 先加工基准面及大面。

② 先粗加工后精加工。

③ 避免在加工一个特征面时破坏了其他特征的制造条件。

④ 前处理先行。如先钻孔，后攻螺纹等。

2）在工序的安排上有较大的区别，主要表现在：

① 工序的集中与分散。数控机床的工序安排采用相对集中的原则，充分发挥数控机床的功能，即只要能在一个方向上加工的工序，尽量在一台机床上加工；普通机床加工则采取相对分散的原则，即按照机床功能来区分加工工序，主要是发挥机床单一功能的批量效应。

② 精度的集中与分散。数控机床上加工的工序采用粗精不分的原则，充分发挥数控机床精度高、刀具可换的功能，工件装夹上机床后，直到工序全部完成才将工件卸下来。普通机床加工时，粗精工序是严格分开的，主要是受机床精度的限制。

③ 工装的安排。数控机床上工件装夹的原则是工件在加工的前后，工件的变形要控制在许可的范围之内，即尽量保证工件在加工过程中不变形，数控机床不存在由于加工要素的不规则而造成加工困难的问题。普通机床上工件装夹的原则是在保证加工精度和效率的前提下，尽量不采用专门的工装，但在大批量生产时，工装的采用是难免的。

2. 刀具加工轨迹的规划

数控编程的核心工作是生成刀具轨迹，然后将其离散成刀位点，经后置处理产生数控加工程序。NC 刀轨生成方法的不同，会产生不同的 NC 指令，从而得到不同的加工效果。

(1) 基于点、线、面和体的 NC 刀轨生成方法　在二维绘图与三维线框造型阶段，数控加工主要是以点、线为驱动对象（如孔加工、轮廓加工、平面区域加工等），这种加工方式对操作人员的水平要求较高，交互方法复杂。在曲面和实体造型阶段，出现了基于实体的加工。实体加工的加工对象是实体（一般为 CSG 和 B－Rep 混合表示的），它是由一些基本体素经集合运算（并、交、差等运算）而得。实体加工不仅可用于零件的粗加工和半精加工，而且可用于基于特征的数控编程系统的研究与开发，是特征加工的基础。实体加工一般有实体轮廓加工和实体区域加工两种。实体加工的实现方法为层切法（SLICE），即用一组水平面去切被加工实体，然后对得到的交线产生等距线作为进给轨迹。

(2) 基于特征的 NC 刀轨生成方法　参数化特征造型已经相对成熟，但基于特征的刀具轨迹生成方法的研究才刚刚开始。特征加工使数控编程人员不再对低层次的几何信息（如点、线、面、实体）进行操作，而是转变为直接对符合工程技术人员习惯的特征进行数控编程，大大提高了编程效率。目前具有代表性的基于特征的 NC 代码生成方法有：

1）W. R. Mail 和 A. J. Mcleod 研制的基于特征的 NC 代码生成系统的工作原理是：零件的加工过程可以看成是对组成该零件的形状特征组进行加工的总和。那么对整个形状特征或形状特征组分别加工后即完成了零件的加工。每一形状特征或形状特征组的 NC 代码均可自动生成。目前该系统只适用于 2.5D 零件的加工。

2）Lee and Chang 开发了一种用虚拟边界的方法自动产生凸自由曲面特征刀具轨迹的系统。该系统的工作原理是：在凸自由曲面内嵌入一个最小的长方块，这样凸自由曲面特征就被转换成一个凹特征。最小的长方块与最终产品模型的合并就构成了被称为虚拟模型的一种间接产品模型。刀具轨迹的生成方法分成三步完成：一是切削多面体特征；二是切削自由曲面特征；三是切削相交特征。

3）Jong-Yun Jung 把基于特征的加工轨迹分成轮廓加工和内区域加工两类，并定义了这两类加工的切削方向，通过减少切削刀具轨迹达到整体优化刀具轨迹的目的。

(3) 特征加工与实体加工的主要不同点　特征加工的基础是实体加工，也可认为是更高级的实体加工。但特征加工不同于实体加工，实体加工有它自身的局限性。

1）从概念上讲，特征是组成零件的功能要素，符合工程技术人员的操作习惯，为工程技术人员所熟知；实体是低层的几何对象，是经过一系列布尔运算得到的一个几何体，不带有任何功能语义信息。

2）实体加工是对整个零件（实体）的一次性加工。但实际上一个零件不太可能仅用一把刀一次加工完成，一般需要经过粗加工、半精加工、精加工等一系列工步，零件不同的部位一般要用不同的刀具进行加工，有时一个零件既要用到车削，也要用到铣削。因此，实体加工主要用于零件的粗加工及半精加工。而特征加工则从本质上解决了上述问题，特征加工具有更多的智能，可以针对特征规定某几种固定的加工方法，当所有的标准特征都制定了特定的加工方法时，那些由标准特征构成的零件的加工均可由系统控制，这些在实体加工中是无法实现的。

3）特征加工有利于实现从 CAD、CAPP、CNC 系统的全面集成，实现信息的双向流动，为 CIMS 乃至并行工程（CE）奠定良好的基础，而实体加工对这些是无能为力的。

(4) CAD/CAM 系统中的 NC 刀轨生成方法分析　目前比较成熟的 CAM 系统主要以两种形式实现 CAD/CAM 系统集成：一体化的 CAD/CAM 系统（如 UGII、Euclid、Pro/En-

gineer 等）和相对独立的 CAM 系统（如 MasterCAM、SurfCAM 等）。前者以内部统一的数据格式直接从 CAD 系统获取产品几何模型，而后者主要通过中性文件从其他 CAD 系统获取产品几何模型。然而，无论是哪种形式的 CAM 系统，都由五个模块组成，即交互工艺参数输入模块、刀具轨迹生成模块、刀具轨迹编辑模块、三维加工动态仿真模块和后置处理模块。

在 CAD/CAM 及 CNC 系统的运行过程中主要存在以下几方面的问题：

1）CAM 系统只能从 CAD 系统获取产品的低层几何信息，无法自动捕捉产品的几何形状信息和产品高层的功能和语义信息。整个 CAM 过程必须在经验丰富的工程技术人员的参与下，通过图形交互来完成，如需要选择加工对象（点、线、面或实体）、约束条件（装夹、干涉和碰撞等）、刀具、加工参数（切削方向、切深、进给量、进给速度等）等，整个系统的自动化程度较低。

2）在 CAM 系统生成的刀具轨迹中，同样也只包含低层的几何信息（直线和圆弧的几何定位信息），以及少量的过程控制信息（如进给率、主轴转速、换刀等）。下游的 CNC 系统既无法获取更高层的设计要求（如公差、表面粗糙度等），也无法得到与生成刀具轨迹有关的加工工艺参数。

3）CAM 系统各个模块之间的产品数据不统一，各模块相对独立。例如，刀具定位文件只记录刀具轨迹而不记录相应的加工工艺参数，三维动态仿真只记录刀具轨迹的干涉与碰撞，而不记录与其发生干涉和碰撞的加工对象及相关的加工工艺参数等。

4）CAM 系统是一个独立的系统。CAD 系统与 CAM 系统之间没有统一的产品数据模型，即使是在一体化的集成 CAD/CAM 系统中，信息的共享也只是单向的和单一的。CAM 系统不能充分理解和利用 CAD 系统有关产品的全部信息，尤其是与加工有关的特征信息，同样，CAD 系统也无法获取 CAM 系统产生的加工数据信息。这就给并行工程的实施带来了困难。

三、零件加工实例

1. 加工零件工艺分析

图 10-6 所示的零件是一个结构较为简单的凸模零件，零件主要由自由曲面、圆角构成，毛坯为方坯，精加工使用刀尖圆角端铣刀清除大余量，精加工使用球头铣刀成型自由曲面和圆角。简要的零件加工工艺过程见表 10-2。

表 10-2　零件加工工艺过程

工　步	工 步 名 称	加 工 策 略	刀　　具	切 削 参 数		
				转速/(r/s)	进给量/mm	行距/mm
1	粗加工	偏置区域清除	D20*R* 0.8	1000	700	12
2	精加工	平行精加工	D105	6000	3000	0.5
3	清角	多笔清角精加工	D5*R* 2.5	6000	3000	

2. 加工零件的基本参数设置

在 PowerMILL 系统中，在计算刀具路径前要进行一些基本操作，包括创建毛坯、定义刀具、设置进给率、定义安全平面以及起刀点和结束点。

（1）创建毛坯　粗加工刀具路径的计算是基于零件毛坯之间存在的体积差来进行的。毛坯的形状大小决定了粗、精加工和范围。PowerMILL 毛坯定义主要有方框、图形、三角形、边界和圆柱体五种方法，如图 10-7 所示。

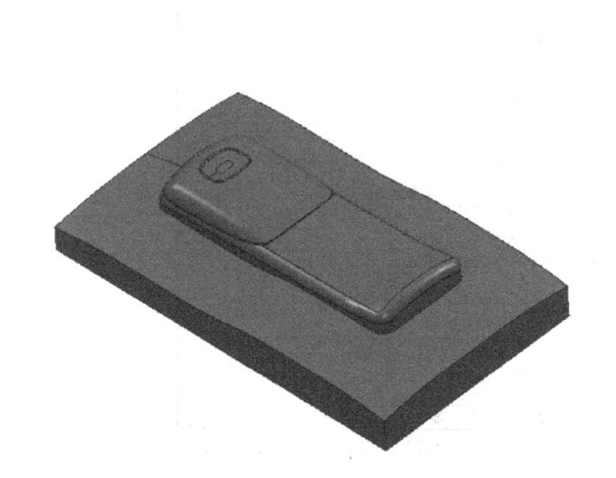

图 10-6　零件

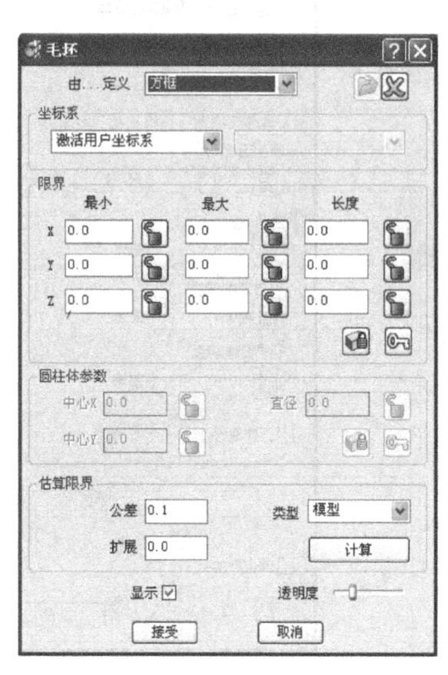

图 10-7　毛坯设置对话框

（2）刀具设置　在生成刀具路径前，首先要定义加工使用刀具，主要包括刀具类型、刀具直径、刀具长度、刀具名称、刀具编号以及刀柄及夹持等。刀具库中的刀具可以进行添加、删除、编辑等操作，如图 10-8 所示。

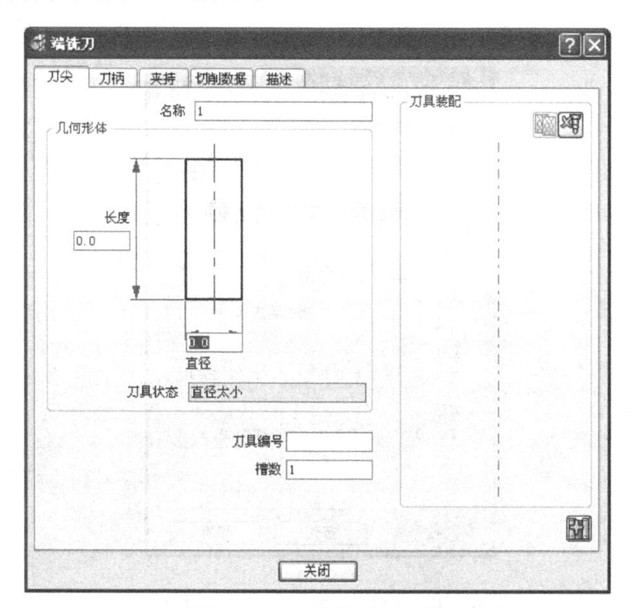

图 10-8　刀具设置对话框

（3）设置切削参数　在计算每条刀具路径前，均应设置好该条刀具路径的加工参数，包括主轴转速、切削进给率、下切进给率、掠过进给率等，如图 10-9 所示。

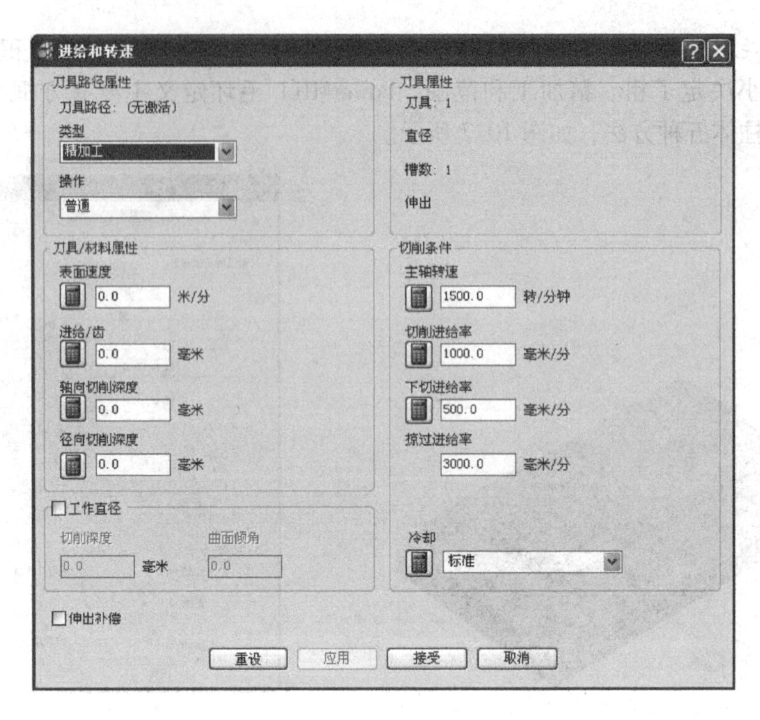

图 10-9　切削参数设置对话框

(4) 设置刀具路径开始点和结束点　刀具路径开始点是指切削加工前，刀尖的初始停留点；结束点是指程序执行完毕后，刀尖的停留点；进刀点是指在单一曲面的初始切削位置上，刀具与曲面的接触点；结束点是指单一曲面切削完毕后，刀具与曲面的接触点，如图 10-10 所示。

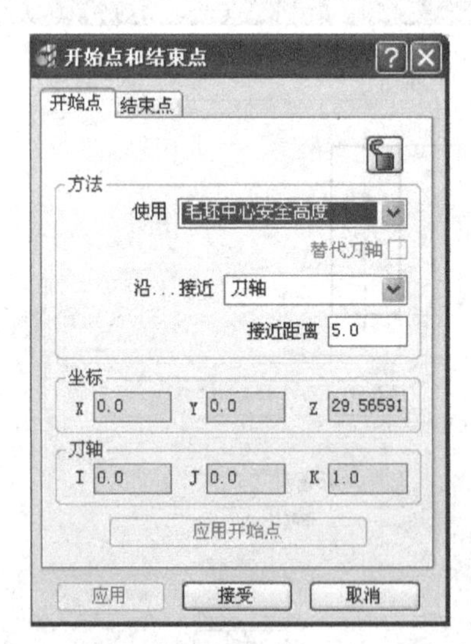

图 10-10　开始点和结束点设置对话框

3. 零件加工策略参数设置

(1) 确定区域清除粗加工参数　在 PowerMILL 综合工具栏中，单击“刀具路径策略”

按钮，打开刀具路径策略选择对话框。选择“三维区域清除”选项卡，在该选项卡内选择“偏置区域清除”选项，然后单击“接受”按钮，打开“偏置区域清除”表格，设置如图 10-11 所示的参数。

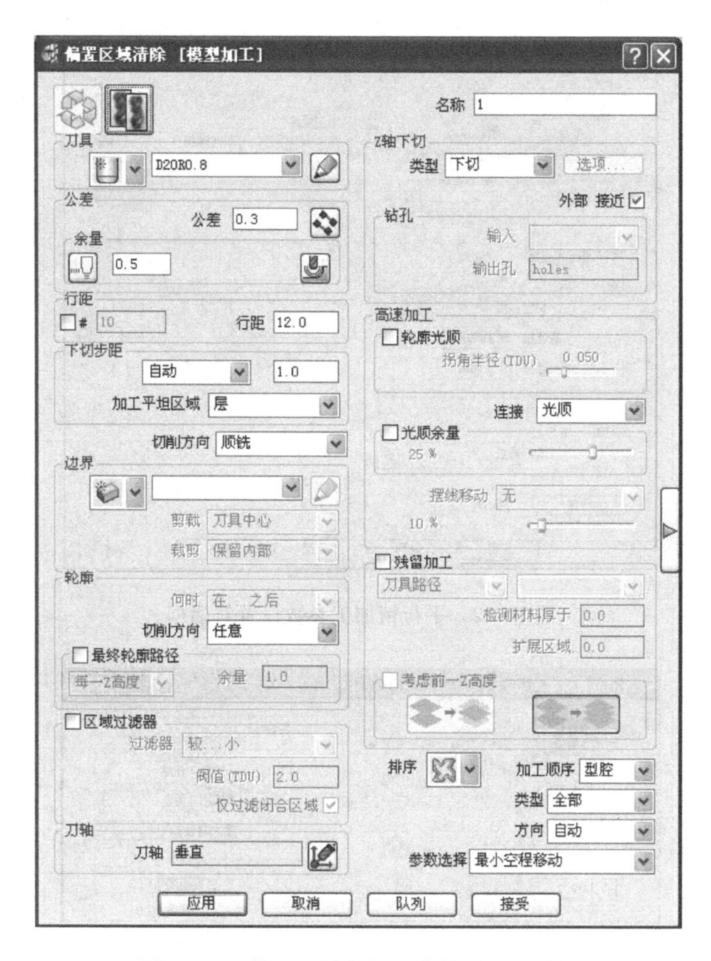

图 10-11　偏置区域粗加工参数设置对话框

（2）确定平行精加工参数　在 PowerMILL 综合工具栏中，单击“平行刀具路径策略”按钮 平行精加工，打开“平行精加工”表格，设置如图 10-12 所示的加工参数。

（3）确定多笔清角精加工参数　在 PowerMILL 综合工具栏中，单击“刀具路径策略”按钮，打开刀具路径策略选择对话框。选择“精加工”选项卡，在该选项卡内选择“多笔清角精加工”选项，然后单击“接受”按钮，打开“多笔清角精加工”表格，设置如图 10-13 所示的参数。

（4）刀具路径的加工模拟　刀具路径的演示通常有两种形式：一种是刀具路径模拟，显示的是刀具刀尖运动的轨迹；另一种是实体切削加工模拟，显示刀具切削的过程和结果。零件实体切削加工模拟窗口如图 10-14 所示。

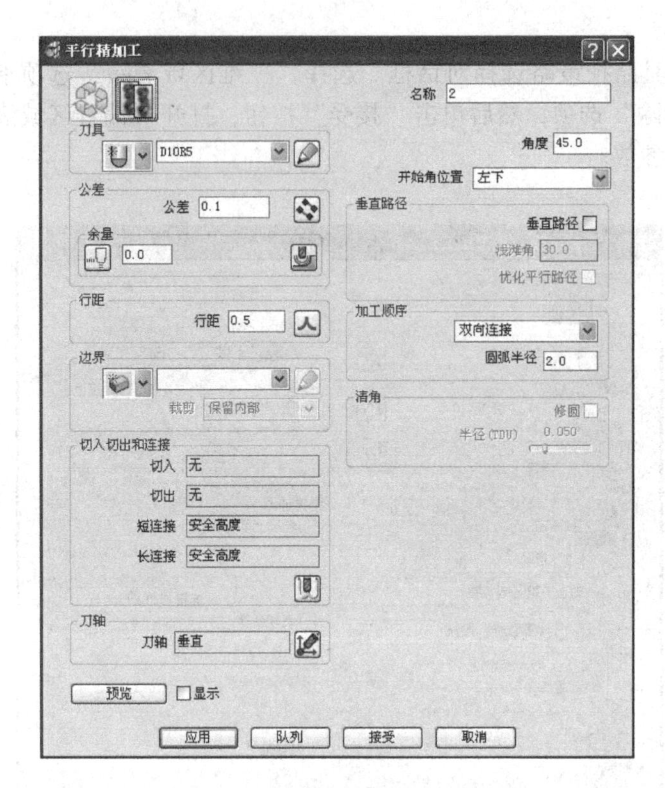

图 10-12　平行精加工参数设置对话框

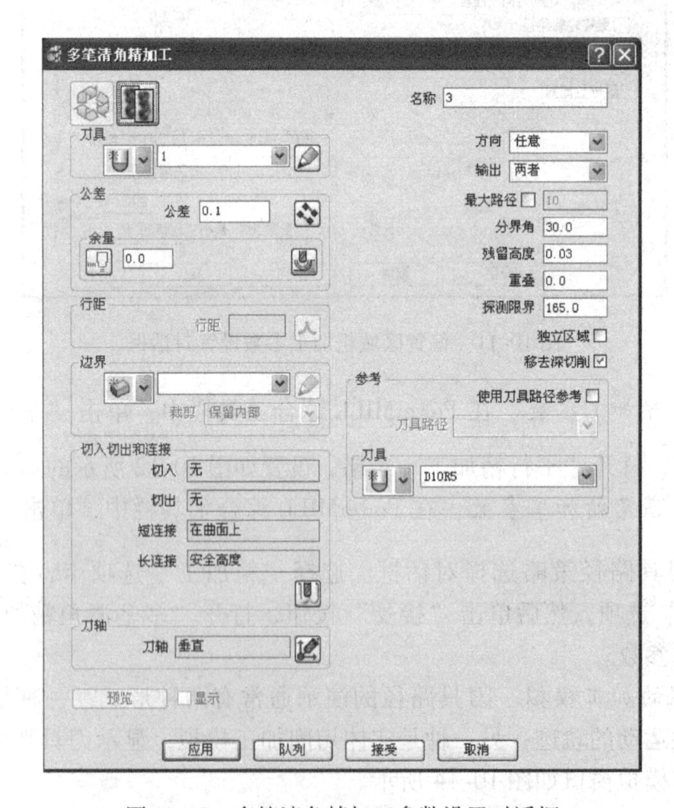

图 10-13　多笔清角精加工参数设置对话框

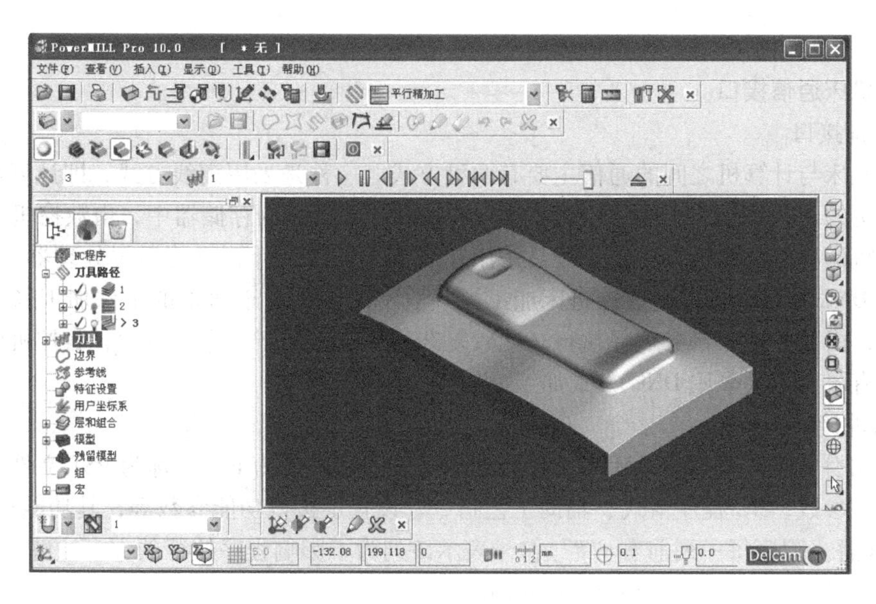

图 10-14　零件实体切削加工模拟窗口

第六节　数控加工后置处理及机床加工

CAD/CAM 系统的最终目的是要生成用户 CNC 控制器可以解读的 NC 代码，CAM 的功能仅仅是生成一种通用的刀具路径数据文件；后处理（POST）则是使用 CNC 控制器相应的后处理器，将刀具路径文件解释为用户 CNC 控制器可以解读的 NC 代码；将 NC 代码通过计算机与数控机床的通信，即可控制数控机床进行零件的切削加工。

一、数控加工后置处理

数控加工的后置处理模块是用来读取 CAM 系统生成的刀具路径文件，从中提取相关的加工信息，并根据指定机床的数控系统的特点以及 NC 程序的格式要求进行相应的分析、判断和处理，从而生成数控机床所能识别的 NC 程序。

由于各厂商制造的 CNC 控制器不尽相同，数控厂家不断推出具有先进功能的控制器（如高速数控加工和各种拟合曲面模型技术等），对每一种 CNC 控制器及加工机械的组合需要有专用的后处理器。一个完善的后置处理器应该具备以下功能：

（1）接口功能　后置处理器能自动识别并读取不同 CAD/CAM 软件所生成的刀具路径文件。

（2）NC 程序生成功能　数控机床一般具有直线插补、圆弧插补、自动换刀、夹具偏置、固定循环及冷却的功能。这些功能的实现是通过一系列代码的组合来完成的。

（3）专家系统功能　后置处理不只是对刀具路径文件进行处理和转换，还要加入一定的工艺要求，如对于高速加工，后处理器会自动确定圆弧进给方式，以及合理的切入切出方法和参数。

（4）模拟仿真功能　目前系统主要是针对刀具运动轨迹进行实际模拟。

MasterCAM 系统配置的是适应单一类型控制系统的通用后置处理器，该后置处理器提供了一种功能数据库模型，用户根据数控机床和数控系统的具体情况，可以对其数据库进行修改和编译，定制出适合某一数控机床的专用后置处理程序。

二、机床通信接口

1. 硬件接口

数控机床与计算机之间的通信主要有两种方式。一种是采用离线方式，即计算机将后置处理器产生的 NC 代码经过通用 RS232 接口传输到数控机床的存储器中，由数控机床系统配置的计算机运行并解释执行；另一种是采用在线方式，即由计算机将后置处理器产生的 NC 代码通过 DNC 接口直接控制数控机床加工。一般情况下，对于简单的工件加工采用传输程序的方式，由数控机床自身解释执行；比较复杂的加工，由于程序量较大，数控机床上的存储器容量有限，需要采用 DNC 方式加工。

2. 软件接口

（1）文件功能　MasterCAM 系统后置处理文件的扩展名为 PST，称为 PST 文件，它定义了切削加工参数、NC 程序格式、辅助工艺指令，设置了接口功能参数等，其功能有：

1）注解。程序每一列前有“#”符号表示该列为不影响程序执行的文字注解。例如：

#mi2 - Absolute，or Incremental positioning

0 = absolute

1 = incremental

表示 mi2 定义编程时数值给定方式，若 mi = 0 为绝对值编程，mi = 1 为增量值编程。

可以在这一部分定义数控系统编程的所有准备功能 G 代码格式和辅助功能 M 代码格式。

2）程序纠错。程序中可以插入文字提示来帮助纠错，并显示在屏幕上。例如：

#Error messages（错误信息）

psuberror#Arc output not allowed

“ERROR - WRONG AXIS USED IN AXIS SUBSTITUTION”，e

如果展开图形卷成旋转轴时，轴替换出错，则在程序中会出现上面引号中的错误提示。

3）定义变量的数据类型、使用格式和常量赋值。例如，规定 G 代码和 M 代码是不带小数点的两位整数，多轴加工中心的旋转轴的地址代码是 A、B 和 C，圆弧长度允许误差为 0.002，系统允许误差为 0.00005，进给速度最大值为 10m/min 等。

4）定义问题。可以根据机床加工需要，插入一个问题给后置处理程序执行，如定义 NC 程序的目录、定义启动和退出后置处理程序时的 C - Hook 程序名等。

5）字符串列表。字符串起始字母为 s，可以依照数值选取字符串，字符串可以由两个或更多的字符来组成。例如字符串 sg17，表示指定 XY 加工平面，NC 程序中出现的是 G17；Scc1 表示刀具半径左补偿，NC 程序中出现的是 G41；sccomp 代表刀具半径补偿建立或取消等。

6）自定义单节。可以让使用者将一个或多个 NC 码作有组织的排列。自定义单节可以是公式、变量、特殊字符串等。例如：

pwcs#G54 + coordinate setting at toolchange

if mil > 1，pwcs_g54

表示用 pwcs 单节指代#G54 + 在换刀时坐标设定值，mil 定义为工件坐标系（G54 ~ G59）

7）预先定义的单节。使用者可按照数控程序规定的格式将一个或多个 NC 代码作有组织的排列，编排成一条程序段。

8）系统问答。后置处理软件提出了五组问题，供使用者回答，可按照注解文字、赋值变量、字符串等内容，根据使用的机床、数控系统进行应答。

（2）文件结构　设计后置处理文件，一般是按照 NC 程序的结构模块来进行的。根据 NC 程序的功能，后置处理文件分成以下六个模块：

1）文件头。文件头部分设定程序名称和编号。此外，Sinumerik 810D 系统还必须指定 NC 程序存放路径，并按照以下格式输出：

“%_N_（程序名及编号）_（路径）”。

NC 程序可存放在主程序、子程序和工作程序目录下，扩展名分别为 MPF、SPF、WPD，一般放在工作程序目录下。因此经修改的 pst 文件格式为

Pheader#Start of file

“%_N_”，progname，“_WPD”（程序名、存放目录）

2）程序起始。在程序开始，要完成安全设定、刀具交换、工件坐标系的设定、刀具长度补偿、主轴转速控制、冷却液控制等，并可显示编程者、编程日期、时间等注解。pst 文件开头格式如下：

#start of file for non - zero tool number

……

pspindle（主轴转速计算）

pcom_movbtl（移动设备）

ptoolcomment（刀具参数注解）

……

pbld，n，*sgcode，*sgplane，“G40”，“G80”，*sgabsinc（快进、XY 加工平面、取消刀补、取消固定循环、绝对方式编程）

if mil < = one，pg92_rtrnz，pg92_rtrn，pg92_g92（返回参考点）

……

pbld，n，*sgcode，*sgabsinc，pwcs，pfxout，pfyout，pfcout，*speed，*spindle，pgear，pcan1（快进至某位置、坐标系偏置、主轴转速等）

pbld，n，pfzout，*tlngno，scoolant，[if stagetool = one，*next_tool]（安全高度、刀长补偿、开冷却液）

pcom_movea（加工过程）

3）刀具交换。刀具交换执行前，须完成返回参考点、主轴停止动作，然后换刀，接着完成刀具长度补偿、安全设定、主轴转速控制。

pst 文件中用自定义单节 ptlchg 指代换刀过程，编辑修改后的程序如下：

ptlchg#Tool change

……

ptoolcomment（新刀参数注解）

comment（插入注解）

if stagetool < >two，pbld，n，*t，e（判断、选刀）

n，“M6”（换刀）

pindex（输出地址）

……

pbld，n，pfzout，*tlngno，“M7”，[if stagetool = one，*next_tool]

（安全高度、刀长补偿号、开冷却液）

pcom_movea（加工过程）

4）加工过程。这一过程是快速移动、直线插补、圆弧插补、刀具半径补偿等基本加工动作。对于几乎所有系统，这些加工动作的程序指令基本相同。需要注意的是，Sinumerik 810D 系统的刀具长度补偿值由字母 D 后加两位数字调用，不需要 G43/G44 指令；而半径补偿值则由 G41/G42 调用，不需要再接地址代码；用 G40 取消刀具长度和刀具半径补偿。

5）切削循环。MasterCAM 软件提供了六种内定的孔加工固定循环方式：一般钻削（Drill/Cbore）、深孔啄钻（Peck Drill）、断屑钻（Chip Break）、右攻螺纹（Tap）、精镗孔（Bore#1）和粗镗孔（Bore#2），通过杂项选项（Misc#1/Misc#2）可设定左攻螺纹、背镗孔、盲孔镗孔、盲孔铰孔等循环，并采用 G73 ~ G89 代码来表示。

对于深孔钻削固定循环，MasterCAM 采用的格式为 G83 X_Y_Z_R_Q_F；而 Sinumerik 810D 系统用 Cycle83 指代深孔钻削循环，其 NC 程序要求给出循环加工所有参数，输出格式为

CYCLE83（rtp，rfp，sdis，dp，dpr，fdep，fdpr，dam，dtb，dts，frf，vari）

在 pst 文件中需按 Sinumerik 810D 系统格式进行定义、修改和编写。

6）程序结尾。程序结尾一般情况下是取消刀补、关冷却液、主轴停止、执行回参考点、程序停止等动作。下面是修改后的 pst 程序结尾：

Ptoolend_t#End of tool path，toolchange

……

pbld，n，sccomp，“M5”，*scoolant，e（取消刀补、主轴停止、关冷却液）

pbld，n，*sg74，“Z1 =0. X1 =0. Y1 =0.”，e（返回参考点）

if mi2 = one，pbld，n，*sg74，“X1 =0.”，“Y1 =0.”，protretinc，e

else，protretabs（程序结束）

三、机床加工

1. 机床加工过程

把零件的数控指令传输到数控机床后，才完成了数控加工的软件准备工作，实际加工时还需要考虑：

（1）*工件的装夹*　零件在数控机床上加工仅仅是零件工艺规程的一个组成部分，是完成整个零件加工的一道工序，它的前道工序一般是其他方位面的加工，以及数控加工工序基准面的加工。因此，工件的装夹要考虑到工件的定位，即在设置工件尺寸和原点时，要与工序基准相符。

（2）*工件的对刀*　数控机床上加工的工步是粗精不分的，刀具相对于工件的位置确定直接影响加工部位的位置精度。可以采用两种方法，一种是采用相对对刀的方法，即将刀具对工件的上表面浮切一刀，以此作为进刀的基准；另一种是采用绝对对刀的方法，即采用标准量具对刀具进行测量，获得测量数据，找出刀具与工作台及工件的相对位置。

（3）*刀具的刃磨*　工件加工过程中，刀具是要磨损的，刀具磨损的程度将会影响工件

的加工精度（包括尺寸精度和表面粗糙度），因此需要及时对刀具进行刃磨，刃磨后的刀具需要重新对刀。

2. 铣削加工应注意的问题

（1）立铣刀的装夹　数控机床或加工中心用立铣刀多数采用弹簧夹套装夹方式，使用时处于悬臂状态，在铣削加工过程中，可能会出现立铣刀从刀夹中逐渐伸出，甚至完全掉落的现象。其原因在于刀夹内孔与立铣刀刀柄外径之间存在油膜，造成夹紧力不足。因此，在立铣刀装夹前，应先将立铣刀柄部和刀夹内孔用清洗液清洗干净，擦干后再进行装夹。

当立铣刀的直径较大时，即使刀柄和刀夹都很清洁，还是可能发生掉刀事故，这时应选用带削平缺口的刀柄和相应的侧面锁紧方式。

立铣刀夹紧后可能出现的另一问题是加工中立铣刀在刀夹端口处折断，其原因一般是因为刀夹使用时间过长，刀夹端口部已磨损成锥形所致，此时应更换新的刀夹。

（2）立铣刀的振动　由于立铣刀与刀夹之间存在微小间隙，在加工过程中刀具有可能出现振动现象。振动会使立铣刀圆周刃的吃刀量不均匀，且切扩量比原定值增大，影响加工精度和刀具使用寿命。但当加工出的沟槽宽度偏小时，也可以有目的地使刀具振动，通过增大切扩量来获得所需槽宽，但这种情况下应将立铣刀的最大振幅限制在 0.02mm 以下，否则无法进行稳定的切削。在正常加工中立铣刀的振动应越小越好。

当出现刀具振动时，应考虑降低切削速度和进给速度，如两者都已降低 40% 后仍存在较大振动时，则应考虑减小吃刀量。

（3）立铣刀的端刃切削　在模具等工件型腔的数控铣削加工中，当被切削点为下凹部分或深腔时，需加长立铣刀的伸出量，此时刀具的挠度较大，易产生振动并导致刀具折损。因此在加工过程中，如果只需刀具端部附近的刀刃参加切削，则最好选用刀具总长度较长的短刃长柄型立铣刀。在卧式数控机床上使用大直径立铣刀加工工件时，由于刀具自重所产生的变形较大，更应十分注意端刃切削容易出现的问题。

（4）切削参数的选用　切削速度的选择主要取决于被加工工件的材质，进给速度的选择主要取决于被加工工件的材质及立铣刀的直径。国内外一些刀具生产厂家的刀具样本附有刀具切削参数选用表，可供参考。但切削参数的选用又受机床、刀具系统、被加工工件形状以及装夹方式等多方面因素的影响，应根据实际情况适当调整切削速度和进给速度。

（5）切削方式的选择　采用顺铣有利于防止刀刃损坏，特别是对难加工材料的铣削，采用顺铣可以减少切削变形，并可提高刀具寿命。但有两点需要注意：

1）如采用普通机床加工，应设法消除进给机构的间隙，以防止铣削过程中产生的振动。

2）当工件表面残留有铸、锻工艺形成的氧化膜或其他硬化层时，不宜采用顺铣。

（6）硬质合金立铣刀的使用　高速钢立铣刀的使用范围和使用要求比较宽，即使切削条件的选择略有不当，也不至出现太大问题。而硬质合金立铣刀虽然在高速切削时具有很好的耐磨性，但它的使用范围不及高速钢立铣刀广泛，且切削条件必须严格符合刀具的使用要求。

四、零件加工实例

1. 后置处理

在操作管理器中单击“POST”按钮，出现如图 10-15 所示的对话框，选择合适的后处理器和相应的参数（MasterCAM 系统默认的是日本 FANUC 控制器），系统将生成如图 10-16 所示的 NC 程序。

Post processing
Active post　Change Post
MPFAN.PST
NCI file
Save NCI file　Edit
Overwrite
Ask
NC file
Save NC file　Edit
Overwrite　NC extension
Ask　.nc
Send
Send to machine　Comm...
OK　Cancel　Help

图 10-15　MasterCAM 后处理器对话框

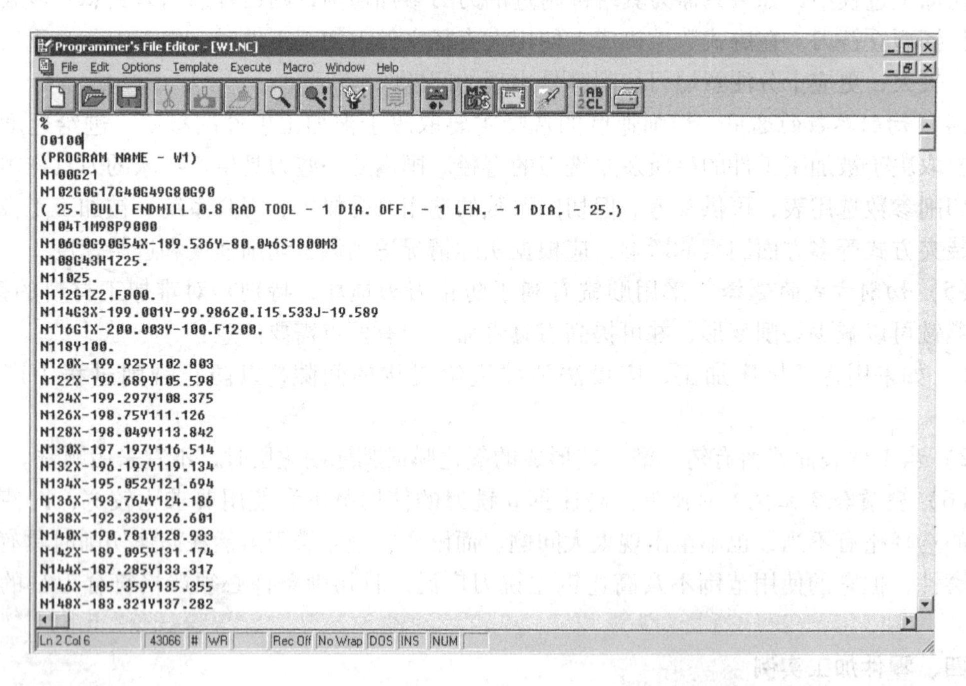


```
%
O0100
(PROGRAM NAME - W1)
N100G21
N102G0G17G40G49G80G90
( 25. BULL ENDMILL 0.8 RAD TOOL - 1 DIA. OFF. - 1 LEN. - 1 DIA. - 25.)
N104T1M98P9000
N106G0G90G54X-189.536Y-80.046S1800M3
N108G43H1Z25.
N110Z5.
N112G1Z2.F800.
N114G3X-199.001Y-99.986Z0.I15.533J-19.589
N116G1X-200.003Y-100.F1200.
N118Y100.
N120X-199.925Y102.803
N122X-199.689Y105.598
N124X-199.297Y108.375
N126X-198.75Y111.126
N128X-198.049Y113.842
N130X-197.197Y116.514
N132X-196.197Y119.134
N134X-195.052Y121.694
N136X-193.764Y124.186
N138X-192.339Y126.601
N140X-190.781Y128.933
N142X-189.095Y131.174
N144X-187.285Y133.317
N146X-185.359Y135.355
N148X-183.321Y137.282
```

图 10-16　后处理器生成的 NC 文件

2. 程序传输

在通信窗口对话框中设定相应的参数，并单击“Send”按钮，便可将程序从计算机传至数控机床，如图 10-17 所示。

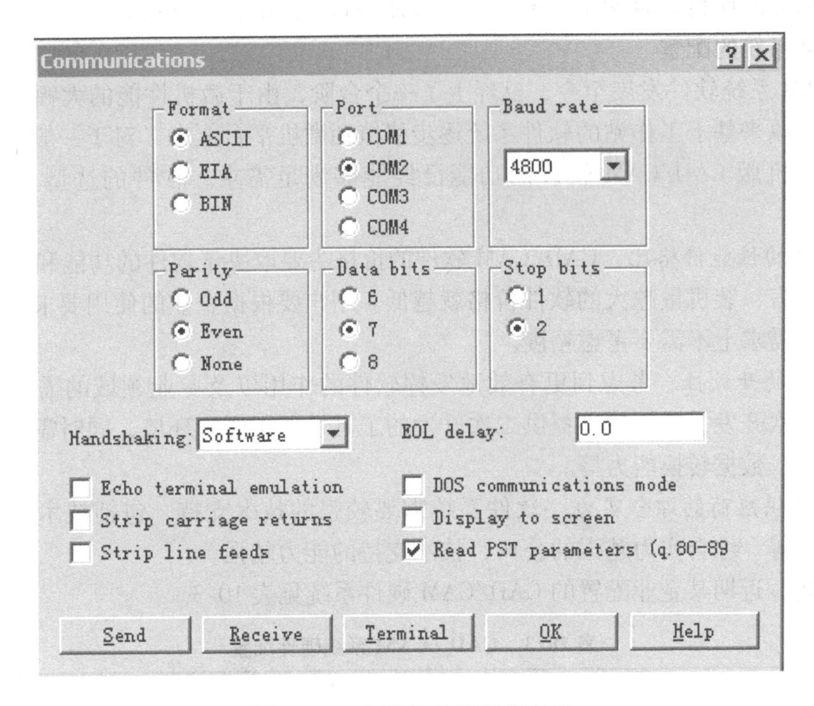

图 10-17　与数控机床通信窗口

第七节　CAD/CAM 系统组成实例

CAD/CAM 技术应用的前提是计算机硬件与 CAD/CAM 系统软件配置要到位，两者的不匹配将会造成投资效益的低下，不利于发挥各自的效能。现以某企业组成的 CAD/CAM 系统实例，来说明系统配置的方法。

一、硬件系统的配置

计算机硬件的发展速度已经快到警告人们切忌提前消费的程度，传统的硬件选择标准已经不适应目前的状况，计算机使用性能的选择已经成为次要因素，现行系统的选择主要考虑下列问题：

（1）*企业近期的信息化目标*　计算机硬件的发展速度很快，硬件功能指标（主要指运行速度和存储能力）几乎每年翻一倍，而目前的微机功能已经大大超过 20 世纪 90 年代工作站的功能。因此，购置系统硬件主要考虑设备的性能价格比，一般购买当前的主流机型，不需要超前消费，造成不必要的浪费。

（2）*硬件功能的匹配*　主要是指计算机内部板卡参数的匹配和计算机配套设备之间的匹配。计算机内部板卡参数，如 CPU 的主频、内外存容量、图形显示卡性能、网卡参数等，相互间的不匹配将会影响各自性能的发挥；计算机配套设备之间的匹配主要是指计算机输入与输出设备之间的配套，如图形输入设备、图形输出设备等。

(3) 硬件的服务质量 目前市场上销售计算机硬件的供应商很多，但硬件的售后服务是由硬件的制造厂家承担的，购买时尽量购买品牌机，要认准制造厂家的牌子，看是否有维修服务点，相应的耗材是否购买方便等，要保证得到有效的技术支持。

二、软件系统的配置

CAD/CAM 系统软件发展至今，已经上了一个台阶，由于微机性能的大幅提升，很多软件厂商已经把原来基于工作站的软件系统逐步移植到微机平台上来，对于一般中小型企业而言，目前的微机版 CAD/CAM 软件的功能已经能够满足需求。软件的选型主要考虑下列因素：

(1) 软件的性能价格比 CAD/CAM 软件的价格主要取决于软件的功能和该软件的总装机量。一般而言，装机量越大的软件价格就越低。用户要根据企业的使用要求，选择能够满足的系统，在需求上不需要考虑裕度。

(2) 软件的开放性 考虑到更有效地发挥软件的作用以及专业领域的需求，通常需要进行软件的二次开发，需要软件提供二次开发的工具及所用语言环境，同时需要软件提供较强的系统接口、数据转换能力等。

(3) 软件供应商的综合实力 软件系统需要较强的技术支持，包括技术培训、版本升级、应用支持等。综合实力越强的公司，技术支持的能力越强。

综上所述，近期某企业配置的 CAD/CAM 硬件系统见表 10-3。

表 10-3 CAD/CAM 系统硬件配置

设 备	名 称	型 号	数量
网络设备	服务器	Xeon1. 5/1024M/80G/CD/10 - 100M	1
	集线器	3COM BASELINE 系列 3C16476	1
	不间断电源	山特 UPS MT 1000	1
硬件	高档微机	P4/2. 4G/512M/80G/DVD/64M/NIC/xp/17″	2
	微机	P4/2. 0G/128M/40G/CD/NIC/xp/15″	29
	绘图仪	HP DJ500PS	1
	打印机	HP 喷墨打印机 CP1700	1
	打印机	HP 激光打印机 LJ5100	1
	不间断电源	山特 UPS MT500	32
	打印服务器	HP 服务器 TC2110 P7758A	1
软件	二维 CAD 软件	AutoCAD2010	29
	三维 CAD 软件	Pro/Engineer Wildfire 5. 0	29
	CAM 软件	Siemens NX8	1
	CAM 软件	Powermill	2

习题与思考题

1. 简述 MasterCAM 软件的主要功能，利用该系统进行典型零件的造型。
2. 简述 UG 软件的主要功能，利用该系统进行典型零件的造型。

3. 简述 Pro/Engineer 软件的主要功能，利用该系统进行典型零件的造型。
4. 应用 MasterCAM 系统生成典型零件加工的刀位文件，并进行刀具轨迹的仿真。
5. 应用 MasterCAM 系统对上述刀位文件进行后置处理，生成 NC 程序。
6. 根据某企业的实际情况列出 CAD/CAM 系统的配置清单，并进行配置说明。

参考文献

[1] 唐荣锡. CAD/CAM 技术 [M]. 北京：北京航空航天大学出版社，1994.
[2] 童秉枢. 机械 CAD 技术基础 [M]. 北京：清华大学出版社，1996.
[3] 王炽鸿. 计算机辅助设计 [M]. 北京：机械工业出版社，1996.
[4] 蔡青，等. CAD/CAM 系统的可视化　集成化　智能化　网络化 [M]. 西安：西北工业大学出版社，1996.
[5] 戴同. CAD/CAPP/CAM 基本教程 [M]. 北京：机械工业出版社，1997.
[6] 孙文焕. 机械 CAD 应用与开发技术 [M]. 西安：西安电子科技大学出版社，1997.
[7] 葛玉深. 计算机辅助设计原理及应用 [M]. 天津：天津科技出版社，1997.
[8] 何卫平. 计算机辅助技术基础 [M]. 西安：西北工业出版社，1998.
[9] 刘恩福，等. 工程 CAD 基础及应用 [M]. 北京：机械工业出版社，1999.
[10] 王先逵. 计算机辅助制造 [M]. 北京：清华大学出版社，1999.
[11] 雨宫好文. CAD/CAM/CAE 入门 [M]. 北京：科学出版社，2000.
[12] 刘文剑，等. CAD/CAM 集成技术 [M]. 哈尔滨：哈尔滨工业大学出版社，2000.
[13] 童秉枢. 现代 CAD 技术 [M]. 北京：清华大学出版社，2000.
[14] 董瑞杰，等. MasterCAM 模具设计教程 [M]. 北京：中国石化出版社，2000.
[15] 蔡颖，等. CAD/CAM 原理与应用 [M]. 北京：机械工业出版社，2001.
[16] 宋宪一，等. 计算机辅助设计与制造 [M]. 北京：机械工业出版社，2001.
[17] 王永章，等. 数控技术 [M]. 北京：高等教育出版社，2001.
[18] 姚英学，等. 计算机辅助设计与制造 [M]. 北京：高等教育出版社，2002.
[19] 李佳. 计算机辅助设计与制造 [M]. 天津：天津大学出版社，2002.
[20] 许智钦. 3D 逆向工程技术 [M]. 北京：中国计量出版社，2002.
[21] 王隆太，等. 机械 CAD/CAM 技术 [M]. 北京：机械工业出版社，2002.
[22] 杨岳，等. CAD/CAM 原理与实践 [M]. 北京：中国铁道出版社，2002.
[23] 赵汝嘉，等. CAD/CAM 实用系统开发指南 [M]. 北京：机械工业出版社，2002.
[24] 张小宁. MasterCAM 9 实用培训教程 [M]. 北京：清华大学出版社，2002.
[25] 洪如瑾. UG CAD 快速入门指导 [M]. 北京：清华大学出版社，2002.
[26] 黄圣杰，等. 实战 Pro/Engineer 基础入门 [M]. 北京：中国铁道出版社，2002.
[27] Unigraphics Solutions Inc.. Unigraphics NX 新增功能 [M]. 北京：清华大学出版社，2003.
[28] 龚曙光. ANSYS 工程应用实例解析 [M]. 北京：机械工业出版社，2003.
[29] 刘国庆，等. ANSYS 工程应用教程 [M]. 北京：中国铁道出版社，2003.
[30] 鞠华. 自由曲面的反求工程与快速原形技术 [M]. 机电工程，2000，17 (2)：7-9.
[31] 庄峻超. 应用逆向工程于形态渐变设计模式建立之研究 [D]. 台北：台湾成功大学，2001.
[32] 葛友华. 基于 PDM 的 CAPP 关键技术的研究与实现 [D]. 南京：南京航空航天大学，2000.